高等职业教育建筑工程技术专业系列教材

总主编 / 李　辉
执行总主编 / 吴明军

建筑工程质量控制与验收

主　编　杨卫奇　林文剑
参　编　龙小燕　任小朋
　　　　王　辉　黎荣芳
主　审　杨转运

重庆大学出版社

内容提要

本书以新颁布的法律、法规和建筑行业新标准、新规范为依据，结合职业资格认证特点，以质量员专业技能训练为核心，以满足质量员岗位要求为目标编写而成。全书内容包括建筑工程质量管理概述，建筑工程施工质量控制，建筑工程施工质量验收，地基基础工程质量控制，砌体结构工程质量控制，混凝土结构工程质量控制，钢结构工程质量控制，屋面工程质量控制，建筑装饰装修工程质量控制，建筑节能工程质量控制，建筑工程质量问题与事故处理11个项目。全书内容实用、形式新颖、特色鲜明。

本书可作为高职高专建筑工程技术、建筑工程管理、建筑工程监理等土建类和工程管理类专业的教材，也可以作为土建方向质量员考试培训教材，还可供建筑施工企业技术管理人员、质量检验人员以及监理人员参考。

图书在版编目（CIP）数据

建筑工程质量控制与验收 / 杨卫奇，林文剑主编
. -- 重庆：重庆大学出版社，2021.8（2025.1重印）
高等职业教育建筑工程技术专业系列教材
ISBN 978-7-5689-2796-3

Ⅰ.①建… Ⅱ.①杨…②林… Ⅲ.①建筑工程 - 工程质量 - 质量控制 - 高等职业教育 - 教材②建筑工程 - 工程质量 - 工程验收 - 高等职业教育 - 教材 Ⅳ.①TU712

中国版本图书馆CIP数据核字（2021）第123119号

高等职业教育建筑工程技术专业系列教材
建筑工程质量控制与验收
主 编 杨卫奇 林文剑
主 审 杨转运
策划编辑：范春青
责任编辑：张红梅 版式设计：范春青
责任校对：王 倩 责任印制：赵 晟

*

重庆大学出版社出版发行
出版人：陈晓阳
社址：重庆市沙坪坝区大学城西路21号
邮编：401331
电话：（023）88617190 88617185（中小学）
传真：（023）88617186 88617166
网址：http://www.cqup.com.cn
邮箱：fxk@cqup.com.cn（营销中心）
全国新华书店经销
重庆新生代彩印技术有限公司印刷

*

开本：787mm×1092mm 1/16 印张：19.25 字数：482千
2021年8月第1版 2025年1月第3次印刷
ISBN 978-7-5689-2796-3 定价：49.00元

前　言

　　目前，我国建筑业蓬勃发展，施工项目质量是工程建设的核心，是决定工程建设质量的关键。建筑工程质量控制与验收任务十分艰巨，市场上急需大量的质量员、监理员和质量检测人员。但是，市场上关于建筑工程质量控制与验收的教材比较少，为了培养高职院校学生建筑工程质量控制与验收方面的职业技能，提高施工现场质量管理人员的工作水平，根据住房和城乡建设部发布的《建筑与市政工程施工现场专业人员职业标准》（JGJ/T 250—2011）、《建筑工程施工质量验收统一标准》（GB 50300—2013）及配套使用的最新工程质量验收规范编写本书。本书体现了科学性、实用性、系统性和可操作性，既注重了内容的全面性又重点突出，且做到了理论与实际相联系。

　　本书共分为11个项目，内容包括建筑工程质量管理概述、建筑工程施工质量控制、建筑工程施工质量验收、地基基础工程质量控制、砌体结构工程质量控制、混凝土结构工程质量控制、钢结构工程质量控制、屋面工程质量控制、建筑装饰装修工程质量控制、建筑节能工程质量控制、建筑工程质量问题与事故处理，每个项目后配有精选的技能训练（扫描背面二维码可获取参考答案）。

　　本书为四川建筑职业技术学院"双高"建设的配套任务之一，由杨卫奇、林文剑任主编，由四川建筑职业学院专业教师编写、审稿。具体分工如下：项目1，2，6，10由杨卫奇编写；项目3，4，5由林文剑编写；项目7由龙小燕编写；项目8由任小朋编写；项目9由王辉编写；项目11由黎荣芳编写。全书由杨卫奇统稿，由杨转运教授主审并提出了不少建设性修改意见，在此表示衷心的感谢。另外，在本书编写过程中，参考了大量文献，在此特向相关作者表示衷心的感谢！

　　由于编者水平有限，书中定有欠妥之处，恳请广大读者批评指正。

编　者

2021年4月

前 言

技能训练参考答案

目　录

项目1
建筑工程质量管理概述

任务1　质量与建筑工程质量

一、质量

在 GB/T 19000—ISO 9000 族标准中，质量的定义是：一组固有特性满足要求的程度。

上述定义可以从以下几方面理解：

（1）质量不仅指产品质量，也可以指某项活动或过程的工作质量，还可以指质量管理体系运行的质量。质量是由一组固有特性组成的，这些固有特性是指满足顾客和其他相关方的要求特性，并由其满足要求的程度加以表征。

（2）特性是指区分的特征。特性可以是固有的或赋予的，也可以是定性的或定量的。特性有各种类型，如物质特性（如机械的、电的、化学的或生物的特性）、感官特性（如嗅觉、触觉、味觉、视觉及感觉控测的特性）、行为特性（如礼貌、诚实、正直）、人体工效特性（如语言或生理特性、人身安全特性）、功能特性（如飞机的航程、速度）。质量特性是固有的特性，是通过产品、过程或体系的开发及实现过程形成的属性。固有的意思是指在某事或某物中本来就有的，尤其是指永久的特性。赋予的特性（如某一产品的价格）

并非产品、过程或体系的固有特性,不是它们的质量特性。

（3）满足要求就是应满足明示的（如合同、规范、标准文件、图纸中明确规定的）、通常隐含的（如组织的惯例、一般习惯）或必须履行的（如法律、法规、行业规则）的需要和期望。与要求相比较,满足要求的程度才反映为质量的好坏。对质量的要求除考虑满足顾客的需要外,还应考虑其他相关方即组织自身、提供原材料及零部件等的供方和社会等多方的利益需求,例如需考虑安全性、环境保护、节约能源等外部的强制要求。只有全面满足这些要求,才能评定为好的质量或优的质量。

（4）顾客和其他相关方对产品、过程或体系的质量要求是动态的、发展的和相对的,是随着时间、地点、环境的变化而变化的,如随着技术的发展、生活水平的提高,人们对产品、过程或体系会提出新的质量要求。因此应定期评定质量要求、修订规范标准,不断开发新产品、改进老产品,以满足已变化的质量要求。另外,不同国家、不同地区会因自然环境条件、技术发达程度、消费水平和民俗习惯等不同而对产品提出不同的要求,因此产品应具有环境适应性,对不同地区提供不同性能的产品,以满足该地区用户明示或隐含的要求。

二、建筑工程质量

建筑工程质量简称工程质量,是指工程满足业主需要的,符合国家法律法规、技术规范标准、设计文件及合同规定的特性的综合。

建筑工程作为一种特殊的产品,除具有一般产品共有的质量特性,如性能、寿命、可靠性、安全性、经济性等,满足社会需要的使用价值及其属性外,还具有特定的内涵。

（一）适用性

适用性即功能,是指工程满足使用目的的各种性能。

（1）理化性能,如尺寸规格,保温、隔热、隔音等物理性能,耐酸、耐腐蚀、防火、防风化、防尘等化学性能。

（2）结构性能,指地基基础牢固程度,结构的强度、刚度和稳定性等。

（3）使用性能,如民用住宅工程要能满足居住需求,工业厂房要能满足生产活动需要,道路、桥梁、铁路、航道要能通达便捷等。建设工程的组成部件、配件,水、暖、电、卫等的器具和设备也要能满足其使用功能。

（4）外观性能,指建筑物的造型、布置、室内装饰效果、色彩等应美观大方、协调。

（二）耐久性

耐久性即寿命,是指工程在规定的条件下,满足规定功能要求使用的年限,也就是工程竣工后的合理使用寿命周期。由于建筑物本身结构类型不同、质量要求不同、施工方法不同、使用性能不同,目前国家对建设工程的合理使用寿命周期还缺乏统一的规定,仅在少数技术标准中提出了明确要求。如民用建筑主体结构耐用年限分为四级（15～30年,30～50年,50～100年,100年以上）,公路工程耐用年限一般按等级控制在10～20年,城市道路工程耐用年限,视不同道路构成和所用材料而定。对于工程组成部件（如塑料管道、屋面防水、洁具、电梯等）,应视生产厂家设计的产品性质及工程的合理使用寿命周期而规定耐用年限。

（三）安全性

安全性，是指在工程建成后的使用过程中保证结构安全、保证人身和环境免受危害的程度。建设工程产品的结构安全度、抗震、耐火及防火能力，人民防空的抗辐射、抗核污染、抗爆炸波等能力，能否达到特定的要求，都是安全性的重要标志。工程交付使用之后，必须保证人身财产安全。工程整体应能免遭工程结构破坏及外来危害的伤害；工程组成部件，如阳台栏杆、楼梯扶手、电器产品漏电保护、电梯等各类设备，也要保证使用者的安全。

（四）可靠性

可靠性，是指工程在规定的时间和条件下完成规定功能的能力。工程不仅要求在交工验收时达到规定的指标，而且要在一定的使用时期内保持应有的正常功能。如工程的防洪与抗震能力、防水隔热与恒温恒湿措施，工业生产用的管道防"跑、冒、滴、漏"等，都属于可靠性的质量范畴。

（五）经济性

经济性，是指工程从规划、勘察、设计、施工到整个产品使用寿命周期内的成本和消耗的费用。工程经济性具体表现为设计成本、施工成本、使用成本三者之和，包括征地、拆迁、勘察、设计、采购（材料、设备）、施工、配套设施等建设全过程的总投资和工程使用阶段的能耗、水耗、维护、保养乃至改建更新的使用和维修费用。通过分析比较，判断工程是否符合经济性要求。

（六）与环境的协调性

与环境的协调性，是指工程与其周围生态环境协调，与所在地区经济环境协调以及与周围已建工程协调，以适应可持续发展的要求。

上述六个方面的质量特性彼此之间是相互依存的，总体而言，适用、耐久、安全、可靠、经济、与环境协调，都是必须达到的基本要求，缺一不可。但是对于不同门类、不同专业的工程，如工业建筑、民用建筑、公共建筑、住宅建筑、道路建筑，可根据其所处的特定地域环境条件、技术经济条件的差异，有不同的侧重面。

三、工程质量形成过程

工程质量是在工程建设过程中逐渐形成的。工程项目建设各个阶段，即可行性研究、项目决策、勘察、设计、施工、竣工验收等阶段，对工程质量的形成都会产生不同的影响，所以工程项目的建设过程就是工程质量的形成过程。

（一）项目可行性研究

项目可行性研究是在项目建议书和项目策划书的基础上，运用经济学原理对投资项目有关技术、经济、社会、环境等各方面进行调查研究，对各种可能的拟建方案和建成投产后的经济效益、社会效益和环境效益等进行技术经济分析、预测和论证，确定项目建设的可行性，并在可行的情况下，通过多方案比较从中选择出最佳方案，作为项目决策和设计的依据。在此过程中，需要确定工程项目的质量要求，并与投资目标相协调。因此，项目的可行性研究直接影响项目的决策质量和设计质量。

（二）项目决策

项目决策阶段是通过项目可行性研究的项目评估，对项目的建设方案作出决策，使项目的建设充分反映业主的意愿，并与地区环境相适应，做到投资、质量、进度三者协调统一。所以，项目决策阶段对工程质量的影响主要是确定工程项目应达到的质量目标和水平。

（三）工程勘察、设计

工程的地质勘察是为建设场地的选择和工程的设计与施工提供地质资料依据。而工程设计是根据建设项目总体需求（包括已确定的定量目标和水平）和地质勘察报告，对工程的外形和内在的实体进行筹划、研究、构思、设计和描绘，形成设计说明书和图纸等相关文件，使质量目标和水平具体化，为施工提供直接依据。

工程设计质量决定着工程质量。工程采用什么样的平面布置和空间形式，选用什么样的结构类型，使用什么样的材料、构配件及设备等，都直接关系到工程主体结构的安全性和可靠性，关系到建设投资的综合功能是否充分体现规划意图。在一定程度上，设计的完美性反映了一个国家的科技水平和文化水平；设计的严密性、合理性，也决定了工程建设的成败，是建设工程的安全、适用、经济与环境保护等措施得以实现的保障。

（四）工程施工

工程施工是指按照设计图纸和相关文件的要求，在建设场地上将设计意图通过测量、作业、检验，形成工程实体并形成最终产品的活动。任何优秀的勘察设计成果，都只有通过施工才能变为现实。因此，工程施工活动决定了设计意图能否体现，直接关系到工程的安全可靠、使用功能，以及外表观感能否体现建筑设计的艺术水平。在一定程度上，工程施工是形成实体质量的决定性环节。

（五）工程竣工验收

工程竣工验收就是通过检查评定、试车运转，考核项目质量是否达到设计要求，是否符合决策阶段确定的质量目标和水平。因此工程竣工验收是确保工程项目质量的重要环节之一。

四、影响工程质量的因素

影响工程的因素很多，归纳起来主要有五个方面，即人（Man）、材料（Material）、机械（Machine）、方法（Method）和环境（Environment），简称4M1E因素。

（一）人

人是生产经营活动的主体，也是工程项目建设的决策者、管理者、操作者，工程建设的全过程（项目的规划、决策、勘察、设计和施工），都是通过人来完成的。人员的素质，即人的文化水平、技术水平、决策能力、管理能力、组织能力、作业能力、控制能力、身体素质及职业道德等，都将直接或间接地对规划、决策、勘察、设计和施工的质量产生影响，而规划是否合理，决策是否正确，设计是否符合使用功能的要求，施工能否满足合同、规范、技术标准的需要等，都将对工程质量产生不同程度的影响，因此人员素质是影响工程质量的一个重要因素。建筑行业实行经营资质管理和各类专业从业人员持证上岗制度是保证人员素质的重要管理措施。

（二）材料

材料泛指构成工程实体的各类建筑材料、构配件、半成品等，是工程建设的物质基础，是工程质量的基本保障。工程材料选用是否合理、产品是否合格、材质是否经过检验、保管使用是否得当等，都将直接影响建设工程的结构刚度和强度、工程外表及观感、工程的使用功能、工程的使用安全。

（三）机械

机械可分为两类：一类是指组成工程实体及配套的工艺设备和各类机具，如电梯、泵机、通风设备等，它们构成了建筑设备安装工程或工业设备安装工程，形成完整的使用功能；另一类是指施工过程中使用的各类机具设备，包括大型垂直与横向运输设备、各类操作工具、各种施工安全设施、各类测量仪器和计量器具等，简称施工机具设备，它们是施工生产的手段。机具设备对工程质量也有重要的影响，工程用机具设备产品质量的优劣，直接影响工程的使用功能质量。施工机具设备的类型是否符合工程施工特点，性能是否先进稳定，操作是否方便安全等，都将影响工程项目的质量。

（四）方法

方法是指工艺方法、操作方法和施工方案。在工程施工中，施工方案是否合理，施工工艺是否先进，施工操作是否正确，都将对工程质量产生重大的影响。大力推进新技术、新工艺、新方法，不断提高工艺技术水平，是保证工程质量稳定提高的重要因素。

（五）环境

环境是指对工程质量特性起重要作用的环境因素，包括工程技术环境，如工程地质、水文、气象等；工程作业环境，如施工环境作业面大小、防护设施、通风照明和通信条件等；工程管理环境，主要指工程实施的合同结构与管理关系的确定，组织体制及管理制度等；周边环境，如工程邻近的地下管线、建（构）筑物等。环境条件往往对工程质量产生特定的影响。加强环境管理，改进作业条件，把握好技术环境，辅以必要的措施，是控制环境对质量影响的重要保证。

五、工程质量的特点

（一）工程项目的特点

工程质量的特点是由工程项目的特点决定，工程项目的特点有以下五个方面：

1.单项性

工程项目不同于工厂中连续生产的相同的产品，它是按业主的建设意图单项进行设计的，其施工内外部管理条件、所在地点的自然和社会环境、生产工艺过程等各不相同。即使类型相同的工程项目，其设计、施工也存在着千差万别。

2.一次性与寿命的长期性

工程项目的实施必须一次成功，它的质量必须在建设的一次过程中全部满足合同规定的要求。它不同于制造业产品，如果不合格可以报废，售出的可以用退货或退还货款的方式补偿顾客的损失。工程质量不合格会长期影响生产使用，甚至危及生命财产的安全。

3.高投入性

任何一个工程项目都要投入大量的人力、物力和财力，投入建设的时间也是一般制造业产品所不可比拟的。因此，业主和实施者对每个项目都需要投入特定的管理力量。

4.生产管理方式的特殊性

工程项目施工地点是特定的，产品位置固定而操作人员流动，因此形成了工程项目管理方式的特殊性。这种管理方式的特殊性还体现在工程项目建设必须实施监督管理。这样可以对工程质量起到制约和提高的作用。

5.风险性

工程项目在自然环境中进行建设，受大自然的阻碍或损害很多。由于建设周期一般较长，因此工程项目遭遇风险的概率大，工程质量会受到或大或小的影响。

（二）工程质量的特点

工程项目的上述特点形成了工程质量本身的特点。

1.影响因素多

建筑工程质量受多种因素的影响，如决策、设计、材料、机具设备、施工方法、施工工艺、技术措施、人员素质、工期、工程造价等，这些因素直接或间接地影响工程项目质量。

2.质量波动大

由于建筑生产不像一般工业产品的生产那样，有固定的生产流水线、有规范化的生产工艺和完美的检测技术、有成套的生产设备和稳定的生产环境，工程质量容易产生波动且波动大。同时由于影响工程质量的偶然性因素和系统性因素比较多，其中任一种因素发生变动，如材料规格品种使用错误、施工方法不当、操作未按规程进行、机械设备过度磨损或出现故障、设计计算失误等，都会使工程质量发生波动，产生系统因素的质量变异，造成工程质量事故。因此，要严防出现系统性因素的质量变异，要把质量波动控制在偶然性因素范围内。

3.质量隐蔽性

建筑工程在施工过程中分项工程交接多、中间产品多、隐蔽工程多，因此质量存在隐蔽性。若在施工中不及时进行质量检查，事后只能从表面上检查，就很难发现内在的质量问题，这样就容易产生判断错误，即第二类判断错误（将不合格品误认为合格品）。

4.终检的局限性

工程项目建成后不可能像一般工业产品那样依靠终检来判断产品质量，或将产品拆卸、解体来检查其内在质量，或对不合格零部件进行更换。工程项目的终检（竣工验收）无法进行工程内在质量的检验，无法发现隐蔽的质量缺陷。因此，工程项目的终检存在一定的局限性。这就要求工程质量控制应以预防为主，防患于未然。

5.评价方法的特殊性

工程质量的检查评定及验收是按检验批、分项工程、分部工程、单位工程进行的。检验批的质量是分项工程乃至整个工程质量检验的基础，检验批质量是否合格主要取决于主控项目和一般项目经抽样检验的结果。隐蔽工程在隐蔽前要检查合格后验收，涉及结构安全的试块、试件以及有关材料，应按规定进行见证取样检测，涉及结构安全和使用功能的重要分部工程要进行抽样检测。工程质量是在施工单位按合格质量标准自行检查评定的基础上，由监理工程师（或建设单位项目负责人）组织有关单位、人员进行检验确认验收。这种评价方法体现了"验评分离、强化验收、完善手段、过程控制"的指导思想。

任务2 建筑工程质量管理与质量控制

一、质量管理的发展阶段

质量管理是指"确定质量方针、目标和职责，并在质量体系中通过诸如质量策划、质量控制、质量保证和质量改进，使其实现全部管理职能的所有活动"。

随着科学技术的发展和市场竞争的需要，质量管理已越来越为人们所重视，并逐渐发展成一门新兴的学科。最早提出质量管理的国家是美国。日本在第二次世界大战后引进美国的一整套质量管理技术和方法，并结合本国实际，将其向前推进，使质量管理走上了科学的道路，取得了世界瞩目的成绩。质量管理作为企业管理的有机组成部分，它的发展也是随着企业管理的发展而发展的，其产生、形成、发展和日益完善的过程大体经历了以下几个阶段。

（一）质量检验阶段（20世纪20—40年代）

20世纪前，主要是手工作业和个体生产方式，依靠生产操作者自身的手艺和经验来保证质量，属于"操作者质量管理"时期。进入20世纪，由于资本主义国家生产力的发展，机械化大生产方式与手工作业的管理制度矛盾，阻碍了生产力的发展，于是出现了管理革命。美国的泰勒研究了从工业革命以来的大工业生产的管理实践，创立了"科学管理"的新理论。他提出了计划与执行、检验与生产的职能需要分开的主张，即企业中设置专职的质量检验部门和人员，从事质量检验。这使产品质量有了基本保证，对提高产品质量、防止不合格产品出厂或流入下一道工序有积极意义。这种制度把过去的"操作者质量管理"变成了"检验员的质量管理"，质量管理进入了质量检验阶段。由于这个阶段的特点是质量管理单纯依靠事后检查，剔除废品，因此，它的管理效率有限。按现在的观点来看，它只是质量管理中的一个必不可少的环节。

1924年，美国统计学家休哈特提出了"预防缺陷"的概念。他认为，质量管理除了事后检查以外，还应做到事先预防，在有不合格产品出现的苗头时，就应发现并及时采取措施予以制止。他创造了统计质量控制图等一套预防质量事故的理论。与此同时，还有一些统计学家提出了抽样检验的办法，把统计方法引入了质量管理领域，使得检验成本得到降低，但由于当时不为人们充分认识和理解，故未得到真正执行。

（二）统计质量管理阶段（20世纪50年代）

第二次世界大战初期，由于战争的需要，美国许多民用生产企业转为军用品生产。由于事先无法控制产品质量，造成废品量很大，耽误了交货期，甚至因军火质量差而发生事故。同时，军需品的质量检验大多属于破坏性检验，不可能进行事后检验。于是人们采用了休哈特的"预防缺陷"理论。美国国防部请休哈特等研究制定了一套美国战时质量管理方法，强制生产企业执行。这套方法主要是采用统计质量控制图，了解质量变动的先兆，进行预防，使不合格产品率大为下降，对保证产品质量起到了较好的作用。这种用数理统计方法来控制生产过程中影响质量的因素的方法，把单纯的质量检验变成了过程管理，使质量管理从"事后"转到了"事中"，较单纯的质量检验有很大进步。战后，许多工业发达国家的生产企业也纷纷采用和仿效这种质量管理模式。但因为该方法对数理统计知识的掌握有一定的要求，在过分强调数理统计的情况下，给人们以"统计质量管理是少数数理统计人员的责任"的错觉，从而忽略了广大生产与管理人员的作用，结果是既没有充分发挥数理统计方法的作用，又影响了管理功能的发展，把数理统计在质量管理中的应用推向了极端。到了20世纪50年代，人们认识到统计质量管理方法并不能全面保证产品质量，进而推动了"全面质量管理"新阶段的出现。

（三）全面质量管理阶段（20世纪60年代后）

20世纪60年代以后，随着社会生产力的发展和科学技术的进步，经济上的竞争日趋激烈，特别是一大批高安全性、高可靠性、高科技和高价值的技术密集型产品和大型复杂产品的质量要在很大程度上依靠对各种影响质量的因素加以控制，才能达到设计标准和使用要求。大规模的工业化生产，质量保证除与设备、工艺、材料、环境等因素有关外，与职工的思想意识、技术素质，企业的生产技术管理等息息相关。同时，检验质量的标准与用户中所需求的功能标准之间也存在时差，必须及时地收集反馈信息，修改制订满足用户需要的质量标准，使产品具有竞争性。20世纪60年代，美国的菲根堡姆首先提出了较系统的"全面质量管理"概念。其中心意思是，数理统计方法是重要的，但不能单纯依靠它，只有将它和企业管理结合起来，才能保证产品质量。这一理论很快应用于不同行业生产企业（包括服务行业和其他行业）的质量管理工作。此后，这一要领通过不断完善，便形成了现在的"全面质量管理"。

全面质量管理阶段的特点是针对不同企业的生产条件、工作环境及工作状态等多方面因素的变化，把组织管理、数理统计方法以及现代科学技术、社会心理学、行为科学等综合运用于质量管理，建立适用和完善的质量工作体系，对每一个生产环节加以管理，做到全面运行和控制。通过改善和提高工作质量来保证产品质量；通过对产品的形成和使用全过程进行管理，全面保证产品质量；通过形成生产（服务）企业全员、全企业、全过程的质量工作系统，建立质量体系以保证产品质量始终满足用户需要，使企业用最少的投入获取最佳的效益。

全面质量管理的核心是"三全"管理（全过程、全员、全企业的质量管理）。全面质量管理的基本观点是全面质量的观点。为用户服务的观点、预防为主的观点、用数据说话的观点。全面质量管理的基本工作方法是 PDCA 循环法。

二、质量管理与质量保证标准的形成

质量检验、统计质量管理和全面质量管理三个阶段理论和实践的发展，促使世界各发达国家和企业纷纷制定出新的国家标准和企业标准，以适应全面质量管理的需要。这样的做法虽然促进了质量管理水平的提高，却也出现了各种各样的不同标准，这些标准在质量管理术语概念、质量保证要求、管理方式等方面都存在很大差异。这种标准显然不利于国际经济交往与合作的进一步发展。

近几十年来国际化的市场经济迅速发展，国际商品和资本的流动空间增长，国际经济合作、依赖和竞争日益增强，有些产品已超越国界形成国际范围的社会化大生产。特别是不少国家把提高进口商品质量作为奖出限入的保护手段，利用商品的非价格因素竞争设置关贸壁垒。为了解决国际质量争端，消除和减少技术壁垒，有效地开展国际贸易，加强国际技术合作，统一国际质量工作语言，制定共同遵守的国际规范，各国政府、企业和消费者都需要一套通用的、具有灵活性的国际质量保证模式。在总结发达国家质量工作经验基础上，20 世纪 70 年代末，国际标准化组织着手制定国际通用质量管理和质量保证标准。1980 年 5 月，国际标准化组织的质量保证技术委员会在加拿大应运而生。它通过总结各国质量管理经验，于 1987 年 3 月制定和颁布了 ISO 9000 系列质量管理及质量保证标准，此后又不断对其进行补充、完善。标准一经发布，受到相当多的国家和地区欢迎，等同或等效采用该标准，指导企业开展质量工作。

质量管理和质量保证的概念和理论是在质量管理发展的三个阶段的基础上逐步形成的，是市场经济和社会化大生产发展的产物，是与现代生产规模、条件适应的质量管理工作模式。因此，ISO 9000 系列标准的诞生，顺应了消费者的要求，为生产方提供了当代企业寻求发展的途径，有利于一个国家对企业的规范化管理，更有利于国际贸易和生产合作。它的诞生顺应了国际经济发展的形势，适应了企业和顾客及其他受益者的需要，具有必然性。

三、建筑工程质量控制

（一）质量控制

质量控制的定义：质量管理的一部分，致力于满足质量要求。

上述定义可以从以下几方面去理解：

（1）质量控制是质量管理的重要组成部分，其目的是使产品、体系或过程的固有特性达到规定的要求，即满足顾客、法律、法规等方面所提出的质量要求（如适用性、安全性等）。因此，质量控制是通过采取一系列的作业技术和活动对各个过程实施控制的。

（2）质量控制的工作内容包括了作业技术和活动，也就是包括专业技术和管理技术两个方面。为保证围绕产品形成全过程每一阶段的工作都能做好，应对影响其质量的人、机、料、法、环（4M1E）因素进行控制，并对质量活动的成果进行分阶段验证，以便及时发现问题，查明原因，采取相应纠正措施，防止不合格情况的发生。因此，质量控制应贯彻预防为主与检验把关相结合的原则。

（3）质量控制应贯穿产品形成和体系运行的全过程。每个过程都有输入、转换和输出三个环节，通过对每个过程三个环节实施有效控制，使对产品质量有影响的各个过程处于受控状态，持续提供符合规定要求的产品才能得到保障。

（二）建筑工程质量控制

建筑工程质量控制是指致力于满足工程质量要求，也就是保证工程质量满足工程合同、规范标准所采取的一系列的措施、方法和手段。工程质量要求主要表现为工程合同、设计文件、技术规范标准规定的质量标准。

建筑工程质量控制的内容是"采取的作业技术和活动"。这些活动包括：

（1）确定控制对象，例如一道工序、设计过程、制造过程等。

（2）规定控制标准，即详细说明控制对象应达到的质量要求。

（3）制定具体的控制方法，例如工艺规程。

（4）明确所采用的检验方法，包括检验手段。

（5）实际进行检验。

（6）说明实际与标准之间有差异的原因。

（7）为解决差异而采取的行动。

工程质量的形成是一个有序而系统的过程，其质量综合体现了项目决策、项目设计、项目施工及项目验收等各环节的工作质量。通过提高工作质量来提高工程项目质量，使之达到工程合同规定的质量标准。工程项目质量控制一般可分为三个环节：一是对影响产品质量的各种技术和活动确立控制计划与标准，建立与之相应的组织机构；二是要按计划和程序实施，并在实施活动的过程中进行连续检验和评定；三是对不符合计划和程序的情况进行处置，并及时采取纠正措施等。抓好这三个环节，就能圆满完成质量控制任务。

四、建筑工程质量控制的基本原理

（一）PDCA循环原理

PDCA循环（图1-1），是人们在管理实践中形成的基本理论方法。从实践论的角度看，管理就是确定任务目标，并按照PDCA循环原理来实现预期目标。由此可见PDCA是目标控制的基本方法。

1.P（Plan，计划）

P可以理解为质量计划阶段，主要任务是明确目标并制订实现目标的行动方案。在建筑工程项目的实施中，"计划"是指各相关主体根据其任务目标和责任范围，确定质量控制的组织制度、工程程序、技术方法、业务流程、资源配置、检验试验要求、质量记录方式、不合格处理、管理措施等具体内容和做法的文件，"计划"还须对其实现预期目标的可行性、有效性、经济合理性进行分析论证，按照规定的程序与权限审批执行。

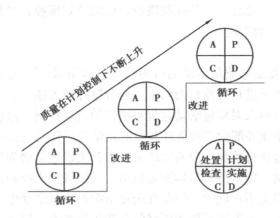

图1-1 PDCA循环示意图

2.D（Do，实施）

D包含两个环节，即计划行动方案的交底和按计划规定的方法与要求展开工程作业技术活动。计划交底目的在于具体的作业者和管理者，明确计划的意图和要求，掌握标准，从而规范行为，全面地执行计划的行动方案，步调一致地去努力实现预期的目标。

3.C（Check，检查）

C是指对计划实施过程进行各种检查，包括作业者的自检、互检和专职管理者专检。各类检查都包含两大方面：一是检查是否严格执行了计划的行动方案，实际条件是否发生了变化，不执行计划的原因；二是检查计划执行的结果，即产出的质量是否达到标准的要求，对此进行确认和评价。

4.A（Action，处置）

对于质量检查所发现的质量问题或质量不合格，及时进行原因分析，采取必要的措施予以纠正，保持质量形成的受控状态。处理分为纠偏和预防两个步骤。前者是采取应急措施，解决当前的质量问题；后者是信息反馈管理部门，反思问题症结或计划时的不周，为今后类似问题的质量预防提供借鉴。

（二）三阶段控制原理

三阶段控制原理就是通常所说的事前控制、事中控制和事后控制。这三阶段控制构成了质量控制的系统过程。

1.事前控制

事前控制，要求预先进行周密的质量控制。尤其是工程项目施工阶段，制订质量计划、编制施工组织设计或施工项目管理实践规划（目前这三种计划方式基本上并用），都必须建立在切实可行、有效实现预期质量目标的基础上，作为一种行动方案进行施工部署。目前有些施工企业，尤其是一些资质较低的企业在承建中小型的一般工程项目时，往往把施工项目经理责任制曲解成"以包代管"的模式，忽略了技术质量管理的系统控制，失去了企业整体技术和管理经验对项目施工计划的指导和支撑作用，这将造成质量预控的

"先天性"缺陷。

事前控制包括两层意思，一是强调质量目标的计划预控，二是按质量计划进行质量活动前的准备工作状态的控制。

2.事中控制

事中控制，首先是对质量活动的行为约束，即质量产生过程各项技术作业活动操作者在相关制度的管理下进行自我行为约束，充分发挥技术能力，去完成预定质量目标的作业任务；其次是来自他人对质量活动过程和结果的监督控制。这包括来自企业内部管理者的检查检验和来自企业外部的工程监理和政府质量监督部门的监控等。

事中控制虽然包含自控和监控两大环节，但其关键还是增强质量意识，发挥作业者的自我约束、自我控制，即坚持质量标准是根本，监控或他人控制是必要的补充，没有前者或用后者取代前者都是不正确的。因此在企业组织的质量活动中，通过监督机制和激励机制相结合的管理方法，来发挥操作者更好的自我控制能力，以达到质量控制的效果，是非常必要的。这也只有通过建立和实施质量体系来达到。

3.事后控制

事后控制，包括对质量活动结果的评价认定和对质量偏差的纠正。从理论上分析，计划预控过程所制订的行动方案考虑得越周密，事中约束监控越严格，实现质量预期目标的可能性就越大，理想的状况就是希望做到各项作业活动"一次成功""一次交验合格率100%"。但客观上相当一部分的工程不可能达到，因为在过程中不可避免地会存在一些计划时难以预料的影响因素，包括系统因素和偶然因素。因此当质量实际值与目标值之间的差超出运行偏差时，必须分析原因，采取措施纠正偏差，保持质量受控状态。

以上三大环节，不是孤立和截然分开的，它们之间构成有机系统的过程，实质上就是PDCA循环具体化，并在每一次滚动循环中不断提高，达到质量管理或质量控制的持续改进。

（三）三全控制管理

三全控制管理是来自全面质量管理TQC的思想，同时融于质量体系标准（GB/T 19000—ISO 9000）中，它指出生产企业的质量管理应该是全面、全过程和全员参与的。这一原理对建筑工程项目的质量控制，同样有理论和实践的指导意义。

1.全面质量控制

全面质量控制，是指工程（产品）质量和工作质量的全面控制。工作质量是产品质量的保证，工作质量直接影响产品质量。对于建筑工程项目而言，全面质量控制应该包括建设工程各参与主体的工程质量与工作质量的全面控制。如业主、监理、勘察、设计、施工总包、施工分包、材料设备供应商等，任何一方、任何环节的怠慢、疏忽或质量责任不到位都会对建设工程质量造成影响。

2.全过程质量控制

全过程质量控制，是指根据工程质量的形成规律，从源头抓起，全过程推进。《质量管理体系 基础和术语》（GB/T 19000—2016）强调质量管理的"过程方法"管理原则。按照建设程序，建筑工程从项目建议书或建设构想提出开始，历经项目鉴别，选择、策划、调研、决策、立项、勘察、设计、发包、施工、验收、使用等各个有机联系的环节，构成了建设项目的总过程。其中每个环节的具体过程又由诸多相互关联的活动构成，因此，必须掌握识别过程和应用"过程方法"进行全过程质量控制。主要的过程有项目策划与决策过程、勘察设计过程、施工采购过程、施工组织与准备过程、检测设备控制与计量过程、施工生产的检验试验过程、工程质量的评定过程、工程竣工验收与交付过程、工程回访维修服务过程。

3.全员参与控制

从全面质量管理的观点看，无论组织内部的管理者还是作业者，每个岗位都承担着相应的质量职能，一旦确定了质量方针目标，就应组织和动员全体员工参与到实施质量方针的系统活动中去，发挥自己的角色作用。全员参与质量控制不可或缺的重要手段就是目标管理。目标管理理论认为，总目标必须逐级分解，直到最基层岗位，从而形成自下到上，自岗位个体到部门团队的层层控制和保证，使质量总目标分解落实到每个部门和岗位。就企业而言，如果存在哪个岗位没有自己的工作目标和质量目标，就说明这个岗位是多余的，应予调整。

五、工程质量控制的基本原则

在工程质量控制过程中，应遵循以下几条原则：

（一）坚持质量第一的原则

工程质量不仅关系到工程的适用性和建设项目投资的效果，而且关系到人民群众生命财产的安全。因此，在进行进度、成本、质量等目标控制时，在处理这些目标关系时，应坚持"百年大计，质量第一"，在工程建设中自始至终将"质量第一"作为对工程质量控制的基本原则。

（二）坚持以人为核心的原则

人是工程建设的决策者、组织者、管理者和操作者。工程建设中各单位、各部门、各岗位人员的工作质量水平和完美程度，都直接或间接地影响工程质量。因此在工程质量控制中，要以人为核心，重点控制人的素质和行为，充分发挥人的积极性和创造性，以人的工作质量保证工程质量。

（三）坚持以预防为主的原则

工程质量控制应该是积极主动的，应事先对影响质量的各种因素加以控制，而不能是消极被动的，等出现质量问题再进行处理，已造成了不必要的损失。因此，要重点做好质量的事前控制和事中控制，以预防为主，加强过程和中间产品的质量检查的控制。

（四）坚持质量标准的原则

质量标准是评价产品质量的尺度，工程质量是否符合合同规定的质量标准，应通过质量检验并和质量标准对照，符合质量标准要求的才是合格的，不符合质量标准要求的就是不合格的，必须返工处理。

（五）坚持科学、公正、守法的职业道德规范

在工程质量控制中，质量员必须坚持科学、公正、守法的职业道德规范，要尊重科学、尊重事实，以数据资料为依据，客观、公正地处理质量问题。要坚持原则，遵纪守法，秉公办事。

任务3 工程质量管理体制

一、工程质量责任体系

在工程项目建设中，参与工程建设的各方，应根据国家颁布的《建设工程质量管理条例》以及合同、协议及有关文件的规定承担相应的质量责任。

（一）建设单位的质量责任

（1）建设单位要根据工程特点和技术要求，按有关规定选择相应资质等级的勘察、设计单位和施工单位，在合同中必须有质量要求，明确质量责任，并真实、准确、齐全地提供与建设工程有关的原始资料。凡建设工程项目的勘察、设计、施工、监理以及工程建设有关重要设备材料等的采购，均实行招标，依法确定程序和方法，择优选定中标者。不得将应由一个承包单位完成的建设工程项目肢解成若干部分发包给几个承包单位；不得迫使承包方以低于成本的价格竞标；不得任意压缩合理工期；不得明示或暗示设计单位或施工单位违反建设强制性标准，降低建设工程质量。建设单位对其自行选择的设计单位、施工单位发生的质量问题承担相应责任。

（2）建设单位应根据工程特点，配备相应的质量管理人员。对国家规定强制实行监理的工程项目，必须委托有相应资质等级的工程监理单位进行监理。

（3）建设单位在工程开工前，负责办理有关施工图设计文件审查、工程施工许可证和工程质量监督手续，组织设计单位和施工单位认真进行设计交底；在工程施工中，应按国家现行有关工程建设法规、技术标准及合同规定，对工程质量进行检查，涉及建筑主体和承重结构变动的装修工程，建设单位应在施工前委托原设计单位或者具有相应资质等级的设计单位提出设计方案，经原审查机构审批后方可施工。工程项目竣工后，应及时组织设计、施工、工程监理等有关单位进行施工验收，未经验收备案或验收备案不合格的，不得交付使用。

（4）建设单位按合同的约定负责采购的建筑材料、建筑构配件和设备，应符合设计文件和合同的要求，对发生的质量问题，应承担相应的责任。

（二）勘察、设计单位的质量责任

（1）勘察、设计单位必须在其资质等级许可的范围内承揽相应的勘察设计任务，不许承揽超越其资质等级许可范围以外的任务，不得将承揽工程转包或违法分包，也不得以任何形式用其他单位的名义承揽业务或允许其他单位或个人以本单位的名义承揽业务。

（2）勘察、设计单位必须按照国家现行的有关规定、工程建设强制性技术标准和合同

要求进行勘察、设计工作，并对所编制的勘察、设计文件质量负责。勘察单位提供的地质、测量、水文等勘察成果文件必须真实、准确。设计单位提供的设计文件应当符合国家规定的设计深度要求，注明工程合理使用年限。设计文件中选用的材料、构配件和设备，应当注明规格、型号、性能等技术指标，其质量必须符合国家规定的标准。除有特殊要求的建筑材料、专用设备、工艺生产线外，不得指定生产厂、供应商。设计单位应就审查合格的施工图文件向施工单位作出详细说明，解决施工中对设计提出的问题，负责设计变更；参与工程质量事故分析，并对因设计造成的质量事故，提出相应的技术处理方案。

（三）施工单位的质量责任

（1）施工单位必须在其资质等级许可的范围内承揽相应的施工任务，不许承揽超越其资质等级业务范围以外的任务，不得将承接的工程转包或违法分包，也不得以任何形式用其他施工单位的名义承揽工程或允许其他单位或个人以本单位的名义承揽工程。

（2）施工单位对所承包的工程项目的施工质量负责，应当建立健全质量管理体系，落实质量责任制，确定工程项目的项目经理、技术负责人和施工管理负责人。实行总承包的工程，总承包单位应对全部建设工程质量负责。建设工程勘察、设计、施工、设备采购的一项或多项实行总承包的，总承包单位应对其承包的建设工程或采购的设备的质量负责；实行总分包的工程，分包单位应按照分包合同约定对其分包工程的质量向总承包单位负责，总承包单位与分包单位对分包工程的质量承担连带责任。

（3）施工单位必须按照工程设计图纸和施工技术规范、标准组织施工。未经设计单位同意，不得擅自修改工程设计。在施工中，必须按照工程设计要求、施工技术规范或标准以及合同约定，对建筑材料、构配件、设备和商品混凝土进行检验，不得偷工减料，不使用不符合设计和强制性技术标准要求的产品，不使用未经检验和试验或检验和试验不合格的产品。

（四）工程监理单位的质量责任

（1）工程监理单位应按其资质等级许可的范围承担工程监理业务，不许超越本单位资质等级许可的范围或以其他工程监理单位的名义承担工程监理业务，不得转让工程监理业务，不许其他单位或个人以本单位的名义承担工程监理业务。

（2）工程监理单位应依照法律、法规以及有关技术标准、设计文件和建设工程承包合同，与建设单位签订监理合同，代表建设单位对工程质量实施监理，并对工程质量承担监理责任。监理责任主要有违法责任和违约责任两个方面。工程监理单位故意弄虚作假，降低工程质量标准，造成质量事故的，要承担法律责任。工程监理单位与承包单位串通，谋取非法利益，给建设单位造成损失的，应当与承包单位承担连带责任。监理单位在责任期内，不按照监理合同约定履行监理职责，给建设单位或其他单位造成损失的，属违约责任，应当向建设单位或其他单位赔偿。

（五）建筑材料、构配件及设备生产或供应单位的质量责任

建筑材料构配件及设备生产或供应单位对其生产或供应的产品质量负责。生产厂或供应商必须具备相应的生产条件、技术装备和质量管理体系，所生产或供应的建筑材料、构

配件及设备的质量应符合国家和行业现行的技术规定的合格标准和设计要求，并与说明书和包装上的质量标准相符，且应有相应的产品检验合格证，设备应有详细的使用说明等。

二、工程质量政府监督管理体制与职能

（一）监督管理体制

国务院建设行政主管部门对全国的建设工程质量实施统一监督管理。国务院铁路、交通、水利等有关部门按国务院规定的职责分工，负责全国有关专业建设工程质量的监督管理。县级以上地方人民政府建设行政主管部门对本行政区域内的建设工程质量实施监督管理。县级以上地方人民政府交通、水利等有关部门在各自职责范围内，负责本行政区域内的专业建设工程质量的监督管理。

国务院发展计划部门按照国务院规定的职责，组织稽查特派员，对国家出资的重大建设项目实施监督检查；国务院经济贸易主管部门按国务院规定的职责，对国家重大技术改造项目实施监督检查。国务院建设行政主管部门和国务院铁路、交通、水利等有关专业部门、县级以上地方人民政府建设行政主管部门和其他有关部门，对有关建设工程质量的法律、法规和强制性标准执行情况加强监督检查。

县级以上地方政府建设行政主管部门和其他有关部门履行检查职责时，有权要求被检查的单位提供有关工程质量的文件和资料，有权进入被检查单位的施工现场进行检查，在检查中发现工程质量存在问题时，有权责令改正。

政府的工程质量监督管理具有权威性、强制性、综合性的特点。

（二）工程项目质量政府监督的职能

（1）为加强对建设工程质量的管理，《中华人民共和国建筑法》及《建设工程质量管理条例》明确政府行政主管部门设立专门机构对建设工程质量行使监督职能，其目的是保证建设工程质量、保证建设工程的使用安全及环境质量。国务院建设行政主管部门对全国建设工程质量实行统一监督管理，国务院铁路、交通、水利等有关部门按照规定的职责分工，负责对全国有关专业建设工程质量的监督管理。

（2）各级政府质量监督机构对建设工程质量监督的依据是国家、地方和各专业建设管理部门颁发的法律、法规及各类规范和强制性标准。

（3）政府对建设工程质量监督的职能包括两大方面：

① 监督工程建设的各方主体（包括建设单位，施工单位，材料设备供应单位，勘察、设计单位和监理单位等）的质量行为是否符合国家法律及各项制度的规定；

② 监督检查工程实体的施工质量，尤其是地基基础、主体结构、专业设备安装等涉及结构安全和使用功能的工程施工质量。

三、工程质量管理制度

（一）施工图设计文件审查制度

施工图设计文件（以下简称"施工图"）审查是政府主管部门对工程勘察、设计质量

进行监督管理的重要环节。施工图审查是指国务院建设行政主管部门和省、自治区、直辖市人民政府建设行政主管部门委托依法认定的设计审查机构，根据国家法律、法规、技术标准与规范，对施工图涉及的结构安全、强制性标准及规范执行情况等进行的独立审查。

1.施工图审查的范围

建筑工程设计等级分级标准中的各类新建、改建、扩建和建筑工程项目均属审查范围。省、自治区、直辖市人民政府建设行政主管部门可结合本地的实际，确定具体的审查范围。

建设单位应当将施工图报送建设行政主管部门，由建设行政主管部门委托有关审查机构，进行结构安全和强制性标准、规范执行情况等内容的审查。建设单位将施工图报请审查时，应同时提供下列资料：批准的立项文件或初步设计批准文件、主要的初步设计文件、工程勘察成果报告、结构计算书及计算软件名称等。

2.施工图审查的主要内容

（1）建筑物的稳定性、安全性审查，包括地基基础和主体结构是否安全、可靠。

（2）是否符合消防、节能、环保、抗震、卫生、人防等有关强制性标准、规范。

（3）施工图是否达到规定的深度要求。

（4）是否损害公众利益。

3.施工图审查有关各方的职责

（1）国务院建设行政主管部门负责全国施工图审查管理工作。省、自治区、直辖市人民政府建设主管部门负责组织本行政区域的施工图审查工作的具体实施和监督管理工作。

建设行政主管部门在施工图审查工作中主要负责制定审查程序、审查范围、审查内容、审查标准并颁布审查批准书；负责制定审查机构和审查人员条件，批准审查机构，认定审查人员；对审查机构和审查工作进行监督并对违规行为进行查处；对施工图设计审查负依法监督管理和行政责任。

（2）勘察、设计单位必须按照工程建设强制性标准进行勘察、设计，并对勘察、设计质量负责。审查机构按照有关规定对勘察成果、施工图设计文件进行审查，但并不改变勘察、设计单位的质量责任。

（3）审查机构接受建设行政主管部门的委托对施工图设计文件涉及的安全和强制性标准执行情况进行技术审查。建设工程经施工图设计文件审查后因勘察设计原因发生工程质量问题的，审查机构承担审查失职的责任。

4.施工图审查程序

施工图审查的各个环节可按以下步骤办理：

（1）建设单位向建设行政主管部门报送施工图，并作书面登录。

（2）建设行政主管部门委托审查机构进行审查，同时发出委托审查通知书。

（3）审查机构完成审查，向建设行政主管部门提交技术性审查报告。

（4）审查结束，建设行政主管部门向建设单位发出施工图审查批准书。

（5）报审施工图设计文件和有关资料应存档备查。

5.施工图审查管理

审查机构应当在收到审查材料后20个工作日内完成审查工作，并提出审查报告；特级和一级项目应当在30个工作日内完成审查工作，并提出审查报告，其中重大及技术复杂项目的审查时间可适当延长。审查合格的项目，审查机构向建设行政主管部门提交项目施工图审查报告，由建设行政主管部门向建设单位通报审查结果，并颁发施工图审查批准书。对审查不合格的项目，提出书面意见后，由审查机构将施工图退回建设单位，并由原设计单位修改，重新送审。

施工图一经审查批准，不得擅自修改。如遇特殊情况需要进行涉及审查主要内容的修改，必须重新由原审批部门委托审查机构审查后再批准实施。

建设单位或者设计单位对审查机构作出的审查报告如有重大分歧，可由建设单位或者设计单位向所在省、自治区、直辖市人民政府建设行政主管部门提出复查申请，由后者组织专家论证并给出复查结果。

施工图审查工作所需经费，由施工图审查机构按有关收费标准向建设单位收取。建筑工程竣工验收时，有关部门应按照审查批准的施工图进行验收。建设单位要对报送的审查材料的真实性负责；勘察、设计单位对提交的勘察报告、设计文件的真实性负责，并积极配合审查工作。

（二）工程质量监督管理制度

国家实行建设工程质量监督管理制度。工程质量监督管理的主体是各级政府建设行政主管部门和其他有关部门。但由于工程建设周期长、环节多、点多面广，工程质量监督工作是一项专业技术性强，且很繁杂的工作，政府部门不可能亲自进行日常检查工作，因此，工程质量监督管理由建设行政主管部门或其他有关部门委托工程质量监督机构具体实施。

工程质量监督机构是经省级以上建设行政主管部门或有关专业部门考核认定，具有独立法人资格的单位。它受县级以上地方人民政府建设行政主管部门或有关专业部门的委托，依法对工程质量进行强制性监督，并对委托部门负责。

工程质量监督机构的主要任务：

（1）根据政府主管部门的委托，受理建设工程项目的质量监督。

（2）制定质量监督工作方案。确定负责该项工程的质量监督工程师和助理质量监督师。根据有关法律、法规和工程建设强制性标准，针对工程特点，明确监督的具体内容、监督方式。在方案中对地基基础、主体结构和其他涉及结构安全的重要部位和关键过程，作出实施监督的详细计划安排，并将质量监督工作方案通知建设、勘察、设计、施工、监理单位。

（3）检查施工现场工程建设各方主体的质量行为。检查施工现场工程建设各方主体及有关人员的资质或资格；检查勘察、设计、施工、监理单位的质量管理体系和质量责任制落实情况；检查有关质量文件、技术资料是否齐全并符合规定。

（4）检查建设工程实体质量。按照质量监督工作方案，对建设工程地基基础、主体结构和其他涉及安全的关键部位进行现场实地抽查，对用于工程的主要建筑材料、构配件的质量进行抽查。对地基基础分部、主体结构分部和其他涉及安全的分部工程的质量验收进行监督。

（5）监督工程质量验收。监督建设单位组织的工程竣工验收的组织形式、验收程序以及在验收过程中提供的有关资料和形成的质量评定文件是否符合有关规定，实体质量是否存在严重缺陷，工程质量验收是否符合国家标准。

（6）向委托部门报送工程质量监督报告。报告的内容应包括地基基础和主体结构质量检查的结论，工程施工验收的程序、内容和质量检验评定是否符合有关规定，以及历次抽查该工程质量问题和处理情况等。

（7）对预制建筑构件和混凝土的质量进行监督。

（8）受委托部门委托按规定收取工程质量监督费。

（9）政府主管部门委托的工程质量监督管理的其他工作。

（三）工程质量检测制度

工程质量检测工作是对工程质量进行监督管理的重要手段之一。工程质量检测机构是对建设工程、建筑构件、制品及现场所有的有关建筑材料、设备质量进行检测的法定单位。在建设行政主管部门领导和标准化管理部门指导下开展检测工作，其出具的检测报告具有法定效力。法定的国家级检测机构出具的检测报告，在国内为最终裁定，在国外具有代表国家的性质。

1.国家级检测机构的主要任务

（1）受国务院建设行政主管部门委托，对指定的国家重点工程进行检测复核，提出检测复核报告和建议。

（2）受国家建设行政主管部门和国家标准部门委托，对建筑构件、制品及有关材料、设备及产品进行抽样检验。

2.各省级、市（地区）级、县级检测机构的主要任务

（1）对本地区正在施工的建设工程所用的材料、混凝土、砂浆和建筑构件等进行随机抽样检测，向本地建设工程质量主管部门和质量监督部门提出抽样报告和建议。

（2）受同级建设行政主管部门委托，对本省、市、县的建筑构件，制品进行抽样检测。

对违反技术标准、失去质量控制的产品，检测单位有权向主管部门提供停止其生产的证明，不合格产品不准出厂，已出厂的产品不得使用。

（四）工程质量保修制度

建设工程质量保修制度是指建设工程在办理交工验收手续后，在规定的保修期限内，因勘察、设计、施工、材料等原因造成的质量问题，要由施工单位负责维修、更换，由责任单位负责赔偿损失。质量问题是指工程不符合国家工程建设强制性标准、设计文件以及合同中对质量的要求。

建设工程承包单位在向建设单位提交工程竣工验收报告时，应向建设单位出具工程质量保修书，质量保修书中应明确建设工程保修范围、保修期限和保修责任等。

在正常使用条件下，建设工程的最低保修期限为：

（1）基础设施工程、房屋建筑工程的地基基础和主体结构工程，为设计文件规定的该工程的合理使用年限；

（2）屋面防水工程，有防水要求的卫生间、房间和外墙面的防渗漏，为5年；

（3）供热与供冷系统，为2个采暖期、供冷期；

（4）电气管线、给排水管道、设备安装和装修工程，为2年。

其他项目的保修期由发包方与承包方约定。保修期自竣工验收合格之日起计算。

建设工程在保修范围和保修期限内发生质量问题的施工单位应当履行保修义务。保修义务的承担和经济责任的承担应按下列原则处理：

（1）施工单位未按国家有关标准、规范和设计要求施工，造成的质量问题，由施工单位负责返修并承担经济责任。

（2）由于设计方面的原因造成的质量问题，先由施工单位负责维修，其经济责任按有关规定通过建设单位向设计单位索赔。

（3）因建筑材料、构配件和设备不合格引起的质量问题，先由施工单位负责维修，其经济责任属于施工单位采购的，由施工单位承担经济责任；属于建设单位采购的，由建设单位承担经济责任。

（4）因建设单位（含监理单位）错误管理造成的质量问题，先由施工单位负责维修，其经济责任由建设单位承担，如属监理单位责任，则由建设单位向监理单位索赔。

（5）因使用单位使用不当造成的损坏问题，先由施工单位负责维修，其经济责任由使用单位自行负责。

（6）因地震、洪水、台风等不可抗拒原因造成的损坏问题，先由施工单位负责维修，建设参与各方根据国家具体政策分担经济责任。

任务4　质量管理体系标准

一、ISO 9000质量管理体系标准简介

ISO 9000是指质量体系管理标准，不是指一个标准，而是一族标准的统称，是由国际标准化组织（ISO）质量管理和质量保证技术委员会（TC176）编制的一族国际标准。

ISO 9000的核心标准有4个，如下：

（1）ISO 9000：2015《质量管理体系 基础和术语》，表述质量管理体系基础知识，并规定质量管理体系术语。

（2）ISO 9001：2015《质量管理体系 要求》，规定质量管理体系要求，用于证实组织具有提供满足顾客要求和适用法规要求的产品的能力，目的在于提高顾客满意度。

（3）ISO 9004：2000《质量管理体系 业绩改进指南》，提供考虑质量管理体系的有效性和效率两方面的指南，目的是促进组织业绩改进和使顾客及其他相关方满意。

（4）ISO 19011：2000《质量和（或）环境管理体系审核指南》，提供审核质量和环境管理体系的指南。

我国按等同采用的原则，翻译发布后，标准号为"GB/T 19×××"。由于发布时间的差

异，因此标准发布的年号与ISO标准有差异。

ISO 9000族标准为全世界各种类型和规模的组织规定了质量管理体系（QMS）的术语、原则、原理、要求和指南，以满足各种类型和规模的组织对证实能力和提高顾客满意度所需的国际通用标准的要求。

建筑施工企业按ISO 9001标准建立质量管理体系，通过事前策划、整体优化、过程控制、持续改进等一系列的质量管理活动，通过抓管理质量、工作质量促进建筑施工质量的提高，具有重要的现实意义和积极的促进作用。

二、质量管理的八项原则

（1）GB/T 19000质量管理体系标准是我国按等同原则，从2000版ISO 9000族国际标准转化而成的质量管理体系标准。

（2）八项质量管理原则是2000版ISO 9000族标准的编制基础，八项质量管理原则是世界各国质量管理成功经验的科学总结，其中不少内容与我国全面质量管理的经验吻合。它的贯彻执行能促进企业管理水平的提高，并提高顾客对其产品或服务的满意程度，帮助企业达到持续成功的目的。

（3）质量管理八项原则的具体内容如下：

①以顾客为关注焦点。组织（从事一定范围生产经营活动的企业）依存于其顾客。组织应理解顾客当前的和未来的需求，满足顾客要求并争取超越顾客的期望。

②领导作用。领导者确立本组织统一的宗旨和方向，并营造和保持员工充分参与实现组织目标的内部环境。因此领导在企业质量管理中起着决定性的作用。只有领导重视，各项质量活动才能有效开展。

③全员参与。各级人员都是组织之本，只有全员充分参加，才能使他们的才干为组织带来收益。产品质量是产品形成过程中全体人员共同努力的结果，其中也包含着为他们提供支持的管理、检查、行政人员的贡献。企业领导应对员工进行质量意识等各方面的教育，激发他们的积极性和责任感，为其能力、知识、经验的提高提供机会，发挥创造精神，鼓励持续改进，给予必要的物质奖励和精神奖励，使全员积极参与，为达到让顾客满意的目标而努力。

④过程方法。将相关的资源和活动作为过程进行管理，可以更高效地得到期望的结果。任何使用资源的生产活动和将输入转化为输出的一组相关联的活动均可视为过程。2000版ISO 9000标准建立在过程控制的基础上，一般在过程输入端、过程的不同位置及输出端都存在着可以进行测量、检查的机会和控制点，对这些控制点实行测量、检测和管理，便能控制过程的有效实施。

⑤管理系统方法。将相互关联的过程作为系统加以识别、理解和管理，有助于组织提高其实现目标的有效性和效率。不同企业应根据自己的特点，建立资源管理、过程实现、测量分析改进等方面的关联关系，并加以控制，即采用过程网络的方法建立质量管理体系，实施系统管理。一般情况下建立实施质量管理体系包括：a.确定顾客期望；b.建立质

量目标和方针；c.确定实现目标的过程和职责；d.确定必须提供的资源；e.规定测量过程有效性的方法；f.实施测量确定过程的有效性；g.确定防止不合格并清除产生原因的措施；h.建立和应用持续改进质量管理体系的过程。

⑥持续改进。持续改进总体业绩是组织的永恒目标，其作用在于增强企业满足质量要求的能力，包括产品质量、过程及体系的有效性和效率的提高。持续改进是增强和满足质量要求能力的循环活动，使企业的质量管理走上良性循环的轨道。

⑦基于事实的决策方法。有效的决策应建立在数据和信息分析的基础上，数据和信息分析是事实的高度提炼。以事实为依据作出决策，可防止决策失误。为此企业领导应重视数据信息的收集、汇总和分析，以便为决策提供依据。

⑧与供方互利的关系。组织与供方是相互依存的，建立双方的互利关系可以增强双方创造价值的能力。供方提供的产品是企业提供产品的一个组成部分。处理好与供方的关系，关系到企业能否持续稳定地提供顾客满意产品的重要问题。因此，对供方不能只讲控制，不讲合作互利，特别是关键供方，更要建立互利关系，这对企业与供方双方都有利。

三、质量管理体系文件的构成

（1）GB/T 19000质量管理体系标准对质量体系文件的重要性作了专门的阐述，要求企业重视质量体系文件的编制和使用。编制和使用质量体系文件本身是一项具有动态管理要求的活动。因为质量体系的建立、健全要从编制完善体系文件开始，质量体系的运行、审核与改进都是依据文件的规定进行的，质量管理实施的结果也要形成文件，作为证实产品质量符合规定要求及质量体系有效的证据。

（2）GB/T 19000质量管理体系明确要求，企业应具有完整和科学的质量体系文件。质量管理体系文件一般由以下内容构成：

①形成文件的质量方针和质量目标；

②质量手册；

③质量管理标准所要求的各种生产、工作和管理的程序性文件；

④质量管理标准所要求的质量记录。

以上各类文件的详略程度无统一规定，以适于企业使用、使用过程受控为准则。

（3）质量方针和质量目标：一般都以简明的文字来表述，是企业质量管理的方向目标，应反映用户及社会对工程质量的要求及企业相应的质量水平和服务承诺，也是企业质量经营理念的反映。

（4）质量手册：质量手册是规定企业组织建立质量管理体系的文件，质量手册对企业质量体系作系统、完整和概要的描述。其内容一般包括：企业的质量方针、质量目标；组织机构及质量职责；体系要素或基本控制程序；质量手册的评审、修改和控制的管理办法。质量手册作为企业管理系统的纲领性文件应具备指令性、系统性、先进性、可行性和可检查性。

（5）程序文件：质量体系程序文件是质量手册的支持性文件，是企业各职能部门为落实质量手册要求而规定的细则，企业为落实质量管理工作而建立的各项管理标准、规章制度都属于程序文件范畴。各企业程序文件的内容及详略可视企业情况而定。一般有以下六个方面的程序为通用性管理程序，各类企业都应在程序文件中制订下列程序：

①文件控制程序；

②质量记录管理程序；

③内部审核程序；

④不合格品控制程序；

⑤纠正措施控制程序；

⑥预防措施控制程序。

除以上六个程序以外，涉及产品质量形成过程各环节控制的程序文件，如生产过程、服务过程、管理过程、监督过程等管理程序，不作统一规定，可视企业质量控制的需要而制定。

为确保过程的有效运行和控制，在程序文件的指导下，尚可按管理需要编制相关文件，如作业指导书、具体工程的质量计划等。

（6）质量记录：质量记录是产品质量水平和质量体系中各项质量活动过程及结果的客观反映。对质量体系程序文件所规定的运行过程及控制测量检查的内容如实加以记录，可以证明产品质量达到合同要求的程度。如果在控制体系中出现偏差，则质量记录不仅须反映偏差情况，而且应反映出针对不足之处采取的纠正措施及纠正效果。质量记录应完整地反映质量活动实施、验证和评审的情况，并记载关键活动的过程参数，具有可追溯性的特点。质量记录以规定的形式和程序进行，并有实施、验证、审核等签署意见。

四、质量管理体系的建立和运行

（1）质量管理体系的建立是企业按照八项质量管理原则，在确定市场及顾客需求的前提下，制定企业的质量方针、质量目标、质量手册、程序文件及质量记录等体系文件，确定企业在生产（或服务）全过程的作业内容、程序要求和工作标准，并将质量目标分解落实到相关层次、相关岗位的职能和职责中，形成企业质量管理体系、执行体系的一系列工作。质量管理体系的建立还包括组织不同层次的员工培训，使体系工作和执行要求为员工所了解，为全员参与企业质量管理体系创造条件。

（2）质量管理体系的建立需识别并提供实现质量目标和持续改进所需的资源，包括人员、基础设施、环境、信息等。

（3）质量管理体系的运行是在生产及服务的全过程按质量管理文件体系制定的程序、标准、工作要求及目标分解的岗位职责进行的操作运行。

（4）质量管理体系运行的过程中，按各类体系文件的要求，检视、测量和分析过程中的有效性和效率，做好文件规定的质量记录，持续收集、记录并分析过程的数据和信息，全面体现产品的质量和过程符合要求及可追溯的效果。

（5）按文件规定的办法进行管理评审和考核、过程运行的评审。

（6）落实质量体系的内部审核程序，有组织、有计划地开展内部质量审核活动，其主要目的是：

①评价质量管理程序的执行情况及适用性；

②揭露过程中存在的问题，为质量改进提供依据；

③建立质量体系运行的信息；

④向外部审核单位提供体系的有效证据。

为确保系统内部审核的效果，企业领导应进行决策领导，制定审核政策、计划，组织内审人员队伍，落实内部审核，并对审核发现的问题采取纠正措施和提供人、财、物等方面的支持。

五、质量管理体系的认证与监督

（一）质量管理体系认证的意义

质量认证制度是由公正的第三方认证机构对企业的产品及质量体系作出正确可靠的评价，从而使社会对企业产品建立信心。第三方质量认证制度自20世纪80年代以来已得到世界各国普遍重视，它对供方、需方、社会和国家的利益具有以下重要意义：

（1）提高供方企业质量信誉；

（2）促进企业完善质量体系；

（3）增强国际市场竞争能力；

（4）减少社会重复检验和检查费用；

（5）有利于保护消费者利益；

（6）有利于法规的实施。

（二）质量管理体系的申报及批准程序

（1）申请和受理：具有法人资格，并已按GB/T 19000—ISO 9000族标准或其他国际公认的质量体系规范建立了文件化的质量管理体系，且在生产经营全过程贯彻执行的企业可提出质量认证申请，申请单位须按要求填写申请书。经认证机构审查后，如符合要求则接受申请，如不符合则不接受申请，均予发出书面通知书。

（2）审核：认证机构派出审核组对申请方质量体系进行检查和评定。检查和评定的内容包括文件审查、现场审核，并提出审核报告。

（3）审批与注册发证：认证机构对审核组提出的审核报告进行全面审查，符合标准者批准予以注册，发给认证证书（内容包括证书号、注册企业名称地址、认证和质量体系覆盖产品的范围、评价依据及质量保证模式标准及说明、发证机构、签发人和签发日期）。

（三）获准认证后的维护与监督管理

企业获准认证的有效期为三年。企业获准认证后，应通过经常性的内部审核，维持质量管理体系的有效性，并接受认证机构对企业质量体系实施监督管理。获准认证后的质量管理体系，维持与监督管理的内容包括：

（1）企业通报：认证合格的企业质量体系在运行中出现较大变化时，需向认证机构通报，认证机构接到通报后，视情况采取必要的监督检查措施。

（2）监督检查：认证机构对认证合格单位质量维持情况进行监督性现场检查，包括定期和不定期的监督检查。定期检查通常是每年一次，不定期检查视需要临时安排。

（3）认证注销：注销是企业的自愿行为。在企业体系发生变化或者有效期届满时未提出重新申请等情况下，认证持证者提出注销的，认证机构予以注销，收回体系认证证书。

（4）认证暂停：认证机构对获证企业质量体系发生不符合认证要求的情况时采取的警告措施。认证暂停期间企业不得用体系认证证书作宣传。企业在规定期间采取纠正措施并满足认证条件时，认证机构撤销认证暂停；否则将撤销认证注册，收回合格证书。

（5）认证撤销：当获证企业发生质量体系出现严重不符合规定的情况或在认证暂停的规定期限未予整改的，或发生其他构成撤销体系认证资格的情况时，认证机构作出撤销认证的决定。企业不服可提出申诉。撤销认证的企业一年后可重新提出认证申请。

（6）复评：认证合格有效期满前，如企业打算延长认证，可向认证机构提出复评申请。

（7）重新换证：在认证证书有效期内，出现体系认证标准变更、体系认证范围变更、体系认证证书持有者变更的，可按规定重新换证。

技能训练 1

一、单项选择题

1.建筑工程质量是指工程满足业主需要的，符合国家法律、法规、技术规范标准（　　）的特性综合。

  A.必须履行　　　　　　　　　　　　B.设计文件及合同规定

  C.通常隐含　　　　　　　　　　　　D.满足明示

2.工程质量是在工程项目的（　　）形成的。

  A.设计过程　　　　　　　　　　　　B.施工过程

  C.建设过程　　　　　　　　　　　　D.竣工验收过程

3.工程质量验收的最小单元是（　　）。

  A.分项工程　　　　　B.检验批　　　　　C.工程部位　　　　　D.工序

4.全面质量管理PDCA循环法中的D是指（　　）阶段。

  A.处置　　　　　　　B.检查　　　　　　C.实施　　　　　　　D.计划

5.三全质量控制管理的原理不包括（　　）。

  A.全过程质量控制　　　　　　　　　　B.全面质量控制

  C.全员参与控制　　　　　　　　　　　D.全企业质量控制

6.建设工程开工前，质量监督手续应由（　　）办理。

A.施工单位负责   B.建设单位负责

C.监理单位负责   D.监理单位协助建设单位

7.实行总分包的工程，分包单位对其分包的工程质量应向（   ）负责。

  A.建设单位   B.设计单位   C.监理单位   D.总承包单位

8.工程质量管理机构是由（   ）建设行政主管部门或有关专业部门考核认定的。

  A.县级以上   B.地(市)级以上

  C.省级以上   D.同级地方政府

9.不属于质量管理体系构成文件的是（   ）。

  A.质量方针及目标   B.质量手册   C.使用效果调查   D.程序文件

10.《建设质量管理条例》规定施工图设计文件（   ），不得使用。

  A.未经监理单位同意   B.未经建设单位组织会审

  C.未经审查批准   D.未经技术交底

11.《建设质量管理条例》规定，（   ）对建设工程的施工质量负责。

  A.建设单位   B.勘察单位、设计单位

  C.施工单位   D.工程监理单位

12.（   ）建设单位在工程开工前，负责办理有关施工图设计文件审查。

  A.建设单位   B.工程质量监督机构

  C.施工单位   D.工程监理单位

13.由建设单位采购的工程材料、构配件和设备，建设单位应向（   ）建提供完整、真实、有效的质量证明文件。

  A.设计单位   B.监理单位   C.检测单位   D.施工单位

14.（   ）是指工程在规定的时间和规定的条件下完成规定功能的能力。

  A.经济性   B.耐久性   C.可靠性   D.安全性

15.（   ）是形成实体质量的决定性环节。

  A.项目可行性研究   B.项目决策   C.工程设计   D.工程施工

二、多项选择题

1.工程质量的特点主要有（   ）。

  A.质量波动大   B.质量隐蔽性   C.终检局限性   D.复杂性

  E.影响因素多

2.三全质量控制管理的内容有（   ）。

  A.全过程质量控制   B.全面质量控制

  C.全员参与控制   D.全企业质量控制

  E.全社会质量控制

3.工程质量管理制度内容包括（   ）。

  A.施工图设计文件审查制度   B.施工质量监督制度

  C.工程质量验收制度   D.施工过程监理制度

E.工程质量保修制度

4.下列内容属于质量管理体系构成文件的有（　　　）。

  A.质量方针及目标　　B.质量手册　　　　　C.使用效果调查　　　D.程序文件

  E.质量记录

5.影响工程的因素很多，主要有（　　　）。

  A.人员素质　　　　　B.工程材料　　　　　C.机械设备　　　　　D.方法

  E.国家政策

6.以下（　　　）是工程质量特点。

  A.影响因素多　　　　B.质量波动大　　　　C.质量隐蔽性　　　　D.终检方便

  E.评价方法特殊性

7.工程质量控制的基本原则有（　　　）。

  A.坚持质量第一的原则　　　　　　　　　B.坚持以人为核心的原则

  C.坚持事后控制为主的原则　　　　　　　D.坚持质量标准的原则

  E.坚持科学、公正、守法的职业道德规范

8.建筑工程质量控制PDCA循环原理环节有（　　　）。

  A.计划　　　　　　　B.实施　　　　　　　C.检查　　　　　　　D.观察

  E.处置

9.下列关于建设工程最低保修期限的说法正确的是（　　　）。

  A.基础设施工程、房屋建筑工程的地基基础和主体结构工程,为设计文件规定的该工
   程的合理使用年限

  B.屋面防水工程、有防水要求的卫生间,为5年

  C.房间和外墙面的防渗漏,为2年

  D.供热与供冷系统,为2个采暖期、供冷期

  E.电气管线、给排水管道、设备安装和装修工程,为2年

10.以下属于质量管理八项原则的是（　　　）。

  A.以供方为关注焦点　　　　　　　　　　B.领导作用

  C.全员参与　　　　　　　　　　　　　　D.管理系统方法

  E.基于事实的决策方法

三、判断题（正确的打"√"，错误的打"×"）

1.质量是一组赋予特性满足要求的程度。　　　　　　　　　　　　　　（　　　）

2.适用性即功能,是指工程满足使用目的的各种性能。　　　　　　　　（　　　）

3.设计阶段对工程质量的影响主要是确定工程项目应达到的质量目标和水平。

                          （　　　）

4.工程设计质量是决定工程质量的关键环节。　　　　　　　　　　　（　　　）

5.工程材料泛指构成工程实体的各类建筑材料、构配件、半成品等,工程材料是工程
建设的物质条件,是工程质量的基础。　　　　　　　　　　　　　　（　　　）

6.由于质量隐蔽性容易产生判断错误，即第一类判断错误。　　　　　　　（　　）

7.全面质量管理的核心是"三全"管理，即全过程、全员、全企业的质量管理。

（　　）

8.建筑工程质量控制是指致力于满足工程质量要求，也就是保证工程质量满足工程合同、规范标准所采取的一系列的措施、方法和手段。　　　　　　　　　（　　）

9.政府的工程质量监督管理具有权威性、委托性、综合性的特点。　　　　（　　）

10.ISO 9000是指质量体系管理标准，不是指一个标准，而是一族标准的统称。

（　　）

项目2

建筑工程施工质量控制

任务1 建筑工程施工质量控制要点

工程施工是使工程设计意图最终实现并形成工程实体的阶段，也是最终形成工程产品质量和工程项目使用价值的重要阶段，因此施工阶段的质量控制是工程项目质量控制的重点。

一、建筑工程施工质量控制的目标

（1）施工质量控制的总体目标是贯彻执行建设工程质量法规和强制性标准，正确配置施工生产要素和采用科学管理的方法，实现工程项目预期的使用功能和质量标准。这是建设工程参与各方的共同责任。

（2）建设单位的质量控制目标是通过施工全过程的全面质量监督管理、协调和决策，保证竣工项目达到投资所确定的质量标准。

（3）设计单位在施工阶段的质量控制目标，是通过对施工质量的验收签证、设计变更控制及纠正施工中发现的设计问题，采纳变更设计的合理化建议等，保证竣工项目的各项施工结果与设计文件（包括变更文件）所规定的标准相一致。

（4）施工单位的质量控制目标是通过施工全过程的全面质量自控，保证交付满足施工合同及设计文件所规定的质量标准（含工程质量创优要求）的建筑工程产品。

（5）监理单位在施工阶段的质量控制目标是，通过审核施工质量文件、报告报表及现场旁站检查、平行检测、施工指令和结算支付控制等手段的应用，监控施工承包单位的质量活动行为，协调施工关系，正确履行工程质量的监督责任，以保证工程质量达到施工合同和设计文件所规定的质量标准。

二、建筑工程施工质量控制的依据

施工质量控制的依据主要如下：

（1）国家有关工程建设的法律、法规及相关文件。

（2）《建筑工程施工质量验收统一标准》（GB 50300—2013）及相关专业质量验收规范。

（3）国家现行的勘察、设计、施工等技术标准、规范。

（4）施工执行的标准，主要是施工技术标准、工艺标准，可以是行业标准（JGJ）、地方标准（DB）、企业标准（QB）、协会标准（CECS）等。这些标准是施工操作的依据，是施工全过程控制的基础，也是施工质量验收的基础和依据。

（5）施工图设计文件，包括设计变更、洽商文件等。

（6）建设单位与参建单位签订的合同。

三、施工项目质量控制的过程

任何工程项目都是由分项工程、分部工程和单位工程组成的，而工程项目的建设，则需通过一道道工序来完成。因此，施工项目的质量管理是从工序质量到分项工程质量、分部工程质量、单位工程质量的系统控制过程（图2-1），也是一个从控制投入原材料的质量开始，到完成工程质量检验为止的全过程的系统过程（图2-2）。

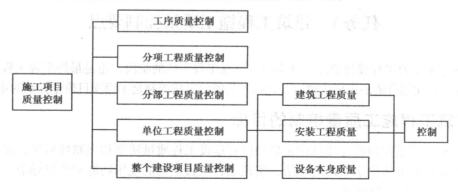

图2-1　施工项目质量控制过程（一）

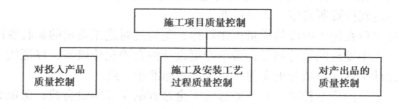

图2-2　施工项目质量控制过程（二）

四、施工项目质量控制阶段

为了加强对施工项目的质量控制，明确各施工阶段管理的重点，可把施工项目质量分为事前控制、事中控制和事后控制三个阶段（图2-3）。

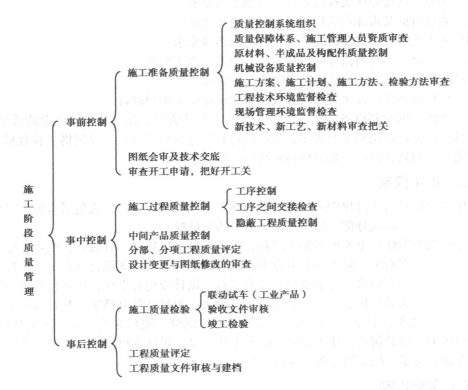

图 2-3 施工项目质量控制的阶段

（一）事前控制

事前控制即对施工准备阶段进行的质量控制，是指在各工程对象正式开始施工活动前，对各项准备工作及影响质量的各因素和有关方面进行质量控制。

1.施工技术准备工作的质量控制应符合的要求

（1）组织施工图纸审核及技术交底。

① 应要求勘察设计单位按国家现行的有关规定、标准和合同规定，建立健全的质量保证体系，完成符合质量要求的勘察设计工作。

② 审核图纸资料是否齐全，标准尺寸有无矛盾及错误，供图计划是否满足组织施工的要求及所采取的保证措施是否得当。

③ 设计采用的有关数据及资料是否与施工条件相适应，能否保证施工质量和施工安全。

④ 进一步明确施工中具体的技术要求及应达到的质量标准。

（2）核实资料。核实和补充现场调查资料及收集的技术资料，应确保资料的可靠性、准确性和完整性。

（3）审查施工组织设计或施工方案。重点审查施工方法与机械选择、施工顺序、进度安排及平面布置等是否能保证组织连续施工，审查所采取的质量保证措施。

（4）建立保证工程质量的必要试验设施。

2.现场准备工作的质量控制应符合施工质量要求

具体要求如下：

（1）场地平整度和压实程度是否满足施工质量要求。

（2）测量数据及水准点的埋设是否满足施工要求。

（3）施工道路的布置及路况质量是否满足运输要求。

（4）水、电、热及通信等的供应质量是否满足施工要求。

3.材料设备供应工作的质量控制应符合的要求

（1）材料设备供应程序与供应方式是否能保证施工顺利进行。

（2）所供应的材料设备的质量是否符合国家有关法规、标准及合同规定的质量要求。设备应具有产品详细说明书及附图；进场的材料应进行检查验收：验规格、验数量、验品种、验质量，做到合格证、化验单与材料实际质量相符。

（二）事中控制

事中控制即对施工过程中进行的所有与施工有关的质量控制，也包括对施工过程中的中间产品（工序产品或分部、分项工程产品）的质量控制。

事中控制的策略：全面控制施工过程，重点控制工序质量。其具体措施：工序交接有检查；质量预控有对策；施工项目有方案；技术措施有交底；图纸会审有记录；配制材料有试验；隐蔽工程有验收；计量器具校正有复核；设计变更有手续；钢筋代换有制度；质量处理有复查；成品保护有措施；行使质控有否决；质量文件有档案（凡是与质量有关的技术文件，如水准、坐标位置，测量、放线记录，沉降、变形观测记录，图纸会审记录，材料合格证明、试验报告，施工记录，隐蔽工程记录，设计变更记录，调试、试压运行记录，试车运转记录，竣工图等都要编目建档）。

（三）事后控制

事后控制是指对通过施工过程所完成的具有独立功能和使用价值的最终产品（单位工程或整个建设项目）及其有关方面（例如质量文档）的质量进行控制。其具体工作内容有：

（1）组织联动试车。

（2）准备竣工验收资料，组织自检和初步验收。

（3）按规定的质量评定标准和办法，对完成的分项工程、分部工程、单位工程进行质量评定。

（4）组织竣工验收，其标准是：

① 按设计文件规定的内容和合同规定的内容完成施工，质量达到国家质量标准，能满足生产和使用的要求。

② 生产工艺设备已安装配套，联动负荷试车合格，形成设计生产能力。

③ 交工验收的建筑物要窗明、地净、水通、灯亮、气通、采暖通风设备运转正常。

④ 交工验收的工程内净外洁，施工中的残余物料运离现场，灰坑填平，临时建（构）筑物拆除，2 m以内地坪整洁。

⑤ 技术档案资料齐全。

五、施工项目质量控制的程序

在建筑产品的生产全过程中，项目管理者要对建筑产品施工生产进行全过程、全方位的监督、检查与管理，它与工程竣工验收不同，它不是对最终产品的检查、验收，而是对生产中各环节或中间产品进行监督、检查与验收。这种全过程、全方位的中间质量控制简要程序如图2-4所示。

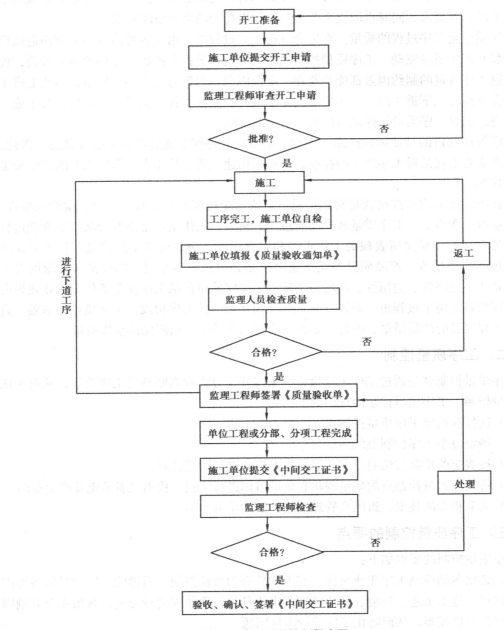

图2-4 施工质量控制程序图

六、工序质量控制

（一）工序及工序质量

施工工序是产品（工程）构配件或零部件生产（施工）编制过程的基本环节，是构成工程的基本单位，也是质量检验的基本环节。从工序的组合和工序的影响因素看，工序就是人、机、料、法、环对产品（工程）质量起综合作用的过程。工序的划分主要是取决于生产技术的客观要求，同时也取决于劳动分工和提高劳动生产率的要求。

工序质量是工序过程的质量。在生产（施工）过程中，由于各种因素的影响而造成产品（工程）产生质量波动，工序质量控制就是去发现、分析和控制工序中的质量波动，使影响线道工序质量的制约因素都能控制在一定范围内，确保每道工序的质量，不让上道工序的不合格品转入下道工序。工序质量决定了最终产品（工程）的质量，因此，对于施工企业来说，搞好工序质量是保证单位工程质量的基础。

工序管理的目的是使影响产品（工程）质量的各种因素能始终处于受控状态。因此，工序管理实质上就是对工序质量的控制，一般采用建立质量控制点（管理点）的方法来加强工序管理。

工程项目施工质量控制就是对施工质量形成的全过程进行监督、检查、检验和验收。施工质量由工作质量、工序质量和产品质量三者构成。工作质量是指参与项目实施全过程的人员为保证施工质量所表现的工作水平和完善程度，例如管理工作质量、技术工作质量、思想工作质量等。产品质量即是指建筑产品必须具有满足设计的规范所要求的安全性、可靠性、经济性、适用性、环境协调性等。工序质量包括工序作业条件和作业效果质量。工程项目的施工过程由一系列相互关联、相互制约的工序构成，工序质量是基础，直接影响工程项目的产品质量，因此，必须先控制工序质量，从而保证整体质量。

（二）工序质量控制

工序质量控制就是通过工序子样检验，来统计、分析和判断整道工序质量，从而实现工序质量控制。工序质量控制的程序如下：

（1）选择和确定工序质量控制点。

（2）确定每个工序控制点的质量目标。

（3）按规定的检测方法对工序质量控制点现状进行跟踪检测。

（4）将工序质量控制点的质量现状和质量目标进行比较，找出二者差距及产生原因。

（5）采取相应的技术、组织和管理措施，消除质量差距。

（三）工序质量控制的要点

工序质量控制的要点如下：

（1）必须主动控制工序作业条件，变事后检查为事前控制。对影响工序质量的各种因素，如材料、施工工艺、环境、操作者和施工机具等，要预先进行分析，找出主要影响因素，并加以严格控制，从而防止工序质量出现问题。

（2）必须动态控制工序质量，变事后检查为事中控制。及时检验工序质量，利用数理统计方法分析工序质量状态，并使其处于稳定状态。如果工序质量处于异常状态，则应停止施工；在经过原因分析采取措施、消除异常状态后，方可继续施工。

（3）建立工序质量控制卡，合理设置工序质量控制点，做好工序质量预控工作：

① 确定工序质量标准，并规定其抽样方法、测量方法、一般质量要求和上下波动幅度。

② 确定工序技术标准和工艺标准，具体规定每道工序的操作要求，并进行跟踪检验。

七、质量控制点设置

（一）质量控制点的概念

质量控制点的定义：为保证工序处于受控状态，在一定的时间和一定的条件下，在产品制造过程中需重点控制的质量特性、关键部件或薄弱环节。质量控制点也称为质量管理点。

质量控制点是根据对重要的质量特性进行重点质量控制的要求而逐步形成的。任何一个施工过程或活动总是有许多项特性要求，这些质量特性的重要程度对工程使用的影响程度不完全相同。质量控制点就是质量管理过程中"关键的少数""次要的多数"这一基本原理的具体体现。

质量控制点一般可分为长期型和短期型两种。对于设计、工艺方面的关键、重要项目，是必须长期重点控制的，而对工序质量不稳定、不合格品多、用户反馈不好的项目或因为材料供应、生产安排等在某一时期内有特殊需要的项目，则要设置短期适量控制点。当技术改进项目的实施、新材料的代用、控制措施的标准化等经过一段时间有效性验证有效后，可以相应撤销，转入一般的质量控制。

如果对产品（工程）的关键特性、关键部位和重要因素都设置了质量控制点，得到了有效控制，则这个产品（工程）的质量就有了保证。同时控制点还可以收集大量有用的数据、信息，为质量改进提供依据。所以设置质量控制点，加强工序管理，是企业建立质量控制体系的基础环节。

（二）质量控制点的设置原则

在什么地方设置质量控制点，需要通过对工程质量特性的要求和施工过程中的各个工序进行全面分析来确定。设置质量控制点一般应考虑以下原则：

（1）对产品（工程）的适用性（可靠性、安全性）有严格影响的关键质量特性、关键部位或重要影响因素，应设置质量控制点。

（2）对工艺上有严格要求，对下道工序有严重影响的关键部位应设置质量控制点。

（3）对经常出现不良产品的工序，必须设立质量控制点。

（4）对会影响项目质量的某些工序的施工顺序，必须设立质量控制点。

（5）对会严重影响项目质量的材料质量和性能，必须设立质量控制点。

（6）对会影响下道工序质量的技术间歇时间，必须设立质量控制点。

（7）对某些与施工质量密切相关的技术参数，要设立质量控制点。

（8）对容易出现质量通病的部位，必须设立质量控制点。

（9）对某些关键操作过程，必须设立质量控制点。

（10）对用户反馈的重要不良项目，应建立质量控制点。

建筑产品（工程）在施工过程中应设置多少质量控制点，应根据产品（工程）的复杂程序，以及技术文件上标记的特性分类、缺陷分级的要求而定。表2-1为建筑工程质量控制点设置的一般位置示例。

表2-1　质量控制点的设置位置表

分项工程	质量控制点
工程测量定位	标准轴线桩、水平桩、龙门板、定位轴线、标高
地基、基础（含设备基础）	基坑（槽）尺寸、标高、土质、地基承载力，基础垫层标高，基础位置、尺寸、标高，预留洞孔、预埋件的位置、规格、数量，基础标高、杯底弹线
砌体	砌体轴线，皮数杆，砂浆配合比，预留洞孔、预埋件位置、数量、砌块排列
模板	位置、尺寸、标高，预埋件位置，预留洞孔尺寸、位置，模板强度及稳定性，模板内部清理及润湿情况
钢筋混凝土	水泥品种、强度等级，砂石质量，混凝土配合比，外加剂比例，混凝土振捣，钢筋品种、规格、尺寸、搭接长度，钢筋焊接，预留洞、孔及埋件规格、数量、尺寸、位置，预制构件吊装或出场（脱模）强度，吊装位置，标高、支承长度、焊缝长度
吊装	吊装设备起重能力、吊具、索具、地锚
钢结构	翻样图、放大样
焊接	焊接条件、焊接工艺
装修	视具体情况而定

（三）质量控制点实施

根据质量控制点的设置原则，质量控制点的落实与实施一般有以下几个步骤：

（1）确定质量控制点，编制质量控制点明细表。

（2）绘制《工程质量控制程序图》及《工艺质量流程图》，明确标出建立控制点的工序、质量特性、质量要求等。

（3）组织有关人员进行工序分析，编制质量控制点设置表。

（4）组织有关部门对质量控制点进行分析，明确质量目标、检查项目、达到标准及各质量保证相关部门的关系及保证措施等，编制质量控制点内部要求。

（5）组织有关人员找出影响工序质量特性的主导因素，并绘制因果分析图，编制对策表。

（6）编制质量控制点工艺指导书。

（7）按质量评定表进行验评。为保证质量，严格按照建筑工程质量验评标准进行验评。

八、施工过程质量检查

（1）工程施工预检。预检是指工程在未施工前所进行的预先检查。预检是保证工程质量，防止重大质量事故的有力措施。

（2）施工操作质量巡视检查。有些质量问题是操作不当所致，虽然表面上似乎影响不大，但却隐藏着潜在的危害，因此，在施工过程中，必须注意加强对操作质量的巡视检查，对违章操作、不符合质量要求的操作要及时纠正，以防患于未然。

（3）工序质量交接检查。对各工序按施工技术标准进行质量控制，上道工序没有检查验收通过，不能进入下道工序施工。

（4）隐蔽工程验收检查。隐蔽工程验收检查是消除隐患、避免质量事故的重要措施。隐蔽工程未验收签字，不得进入下道工序施工，隐蔽工程验收后，要办理隐蔽签证手续，列入工程档案。

九、成品质量保护

成品质量保护一般是指在施工过程中，某些分项工程已经完成，而其他一些分项工程尚在施工，或者是在其分项工程施工过程中，某些部位已完成，而其他部位正在施工，在这种情况下，施工单位必须负责对已完成部分采取妥善措施予以保护，以免因成品缺乏保护或保护不善而造成损伤或污染，影响工程整体质量。

（一）合理安排施工顺序

合理安排施工顺序，按正确的施工流程组织施工，是进行成品保护的有效途径之一。建筑工程常见保护成品质量的施工顺序如下：

（1）遵循"先地下后地上""先深后浅"的施工顺序，就不至于破坏地下管网和道路路面。

（2）地下管道与基础工程相配合进行施工，可避免基础完工后再打洞挖槽安装管道，影响质量与进度。

（3）在回填土后再做基础防潮层，则可保护防潮层不致受填土夯实损伤。

（4）装饰工程采取自上而下的流水顺序，可以使房屋主体工程完成后，有一定沉降期；已做好屋面防水层，可防止雨水渗漏。这些都有利于保护装饰工程质量。

（5）先做地面，后做顶棚、墙面抹灰，可以保护下层顶棚、墙面抹灰不致受渗水污染；但在已做好的地面上施工，需对地面加以保护。若先做顶棚、墙面抹灰，后做地面，则要求楼板灌封密实，以免漏水污染墙面。

（6）楼梯间和踏步饰面，宜在整个饰面工程完成后，再自上而下地进行；门窗扇的安装通常在抹灰后进行；一般先刷油漆，后安装玻璃。这些施工顺序均有利于成品保护。

（7）当采用单排外脚手架砌墙时，由于砖墙上面有脚手洞眼，故一般情况下内墙抹灰需待同一层外粉刷完成，脚手架拆除，洞眼填补后才能进行，以免影响内墙抹灰质量。

（8）先喷浆后安装灯具，可避免因安装灯具后修理浆活而污染灯具。

（9）当铺贴连续多跨的卷材防水屋面时，应按先高跨、后低跨，先远（离交通进出口）、后近，先天窗油漆、玻璃，后铺贴卷材屋面的顺序进行。这样可避免在铺好的卷材屋面上行走和堆放材料、工具等，有利于保护卷材屋面的质量。

（二）成品质量保护措施

根据建筑成品特点的不同，可以分别采取防护、包裹、覆盖、封闭等保护措施，以及合理安排施工顺序等来保护成品质量。具体如下所述：

（1）防护，就是针对被保护对象的特点采取各种防护的措施。例如：对清水楼梯踏步，可以用护棱角铁上下连接固定；对于进出口台阶，可用垫砖或方木、搭脚手板供人通过等方法来保护台阶；对于门口易碰部位，可以钉上防护条或槽型盖铁来保护；门扇安装后可加楔固定。

（2）包裹，就是将被保护物包裹起来，以防损坏或污染。例如：对镶面大理石柱可用立板捆扎保护；铝合金门窗可用塑料布包扎保护等。

（3）覆盖，就是用表面覆盖的办法防止堵塞或损坏。例如：对地漏、落水口排水管等安装后加以覆盖，以防止异物落入；水磨石或大理石楼梯可用木板覆盖加以保护；地面可用锯末、彩条布等覆盖以防止喷浆等污染；其他需防晒、防冻、保温养护的项目也应采取适当的防护措施。

（4）封闭，就是采取局部封闭的办法进行保护。例如：垃圾道完成后，可将其进口封起来，以防止建筑垃圾堵塞通道；房间水泥地面或地面砖完成后，可将该房间局部封闭，防止人们随意进入而损坏地面；房内装修完成后，应加锁封闭，防止人们随意进入而损坏装修。

十、施工项目质量控制的方法

（一）审核有关技术文件、报告或报表

对技术文件、报告、报表的审核，是项目管理对工程质量进行全面控制的重要手段。其具体内容有：

（1）审核有关技术资质证明文件；

（2）审核开工报告，并现场核实；

（3）审核施工方案、施工组织设计和技术措施；

（4）审核有关材料、半成品的质量检验报告；

（5）审核反映工序质量动态的统计资料或控制图表；

（6）审核设计变更、修改图纸和技术核定书；

（7）审核有关质量问题的处理报告；

（8）审核有关应用新工艺、新材料、新技术、新结构的技术鉴定书；

（9）审核有关工序交接检查，分项、分部工程质量检查报告；

（10）审核并签署现场有关技术签证、文件等。

（二）现场质量检验

1.现场质量检验的内容

（1）开工前检查。目的是检查是否具备开工条件，开工后能否连续正常施工，能否保证工程质量。

（2）工序交接检查。对于重要的工序或对工程质量有重大影响的工序，实行"三检制"，即在自检、互检的基础上，还要组织专职人员进行工序交接检查。

（3）隐蔽工程检查。凡是隐蔽工程均应检查认证后才能掩盖。

（4）停工后复工前的检查。停工后需复工时，亦应经检查认可后方能复工。

（5）分项、分部工程完工后，应经检查认可，签署验收记录后，才能进行下一工程项目施工。

（6）成品保护检查。检查成品有无保护措施，或保护措施是否可靠。

此外，还应经常深入现场，对施工操作质量进行巡视检查；必要时，还应进行跟班或追踪检查。

2.现场质量检验的方法

进行现场质量检验的方法有目测法、实测法和试验法三种。

（1）目测法。其手段可归纳为"看、摸、敲、照"四个字。

（2）实测法。就是通过实测数据与施工规范及质量标准所规定的允许偏差对照，判别质量是否合格。实测法的手段可归纳为"靠、吊、量、套"四个字。

（3）试验法。指必须通过试验手段，才能对质量进行判断的检查方法。

（三）质量控制统计方法

（1）排列图法，又称主次因素分析图法，是用来寻找影响工程质量主要因素的一种方法。

（2）因果分析图法，又称树枝图或图刺图法，是用来寻找某种质量问题的所有可能原因的有效方法。

（3）直方图法，又称频数（或频率）分布直方图法，它是把从生产工序搜集来的产品质量数据，按数量整理分成若干级，画出以组距为底长、以频数为高的一系列矩形图。通过直方图可以从大量统计数据中找出质量分布规律，分析、判断工序质量状态，进一步推算工序总体的合格率，并鉴定工序能力。

（4）控制图法，又称管理图法，是以样本数据为分析、判断工序（总体）是否处稳定状态的有效工具。它的主要作用有二：一是分析生产过程是否稳定，为此，应随机地连续收集数据，绘制控制图，观察数据点子分布情况并评定工序状态；二是控制工序质量，为此，要定时抽样取得数据，将其描在图上，随时进行观察，以发现并及时消除生产过程中的失调现象，预防不合格产生。

（5）散布图法，它用来分析两个质量特性之间是否存在的相关关系，即根据影响质量特性因素的各对数据，用点子表示在直角坐标图上，以观察、判断两个质量特性之间的关系。

（6）分层法，又称分类法，它是将搜集的数据，按其性质、来源、影响因素等进行分类和分层研究的方法。它可以使杂乱的数据和错综复杂的因素系统化、条理化，从而找出主要原因，采取相应措施。

（7）统计分析表法，它是统计整理数据和分析质量问题的各种表格，一般根据调查项目，可设计出不同格式的统计分析表，对影响质量原因作粗略分析和判断。

十一、质量控制的手段

（1）日常性的检查。在现场施工过程中，质量控制人员（专业工长、质检员、技术人员）对操作情况及结果的检查和抽查，及时发现质量问题或质量隐患、事故苗头，以便及时进行控制。

（2）测量和检测。利用测量仪器和检测设备对建筑物水平和竖向轴线、标高、几何尺寸、方位的控制，对建筑结构施工地基、混凝土强度等的检测，严格控制工程质量，发现偏差及时纠正。

（3）试验及见证取样。各种材料及施工试验应符合相应的规范和标准，诸如原材料的性能、混凝土施工的配合比及其计量、坍落度的检查和试件强度等物理力学性能的检验等，均需通过试验的手段进行，并在试验取样中实施见证制度。

（4）实行质量否决制度。质量检查人员和技术人员对施工中存有的问题，有权以口头方式或书面方式要求施工操作人员停工或者返工，纠正违章行为，责令不合格的产品推倒重做。

（5）按规定的工作程序控制。预检、隐检应由专人负责并按规定检查，作出记录，第一次使用的配合比要进行开盘鉴定，混凝土浇筑应经申请和批准，完成的分项工程质量要进行实测实量的检验评定等。

（6）对项目的安全性与功能实行竣工抽查检测。

十二、建筑工程质量验收的常用工具

建筑工程质量检验的工具较多，不同的分项工程有不同的验收内容和方法，所使用的检查工具也不同。建筑工程施工验收系列规范在具体的检查项目中，对检查的项目和所采用的工具均有要求。钢尺、水准仪、经纬仪、坍落度筒等工具不再逐一介绍，但要说明的是，用于检验的各工具必须是经过标定计量合格的工具。下面仅介绍目前工地上较常使用的JZC—D型多功能建筑工程检测器。

（一）使用范围

多功能建筑工程检测器，由垂直检查尺、内外直角检测尺等器具组成，主要用于工程建筑、装修装潢、设备安装等工程的施工及竣工质量检测。

（二）技术参数

建筑工程检测器的技术参数见表2-2。

表2-2　建筑工程检测器的技术参数

序号	器具名称	规格	测量范围	精度误差
1	垂直检测尺	2 000×55×25	±14/200 mm	0.5 mm
2	对角检测尺	970×22×13	1 000～2 420 mm	(标尺) 0.5 mm
3	内外直角检测尺	200×130	±7/130 mm	0.5 mm
4	楔形塞尺	150×15×17	1～15 mm	0.5 mm
5	百格网	240×115×3	标准砖	0.5%
6	检测镜	100×65×11		
7	卷线器	65×65×20	线长15 m	
8	响鼓槌	25 g		
9	钢针小锤	10g		
10	双十字激光扫平仪			
11	激光测距仪			

（三）使用方法

1.垂直检测尺

检测物体平面的垂直度、平整度及水平度的偏差。

（1）垂直度检测：检测尺为可展式结构，合拢长1 m，展开长2 m。用于1 m检测时，推下仪表盖，活动销推键向上推，将检测尺左侧面靠紧被测面（注意：握尺要垂直，红色活动销外露3～5 mm，摆动灵活即可），待指针自行摆动停止时，直读指针所指下行刻度数值，此数值即为被测面1 m垂直度偏差，每格为1 mm。用于2 m检测时，将检测尺展开后锁紧连接扣，检测方法同上，直读指针所指上行刻度数值，此数值即为被测面2 m垂直度偏差，每格为1 mm。如被测面不平整，可用右侧上下靠脚（中间靠脚旋出不要）检测。

（2）平整度检测：检测尺侧面靠紧被测面，其缝隙大小用楔形塞尺检测，其数值即平整度偏差。

（3）水平度检测：检测尺侧面装有水准管，可检测水平度。用法同普通水平仪。

（4）校正方法：垂直检测时，如发现仪表指针数值偏差，应将检测尺放在标准器上进行校对调正，标准器可自制，将一根长约2.1 m的平直方木或铝型材竖直安装在墙面上，由线坠调正垂直，将检测尺靠在标准器上，用十字螺丝刀调节检测尺上的指针调节螺丝，使指针对"0"为止。水准管调正，可将检测尺放在标准水平物体上，用十字螺丝刀调节水准管"S"螺丝，使气泡居中。

（5）注意事项：检测尺在出厂前均经严格检验，符合检测尺质量标准Q／WNJY 02—2002才允许出厂，但在运输途中，经长时间的颠簸或装卸中过大的碰撞等，可能会造成少部分仪器数值误差。用户购买后在使用前都应在标准器上进行校正。经过校正的仪器，检测数值照样正确，丝毫不会影响使用性能。

2. 对角检测尺

（1）检测尺为3节伸缩式结构。中节尺设3档刻度线。检测时，大节尺推键应锁定在中节尺上某档刻度线"0"位，将检测尺两端尖角顶紧被测对角顶点，固紧小节尺。检测另一对角线时，松开大节尺推键，检测后再固紧，目测推键在刻度线上所指的数值，此数值就是该物体上两对角线长度对比的偏差值（单位：mm）。

（2）检测尺小节尺顶端备有M6螺栓，可装楔形塞尺、检测镜、活动锤头，便于高处检测使用。

3. 内外直角检测尺

（1）内外直角检测。将推键向左推，拉出活动尺，旋转270°即可检测。检测时，主尺及活动尺都应紧靠被测面，指针所指刻度拍数值即被测面130 mm长度的直角偏差，每格为1 mm。

（2）该尺在检测后离开被测物体时，指针所指数值不会变动（活动尺不会自行滑动），检测后可将检测尺拿到明亮处看清数值，克服了过去在检测中遇到高处、暗处、墙角处等不易看清数值缺陷，扩大了使用范围。

（3）垂直度及水平度检测：该检测尺装有水准管，可检测一般垂直度及水平度偏差。垂直度可用主尺侧面垂直靠在被测面上检测。检测水平度应把活动尺拉出旋转270°，使指针对准"0"位，主尺垂直朝上，将活动尺平放在被测物体上检测。

4. 楔形塞尺

（1）缝隙检测：游码推到尺顶部，手握塑料柄，将顶部插入被测缝隙中，插紧后退出，直读游码刻度（单位：mm）。

（2）平整度检测：取一平直长尺紧靠被测面，缝隙大小用楔形塞尺去检测，游码所指数值即被测面的平整度偏差。

（3）楔形塞尺侧面有M6螺孔，可将塞尺装在伸缩杆或对角检测尺顶部，便于高处检测。

5. 百格网

百格网采用高透明度工业塑料制成，展开后检测面积等同于标准砖，其上均布100小格，专用于检测砌体砖面砂浆涂覆的饱满度，即覆盖率（单位：%）。

6. 检测镜

检验建筑物体的上冒头、背面、弯曲面等肉眼不易直接看到的地方，手柄处有M6螺孔，可装在伸缩杆或对角检测尺上，便于高处检测。

7. 卷线器

塑料盒式结构，内有尼龙丝线，拉出全长15 m，可检测建筑物体的平直，如砖墙砌体灰缝、踢脚线等（用其他检测工具不易检测物体的平直部位）。检测时，拉紧两端丝线，放在被测处，目测观察对比，检测完毕后，用卷线手柄顺时针旋转，将丝线收入盒内，然后锁上方扣。

8. 响鼓槌（锤头重25 g）

轻轻敲打抹灰后的墙面，可以判断墙面的空鼓程度及抹灰砂浆与基层的黏合质量。

9.钢针小锤（锤头重10 g）

（1）小锤轻轻敲打玻璃、马赛克、瓷砖，可以判断空鼓程度及黏合质量。

（2）拔出塑料手柄，里面是尖头钢针，用钢针在被检物上戳几下，可探查出多孔板缝隙、砖缝等砂浆是否饱满。

10.双十字激光扫平仪

双十字激光扫平仪（图2-5）是一种可投射一束可视激光束，根据可视激光束可以定位高度的仪器。另外，利用双十字激光扫平仪可以在快速旋转轴带动下使可视激光点（一般有红光和绿光）扫出同一水准高度的光线，便于工程人员定位水准高度。

11.激光测距仪

激光测距仪（图2-6）是利用调制激光的某个参数实现对目标的距离测量的仪器。

图2-5　双十字激光扫平仪　　　　　　　　图2-6　激光测距仪

十三、质量员主要岗位职责

质量员是指在建筑施工现场，从事施工质量策划、过程控制、检查、监督、验收等工作的专业人员。其主要岗位职责如下：

（1）熟悉并认真贯彻执行现行国家、行业、企业颁发的与工程质量有关的各项法律、法规、强制性条文、规范、标准；熟悉施工图设计文件、合同文件中有关工程质量的要求。

（2）参与制定工程项目的现场质量管理制度、质量检验制度、质量统计报表制度、质量事故报告处理制度、质量文件管理制度等，建立健全质量管理体系；参与编制质量目标和质量计划；检查分包单位现场质量管理体系，使整个工程项目保质保量地完成。

（3）协助项目经理加强对进场人员进行操作技术和质量意识培训教育，检查特殊、专业工种和关键的施工工艺或新技术、新工艺、新材料等应用方面的操作人员能力；检查分包施工单位的资质，了解分包单位的质量管理水平和管理能力。

（4）参与施工组织设计、施工方案的会审、施工图会审、设计交底及技术交底，掌握施工方法、工艺流程、质量标准、检验手段和关键部位的质量要求；掌握新工艺、新材料、新结构的特殊质量要求。

（5）参加进场材料、设备、半成品的检验，仔细核对其品种、规格、型号、性能等。对新型材料应用必须通过试验和鉴定，并提供验收标准；代用材料应用通过规定的审批程序；现场配制的材料应先试配后使用；甲方供应材料、设备经检查确认合格后才能使用。掌握材料检验、试验项目及指标，参与见证取样，严禁使用不合格品。

（6）协助机械员检查施工机械设备的型号、技术性能是否与施工组织设计所列机械、设备相一致。是否处于完好状态；检查用于质量检测、试验、计量的仪器、设备和仪表是否满足使用需要，是否定期进行校验，是否处于良好状态。

（7）检查项目所处的自然环境，提出在施工前可能出现的对施工质量不利的影响及保证质量的有效措施；检查工程管理环境、工程劳动环境是否符合相关规定；检查外委检测、试验机构资质是否符合要求；复核工程原始基准点、基准线、相对高程、施工测量控制网，并报监理工程师审核确认。

（8）编制施工中的关键工序、施工薄弱环节以及对后续工程施工质量有影响的工序施工作业指导书，确定工程质量控制点。对特殊过程质量控制点（停止点）的，负责在该点到来之前通知监理工程师到现场监督检查，不准越过该点施工。

（9）监督施工过程中自检、互检、交接检制度的执行情况。

（10）负责工序的旁站检查，参与工序中间交接检验、隐蔽验收、技术复核等各项检验工作，填写相关记录。对不合格工序采取纠正措施，且纠正后再次验证其是否符合要求。

（11）按照建筑工程质量验收规范对检验批、分项工程、分部工程、单位工程进行验收，办理验收手续，填写验收记录；协助资料员整理有关工程项目质量的技术文件，并按规范编目建档。

（12）监督检查施工过程中及竣工交付前的成品保护。

（13）对施工过程的质量进行动态分析，熟悉运用质量动态统计技术和管理方法，掌握施工质量的发展趋势，对各方面的工作质量运用PDCA循环进行持续改造。

（14）对验收中发现的施工质量缺陷，应按处理质量问题的程序进行处理。对出现的质量事故应及时报告，并停止该部位及有关部位和下道工序的施工，实施事故处理程序。

（15）协助项目经理定期召开质量分析会，对潜在的质量因素提出相应预防措施，对已出现的质量缺陷提出整改措施；对各岗位工作质量提出奖惩建议。

（16）协助项目经理分析评价工程项目质量管理状况，识别持续改进区域，确定质量改进目标，选择有效方法。

（17）收集建设单位（业主）、监理单位及相关方对工程质量的意见，及时反馈到公司相关部门，保证信息通畅。

（18）协助做好保修期内的维修服务，接受顾客投诉，并协调相关方及时处理，使顾客满意。

任务2　施工生产要素质量控制

施工生产要素质量控制也就是对影响施工质量的五大因素（4M1E）的控制，五大因素如下：

（1）劳动主体——人员，即作业者、管理者的素质及其组织效果。

（2）劳动对象——材料、半成品、工程用品等的质量。

（3）劳动方法——采取的施工工艺及技术措施的水平。

（4）劳动手段——工具、模具、施工机械、设备等条件。

（5）施工环境——现场水文、地质、气象等自然环境，通风、照明、安全等作业环境以及协调配合的管理环境。

一、人的因素控制

人，作为劳动主体，是指直接参与工程建设的决策者、组织者、指挥者和操作者，是避免产生失误的主要因素。作为控制的动力，要充分调动人的积极性，发挥"人的因素第一"的主导作用。

为了避免人的失误，调动人的主观能动性，增强人的责任感和质量观，达到以工作质量保工序质量、促工程质量的目的，除了加强政治思想教育、劳动纪律教育、职业道德教育、专业技术知识培训，健全岗位责任制，改善劳动条件，公平合理激励外，还需根据工程项目的特点，从确保质量出发，本着适才适用、扬长避短的原则来控制人的使用。人的因素控制主要体现在以下几个方面：

（一）人的理论、技术水平

人的理论、技术水平直接影响工程质量水平，尤其是对技术复杂、难度大、精度高、工艺新的施工操作，要由具有实践经验、技术水平高的人员承担。

（二）人的违纪违章

人的违纪违章，指人粗心大意、注意力不集中、不懂装懂、无知而又不虚心、不按规定实施操作、不履行质量职责、质量检查不认真等，都必须严加教育、及时制止。

（三）施工企业管理人员和操作人员控制

施工队伍的管理者和操作者，是工程的主体，是工程产品形成的直接创造者，人员素质高低及质量意识的强弱都直接影响到工程产品的优劣。应认真抓好操作者的素质教育，不断提高操作者的生产技能，严格控制操作者的技术资质、资格与准入条件，是施工项目质量管理控制的关键途径。

1.持证上岗

专业工长和专业管理人员（八大员）必须由经培训、考核合格，持有岗位证书的人员担任。

特殊专业工种（焊工、电工、塔吊司机等）操作人员应经专业培训取得相应的资格证书，其他工种的操作工人应取得相应的技能证书。

2.素质教育

（1）学习有关建设工程质量的法律、法规、规章，提高法律观念质量意识，树立良好的职业道德。

（2）学习标准、规范、规程等技术法规，提高业务素质，加强技术标准化、管理标准化和企业标准化建设。

（3）组织工人学习工程工艺、操作规程，提高操作技能，开展治理质量通病活动，消除影响结构安全和使用功能的质量通病。

（4）全面开展"五严活动"：严禁偷工减料；严禁粗制滥造；严禁假冒伪劣、以次充好；严禁盲目指挥、玩忽职守；严禁私招乱揽、层层转包、违法分包。

二、材料的质量控制

材料（含构配件）是工程施工的物质条件，没有材料就无法施工。材料的质量是工程质量的基础，材料质量不符合要求，工程质量就不可能符合标准。因此，加强材料的质量控制，是提高工程质量的重要保证，也是创造正常施工条件的前提。

（一）材料质量控制的要点

1.掌握材料信息，优选供货厂家

掌握材料质量、价格、供货能力信息，选择好供货厂家，就可获得质量好、价格低的材料资源，从而确保工程质量，降低工程造价。这是企业获得良好社会效益、经济效益、提高市场竞争能力的重要因素。

材料订货时，要求厂方提供质量保证文件，用以表明提供的货物完全符合质量要求；质量保证文件的内容主要包括供货总说明、产品合格证及技术说明书、质量检验证明、检测与试验者的资质证明、不合格品或质量问题处理的说明及证明、有关图纸及技术资料等。

对于材料、设备、构配件的订货、采购，其质量要满足有关标准和设计的要求；交货期应满足施工及安装进度计划的要求。对于大型或重要设备，以及大宗材料的采购，应当实行招标采购的方式；对某些材料，如市政道路人行道的地砖等装饰材料，订货时最好一次订齐和备足货源，以免由于分批订货而出现颜色差异、质量不一。

2.合理组织材料供应，确保施工正常进行

合理地、科学地组织材料的采购、加工、储备、运输，建立严密的计划、调度体系，加快材料的周转，减少材料的占用量，按质、按量、如期地满足建设需要，是提高供应效率、确保正常施工的关键环节。

3.合理地组织材料使用，减少材料的损失

正确按定额计量使用材料，加强运输、仓库、保管工作，加强材料限额管理和发放工作，健全现场材料管理制度，避免材料损失、变质，是确保材料质量、节约材料的重要措施。

4.加强材料验收，严把材料质量关

（1）对用于工程的主要材料，进场时必须具备正式出厂合格证的材质化验单。如不具备或对检验证明有怀疑时，应补做检验。

（2）工程中所有构件，必须具有厂家批号和出厂合格证。钢筋混凝土和预应力钢筋混凝土构件，均应按规定的方法进行抽样检验。由于运输、安装等原因出现的构件质量问题，应分析研究，经处理鉴定后方能使用。

（3）凡标志不清或认为质量有问题的材料，对质量保证资料有怀疑或与合同规定不符的一般材料，因工程重要程度决定应进行一定比例试验的材料，需要进行追踪检验以控制和保证其质量的材料等，均应进行抽检。对于进口的材料设备和重要工程或关键施工部位所用的材料，则应进行全部检验。

（4）材料质量抽样和检验的方法，应符合检测的要求和标准，要能反映该批材料的质量性能。对于重要构件或非匀质的材料，还应酌情增加采样的数量。

（5）在现场配制的材料，如混凝土、砂浆等的配合比，应先提出试配要求，经试配检验合格后才能使用。

（6）对进口材料、设备应会同商检局检验，如核对凭证中发现问题，应取得供方代表和商检人员签署的商务记录，按时提出索赔。在现场开箱验收时，必须要有供方代表参加。

5.要重视材料的使用认证，以防错用或使用不合格的材料

（1）对主要装饰材料及建筑配件，应在订货前要求厂家提供样品或看样订货；主要设备订货时，要审核设备清单是否符合设计要求。

（2）对材料性能、质量标准、适用范围和施工要求必须充分了解，以便慎重选择和使用材料。

（3）凡是用于重要结构、部位的材料，使用时必须仔细地核对、认证，其材料的品种、规格、型号、性能有无错误，是否适合工程特点和满足设计要求。

（4）新材料应用，必须通过试验和鉴定；代用材料必须通过计算和充分的论证，并要符合结构和构造的要求。

（5）材料认证不合格时，不允许用于工程中；有些不合格的材料，如过期、受潮的水泥是否降级使用，需结合工程的特点予以论证，但绝不允许用于重要的工程或部位。

6.现场材料的管理要求

（1）入库材料要分型号、品种，分区堆放，做好标识，分别编号。

（2）对易燃易爆的物资，要专门存放，由专人负责，并有严格的消防保护措施。

（3）对有防湿、防潮要求的材料，要有防湿、防潮措施，并要有标识。

（4）对有保质期的材料要定期检查，防止过期，并做好标识。

（5）对易损坏的材料、设备，要保护好外包装，防止损坏。

（二）材料质量控制的原则

1.材料的质量控制的基本要求

虽然工程使用的建筑材料种类很多，其质量要求也各不相同，但从总体上来说，建筑材料可以分为直接使用的进场材料和现场进行二次加工后使用的材料两大类。前者如砖或砌块，后者如混凝土和砌筑砂浆等。对这两类进场材料质量控制的基本要求都应当掌握。

（1）材料进场时其质量必须符合规定；

（2）各种材料进场后应妥善保管，避免质量发生变化。

（3）材料在施工现场的二次加工必须符合有关规定。如混凝土和砂浆配合比、拌制工艺等必须符合有关规范、标准和设计的要求。

（4）了解主要建筑材料常见的质量问题及处理方法。

2.进场材料质量的验收

（1）对材料外观、尺寸、性能、数量等进行检查。对材料外观等进行检查，是任何材料进场验收必不可缺的重要环节。

（2）检查材料的质量证明文件。

（3）检查材料性能是否符合设计要求。材料质量不仅应该达到规范规定的合格标准，当设计有要求时，还必须符合设计要求。因此，材料进场时，还应对照设计要求进行检查验收。

（4）为了确保工程质量，对涉及结构安全或影响主要使用功能的材料，还应当按照有关规范或行政管理规定进行抽样复试，以检验其实际质量与所提供的质量证明文件是否相符。

3.见证取样和送检

近年来，随着工程质量管理的深化，对工程材料试验的公正性、可靠性提出了更高的要求。具体做法是：对部分重要材料试验的取样、送检过程，由监理工程师或建设单位的代表到场见证，确认取样符合有关规定后，予以签认，同时将试样封存，直至送达试验单位。

为了更好地控制工程及材料质量，质量控制参与者应当熟悉见证取样的有关规定，要求监督建设、监理单位、施工单位认真实施。应当将见证取样送检的试验结果与其他试验结果进行对比，互相印证，以确认所试验项目的结论是否正确、真实。如果应当进行见证取样送检的项目，由于种种原因未做时，应当采取补救措施。例如，当条件许可时，应该补做见证取样送检试验，当不具备补做条件时，对相应部位应该进行检测等。

4.新材料的使用

新材料通常是指新研制成功或新生产出来的未曾在工程上使用过的材料。建筑工程使用新材料时，由于缺乏相对成熟的使用经验，对新材料的某些性能不熟悉，因此必须贯彻严格、稳妥的原则。我国许多地区和城市，对建筑工程使用新型材料，都有明确和严格的规定。通常，新材料的使用应该满足以下三条要求：

（1）新材料必须是生产或研制单位的正式产品，有产品质量标准，产品质量应达到合格等级。任何新材料生产研制单位除了应有开发研制的各种技术资料外，还必须具有产品标准。如果没有国家标准、行业标准或地方标准，则应制定企业标准，企业标准应按规定履行备案手续。材料的质量，应该达到合格等级。没有质量标准的材料，或不能证明质量达到合格的材料，不允许在建筑工程上使用。

（2）新材料必须通过试验和鉴定，新材料的各项性能指标应通过试验确定。试验单位应具备相应的资质。为了确保新材料的可靠性与耐久性，在新材料用于工程前，应通过一定级别的技术论证与鉴定。对涉及结构安全及环境保护、防火性能以及影响重要建筑功能的材料，应经有关部门管理部门批准。

（3）使用新材料，应经过设计单位和建设单位的认可，并办理书面认可手续。

（三）材料质量控制的内容

材料质量控制的内容主要有材料的质量标准，材料质量的检（试）验，材料的选择和使用要求等。

1.材料质量标准

材料质量标准是用以衡量材料质量的尺度，也是作为验收、检验材料质量的依据。不同的材料有不同的质量标准，如水泥的质量标准有细度、标准稠度用水量、凝结时间、强度、体积安定性等。掌握材料的质量标准，就便于可靠地控制材料和工程的质量。如水泥颗粒越细，水化作用就越充分，强度就越高；初凝时间过短，不能满足施工有足够的操作时间，初凝时间过长，又影响施工进度；体积安定性不良，会引起水泥构件开裂，造成质量事故；强度达不到等级要求，直接危害结构的安全。为此，对水泥的质量控制，就是要检验水泥是否符合质量标准。

2.材料质量的检（试）验

（1）材料质量的检验目的。材料质量检验的目的是通过一系列的检测手段，将所取得的材料数据与材料的质量标准相比较，借以判断材料质量的可靠性和能否用于工程中；同时，还有利于掌握材料信息。

（2）材料质量的检验方法。材料质量检验方法有书面检验、外观检验、理化检验和无损检验等四种。

① 书面检验，是通过对提供的材料质量保证资料、试验报告等进行审核，取得认可方能使用。

② 外观检验，是对材料从品种、规格、标志、外形尺寸等进行直观检查，看其有无质量问题。

③ 理化检验，是借助试验设备和仪器对材料样品的化学成分、机械性能等进行科学的鉴定。

④ 无损检验，是在不破坏材料样品的前提下，利用超声波、X射线、表面探伤仪等进行检测。

（3）材料质量检验程度。根据材料信息和保证资料的具体情况，质量检验程度分免检、抽检和全数检验三种。

① 免检就是免去质量检验过程。对有足够质量保证的一般材料，以及实践证明质量长期稳定、且质量保证资料齐全的材料，可予免检。

② 抽检就是按随机抽样的方法对材料进行抽样检验。当对材料的性能不清楚，或对质量保证资料有怀疑，或对成批生产的构配件，均应按一定比例进行抽样检验。

③ 全数检验。凡对进口的材料、设备和重要工程部位的材料，以及贵重的材料，应进行全数检验，以确保材料和工程质量。

（4）材料质量检验项目。材料质量的检验项目分一般试验项目和其他试验项目。一般试验项目为通常进行的试验项目；其他试验项目为根据需要进行的试验项目。具体内容参阅材料检验项目的相关规定。

（5）材料质量检验的取样。材料质量检验的取样必须有代表性，即所取样品的质量应能代表该批材料的质量。具体方法和数量见检验取样规定的相关资料（各地可能存在差异）。

3.材料的选择和使用要求

材料的选择和使用不当，均会严重影响工程质量或造成工程质量事故。为此，必须针对工程特点，根据材料的性能、质量标准、适用范围和施工要求等方面进行综合考虑，慎重选择和使用材料。

不同品种、强度等级的水泥，由于水化热不同，不能混合使用；硅酸盐水泥、普通水泥因水化热大，适于冬期施工，而不适于大体积混凝土工程。

三、机械设备控制

（一）施工现场机械设备控制任务与内容

建筑企业机械设备管理是对企业的机械设备从选购（或自制）开始，到投入施工、磨损、补偿，直至报废的全过程的管理。而现场施工机械设备控制主要是正确选择（或租赁）和使用机械设备，及时做好施工机械设备的维护和保养，按计划检查和修理，建立现场施工机械设备使用管理制度等。其主要任务是采取技术、经济、组织措施对机械设备合理使用，用养结合，提高施工机械设备的使用效率，尽可能降低工程项目的机械使用成本，提高工程项目的经济效益。

现场施工机械设备管理的内容主要有以下3个方面：

1.机械设备的选择与配套

任何一个工程项目施工机械设备的合理装备，都必须依据施工组织设计。首先，对机械设备的技术经济进行分析，选择既满足生产要求、技术先进又经济合理的机械设备。结合施工组织设计，分析自测、购买和租赁的分界点，进行合理装备。其次，现场施工机械设备的装备必须配套，使设备在性能、能力等方面相互配套。如果设备数量多，但相互之间不配套，不仅机械性能不能充分发挥，而且会造成经济上的浪费。因此不能片面地认为设备越多越好。现场施工机械设备的配套必须考虑主机与辅机的配套关系，在综合机械化组列中前后工序机械设备间的配套关系，大、中、小型工程机械及动力工具的多层次结构的合理比例关系。

2.现场机械设备的合理使用

现场机械设备管理要处理好"养""管""用"三者之间的关系，遵照机械设备使用的技术规律和经济规律，合理、有效地利用机械设备，使之发挥较高的使用效率。为此，操作人员使用机械时必须严格遵守操作规程，反对"拼设备""吃设备"等野蛮操作。

3.现场机械设备的保养和修理

为了提高机械设备的完好率，使机械设备经常处于良好的技术状态，必须做好机械设备的维修保养工作。同理，定期检查和校验机械设备的运转情况和工作精度，发现隐患及时采取措施。根据机械设备的性能、结构的使用状况，制订合理的修理计划，以便及时恢复现场机械设备的工作能力，预防事故的发生。

（二）施工机械设备使用控制

1.合理配备各种机械设备

由于工程特点及生产组织形式各不相同，因此，在配备现场施工机械设备时必须根据工程特点，经济合理地为工程配好机械设备，同时又必须根据各种机械设备的性能和特点，合理地安排施工生产任务，避免"大机小用""精机粗用"以及超负荷运转的现象，而且还应随工程任务的变化及时调整机械设备，使各种机械设备的性能与生产任务相适应。

现场施工单位在确定施工方案和编制施工组织设计时，应充分考虑现场施工机械设备管理方面的要求，统筹安排施工顺序和平面布置图，为机械施工创造必要的条件，如水、电、动力供应，照明的安装，障碍物的拆除，以及机械设备的运行路线和作业场地等。现场负责人要善于协调施工生产和机械使用管理间的矛盾，既要支持机械操作人员的正确意见，又要与机械操作人员进行技术交底和提出施工要求。

2.实行人机固定制度和操作证制度

为了使施工机械设备在最佳状态下运行使用，合理配备足够数量的操作人员并实行机械使用、保养责任制是关键。现场的各种机械设备应定机定组交给一个机组或个人，使之对机械设备的使用和保养负责。操作人员必须经过培训和统一考试，取得操作证后，方可独立操作。无证人员登机操作应按严重违章操作处理。坚决杜绝为赶进度而任意指派机械操作人员之类的事件发生。

3.建立健全现场施工机械设备使用的责任制和其他规章制度

（1）人员岗位责任制。操作人员在开机前、使用中、停机后，必须按规定的项目要求，对机械设备进行检查和例行保养，做好清洁、润滑、调整、紧固、防腐等工作。经常保持机械设备的良好状态，提高机械设备的使用效率，节约使用费用，取得良好的经济效益。

（2）遵守磨合期使用的有关规定。由于新机械设备或经大修理后的机械设备在磨合时期，零件表面尚不够光洁，因而其间隙及啮合尚未达到良好的配合。因此，机械设备在使用初期，对操作提了一些特殊规定和要求，即磨合期使用规定。

凡是新购、大修以及经过返修的机械设备，在正式使用初期，都必须按规定进行磨合。其目的是使机械零件磨合良好，增强零件的耐用性，提高机械运行的可靠性和经济性。在磨合期内，加强机械设备的检查和保养，应经常注意运转情况，仪表指示，检查各总分轴承、齿轮的工作温度和连接部分的松紧，及时润滑、紧固和调整，发现不正常现象应采取措施。

4.创造良好的环境和工作条件

（1）创造适宜的工作条件。水、电、动力供应充足；工作环境应整洁、宽敞、明亮，特别是夜晚施工时，要保证施工现场的照明。

（2）配备必要的保护、防潮装置，有些机械设备还必须配备降温、保暖、通风等装置。

（3）配备必要的测量、控制和保险用的仪表和仪器等装置。

（4）建立现场施工机械设备的润滑管理系统，实行"五定"（即定人、定质、定点、定量、定期）的润滑管理制度。

（5）开展施工现场范围内的完好设备竞赛活动。完好设备是指零件、部件和各种装置完整齐全，油路畅通，润滑正常，内外清洁，性能和运转状况均符合标准的设备。

（6）对于在冬季施工中使用的机械设备，要及时采取相应的技术措施，以保证机械正常运转。如准备好机械设备的预热保温设备；在投入冬季使用前，对机械设备进行一次季节性保养，检查全部技术状态，换用冬季润滑油等。

5.现场施工机械设备使用控制建立"三定"制度

（1）"三定"制度的意义。

"三定"制度，即定人、定机、定岗位责任，是人机固定原则的具体表现，是保证现场施工机械设备得到最合理使用和精心维护的关键。"三定"制度很好地把现场施工机械设备的使用、保养、保管的责任落实到了个人。

（2）施工现场落实"三定"制度形式。

施工现场"三定"制度的形式可多种多样，根据不同情况而定，但必须把工地所属的全部机械设备的使用、保养、保管的责任落实到人。做到人人有岗位、事事有专责、台台机械有人管，具体可有以下几种形式：

① 多人操作式多班作业的机械设备，在指定操作人员的基础上，任命一人为机长，实行机长负责制；

② 一人一机或一人多机作业的机械，实行专机专责制；

③ 掌握有中、小型机械设备的班组，在机械设备和操作人员不能固定的情况下，应由班长指定专人对所管机械设备负责；

④ 施工现场向企业租赁或调用机械设备时，对大型机械原则上实行机调人随，重型或关键机械必须人随机走。

四、施工方法的控制

施工方法控制是指施工项目为达到合同条件的要求，在项目施工阶段内对所采取的技术方案、工艺流程、组织措施、检测手段、施工组织设计等的控制。

施工项目的施工方案正确与否，直接影响施工项目的进度控制、质量控制、投资控制三大目标能否顺利实现。在施工过程中，常因施工方案考虑不周而拖延进度，影响质量，增加投资。为此，在制订和审核施工方案时，必须结合工程实际从技术、组织、管理、工艺、操作、经济等方面进行全面分析，综合考虑，力求方案可行、经济合理、工艺先进、措施得力、操作方便，有利于提高质量、加快进度、降低成本。

施工方案的确定一般包括确定施工流向、确定施工顺序、划分施工段、选择施工方法和施工机械、分析施工方案的技术经济。

（一）确定施工流向

确定施工流向可解决施工项目在平面上、空间上的施工顺序。确定时应考虑以下因素：

（1）按生产工艺要求，需先期投入生产或起主导作用的工程项目先施工。

（2）技术复杂、施工进度较慢、工期较长的工段和部位先施工。

（3）满足选用的施工方法、施工机械和施工技术的要求。

（4）符合工程质量与安全的要求。

（5）确定的施工流向不得与材料、构件的运输方向发生冲突。

（二）确定施工顺序

施工顺序是指单位工程施工项目中，各工程部位之间进行施工的先后次序。主要解决工序间在时间上的搭接关系，以充分利用空间、争取时间、缩短工期。单位工程施工项目施工应遵循先地下后地上，先土建后安装，先安装设备后安装管道、电气的安装顺序。

（三）划分施工段

施工段的划分，必须满足施工顺序、施工方法和流水施工条件的要求，使施工段划分合理。

（四）选择施工方法和施工机械

施工方法和施工机械的选择是紧密联系的。施工机械的选择是施工方法选择的中心环节，不同的施工方法所用的施工机械不同。在选择施工方法和施工机械时，要充分研究施工项目的特征、各种施工机械的性能、供应的可能性、企业的技术水平、建设工期的要求和经济效益等。一般遵循以下要求：

（1）施工方法的技术先进性和经济合理性统一。

（2）施工机械的适用性与多用性兼顾。

（3）辅助机械应与主导机械的生产能力协调一致。

（4）机械的种类和型号在一个施工项目上应尽可能少。

（5）尽量利用现有机械。

在确定施工方法和主导机械后，应考虑施工机械的综合使用和工作范围，并制定保证工程质量与施工安全的技术措施。

（五）分析施工方案的技术经济

施工项目中的任何一个部位施工，均可列出几个可行的施工方案，通过技术经济分析在其中选出一个工期短、质优、省料、劳动力和机械安排合理、成本低的最优方案。

五、施工环境因素控制

施工环境主要是指施工现场的自然环境、劳动作业环境及管理环境。由于建设工程是在事先选定的建设地区和场址进行建造，因此，施工期间会受到所在区域气候条件和建设场地的水文地质情况的影响，受到施工场地和周边建筑物、构筑物、交通道路以及地下管道、电缆或其他埋设物和障碍物的影响。在制订施工方案时，必须对施工现场环境条件进行充分的调查、分析，必要时还需补充地质勘察，取得准确的资料和数据，以便正确地按照气象及水文地质条件，合理安排冬季及雨季的施工项目，规范防洪排涝、抗寒防冻、防暑降温等方面的有关技术组织措施；制订防止近邻建筑物、构筑物及道路和地下管道线路等沉降或位移的保护措施。

对环境因素的控制，与施工方案和技术措施紧密相关。如在寒冬、雨季、风季、炎热季节施工时，应针对工程的特点，尤其是对混凝土工程、土方工程、深基础工程、水下工程及高空作业等，拟订保证季节性施工质量和安全的有效措施，以免工程质量受到冻害、干裂、冲刷、坍塌的危害。同时，要不断改善施工现场的环境和作业环境；要加强对自然环境和文物的保护，要尽可能减少施工对环境的污染；要健全施工现场管理制度，合理地布置，使施工现场秩序化、标准化、规范化，实现文明施工。

（一）施工现场劳动作业环境的控制

施工现场劳动作业环境大至整个建设场地施工期间的使用规范安排，如要科学合理地做好总平面布置图的设计，使整个施工现场的临时道路、给排水及供热供气管道、供电通信线路、施工机械设备和装置、建筑材料制品的堆场和仓库、现场办公及生活或休息设施等的布置有条不紊，安全、畅通、整洁、文明，消除有害影响和相互干扰，经济合理。作业环境小至每一施工作业场所的材料、器具的堆放状况，通风照明措施及有害气体、粉尘的防护措施的落实等。这些条件是否良好，直接影响施工能否顺利进行以及施工质量。例如：交通运输道路不畅，干扰、延误多，可能造成运输时间加长，运送的混凝土拌合物可能会变化（凝结时间、坍落度等）。此外，当一个施工现场同时有多个承包单位或多个工种施工或平行立体交叉作业时，更应注意避免它们在空间的相互干扰，保证施工质量与安全。

（二）施工管理环境的控制

管理环境控制，主要是根据承发包的合同结构，理顺各参建施工单位之间的管理关系，建立现场施工组织系统和质量管理的综合运行机制，确保施工程序的安排以及施工质量的形成过程能够起到相互促进、相互制约、协调运转的作用。使质量管理体系和质量控制自检体系处于良好的状态，系统的组织机构、管理制度、检测制度、检测标准、人员配备等方面完善明确，质量责任制得到落实。此外，在管理环境的创设方面，还应注意与现场近邻的单位、居民及有关方面的协调、沟通，搞好公共关系，以使他们对施工造成的干扰和不便给予必要谅解和支持配合。

（三）施工现场自然环境的控制

自然环境的控制，主要是掌握施工现场水文、地质和气象资料等信息，以便在制订施工方案、施工计划和措施时，能够从自然环境的特点和规律出发，事先做好充分的准备并采取有效措施与对策，避免可能出现的对施工作业不利的影响。如在城市地下隧道施工中，防止地下水、地面水对施工的影响，保证周围建筑物及地下管线的安全；从实际条件出发，做好冬雨季施工项目的安排和防范措施；加强环境保护和建设工程公害的治理等。

任务3 工程质量资料编制与整理

一、工程质量资料编制

作为工程项目质量员，应具备编制或参与编制工程质量资料的专业技能。常用的工程质量资料如下。

（一）施工项目质量计划

1.施工项目质量计划的概念

质量计划是确定项目质量目标及采用的质量体系要求的目标和要求的活动，致力于设定质量目标并规定必要的作业过程和相关资源，以实现质量目标。

项目质量计划是质量管理的前期活动，是对整个质量管理活动的策划和准备，质量计划对质量管理活动具有非常关键的作用，质量计划首先是对项目质量的计划，这项工作涉及了大量有关产品专业以及有关市场调研和信息收集方面的知识，因此在产品计划工作中，必须有设计部门和营销部门人员的积极参与和支持。质量计划应根据产品的计划确定适用的质量体系要素和采用的程度，质量体系的设计和实施应与产品的质量特性、目标、质量要求和约束条件相适应，对有特殊要求的产品、合同和措施应制订质量计划，并为质量改进做出规定。

2.施工项目质量计划的编制方法

（1）施工项目质量计划具有重要作用，应由项目经理主持编制。

（2）施工项目质量计划应集体编制，编制者应该具有丰富的知识、实践经验及较强的沟通能力和创造能力。

（3）始终以业主需求为关注点，准确无误地找出关键质量问题，反复征询对质量计划草案的意见以修改完善。

（4）施工项目质量计划应体现从工序到分项工程、分部工程、单位工程的过程控制，并且体现从资源投入到完成工程、质量检验和试验的全过程控制，使质量计划成为质量保证（对外）和质量控制（对内）的依据。

3.施工项目质量计划编制依据

（1）施工合同规定的产品质量特性、产品应达到的各项指标及其验收标准。

（2）施工项目管理规划。

（3）施工项目实施应执行的法律、法规、技术标准、规范。

（4）施工企业和施工项目部的质量管理体系文件及其要求。

4.施工项目质量计划的主要内容

（1）编制依据：质量手册和质量体系程序文件。

（2）施工项目概况：一般情况下，质量计划是一个体系文件而不是单独文件，不同的部分应交代清楚项目的相应情况。

（3）质量目标：必须明确并应分解到各部门、各项目的全体成员，以便于实施、检查、考核。

（4）组织机构（管理体系）：为实现质量目标而组成的管理机构。

（5）质量控制及管理协调的系统描述：有关部门和相关人员应承担的责任，拥有的权限，质量控制完成程度及奖罚情况。

（6）必要的质量控制手段。

（7）确定关键工序、特殊过程及作业的指导书。

（8）与施工阶段相适应的检验、试验、测量、验证要求。

（9）更改和完善质量计划的程序。

5.施工项目质量计划编制要求

（1）质量目标。合同范围内的全部工程的所有使用功能符合设计（或更改）图纸要求。分项、分部、单位工程质量达到既定的施工质量验收统一标准，合格率100%。

（2）管理职责。项目经理是施工单位本工程实施管理的最高负责人，对工程是否符合设计、验收规范、标准要求负责，对各阶段、各项目能否按期交工负责。项目经理委托分管项目质量的副经理（或技术负责人）负责本工程质量计划和质量文件的实施及日常质量管理工作，当有更改时，负责更改后的质量文件活动的控制和管理。

①对工程的准备、施工、安装、交付和维修整个过程质量活动的控制、管理、监督和改进负责。

②对进场材料、机械设备的合格性负责。

③对分包工程质量的管理、监督、检查负责。

④对设计和合同有特殊要求的工程和部位负责，组织有关人员、分包商和用户按规定实施，指定专人进行相关联络，解决相互间接口发生问题。

⑤对施工图纸、技术资料、项目质量文件、记录的控制和管理负责。

项目生产副经理对工程进度负责，调配人力、物力，保证按图纸和规范施工，协调同业主、分包商的关系，负责审核结果、整改措施和质量纠正措施的实施。

工长、测量员、试验员、计量员在项目质量副经理的直接指导下，负责所管部位和分项施工全过程的质量，使其符合图纸和规范要求，有更改者符合更改要求，有特殊规定者符合特殊要求。

材料员、机械员对进场的材料、构件、机械设备进行质量验收或退货、索赔，有特殊要求的物资、构件、机械设备执行质量副经理的指令；对业主提供的物资和机械设备负责按合同规定进行验收；对分包商提供的物资和机械设备负责按合同规定进行验收。

（3）资源提供。规定项目经理部管理人员及操作人员的岗位任职标准及考核认定方法。规定项目人员流动时进出人员的管理程序。规定人员进场培训（包括供方队伍、临时工、新进场人员）的内容、考核、记录等。规定施工所需的临时设施（含临建、办公设备、住宿房屋等）、支持性服务手段、施工设备及通信设备等。

（4）工程项目实现过程策划。规定施工组织设计或专项项目质量的编制要点及接口关系；规定重要施工过程的技术交底和质量策划要求；规定新技术、新材料、新结构、新设备的策划要求；规定重要过程验收的准则或技艺评定方法。

（5）材料、机械、设备等采购控制。对于企业自行采购的工程材料，工程机械设备，施工机械设备、工具等，质量计划作如下规定：

①对供方产品标准及质量管理体系的要求。

②选择、评价和控制供方的方法。

③必要时对供方质量计划的审核程序与方法。

④采购的法规要求。

⑤有可追溯性（追溯所考虑对象的历史、应用情况或所处场所的能力）要求时，要明确追溯内容的形成、记录、标志的主要方法。

⑥需要的特殊质量保证证据。

（6）施工工艺过程的控制。对工程从合同签订到交付全过程的控制方法做出规定，对工程的总进度计划、分段进度计划、分包工程进度计划、特殊部位进度计划、中间交付进度计划等做出过程识别和管理规定。

（7）搬运、贮存、包装、成品保护和交付过程的控制。规定工程实施过程形成的分项、分部、单位工程的半成品和成品保护方案、措施、交接方式等内容，作为保护半成品、成品的准则。规定工程期间交付、竣工交付，工程收尾、维护、验评，后续工作处理的方案、措施等内容，作为管理控制的依据。规定重要材料及工程设备的包装防护的方案及方法。

（8）安装和调试的过程控制

对工程水、电、暖、电信、通风、机械设备等的安装、检测、调试、验评、交付、不合格的处置等内容规定方案、措施、方式。由于这些工作同土建施工交叉配合较多，因此对于交叉接口程序、验证特性、交接验收、检测、试验设备要求、特殊要求等内容要作明确规定，以便各方面实施时遵循。

（9）检验、试验和测量的过程控制。规定材料、构件、施工条件、结构形式在什么条件、什么时间必须进行检验、试验、复验，以验证是否符合质量和设计要求，如钢材进场必须对其型号、钢种、炉号、批量等内容进行检验，并按要求进行取样试验或复验。

（10）检验、试验、测量设备的过程控制。规定要对本工程项目上使用的所有检验、试验、测量和计量设备实行控制和管理制度，包括：

①设备的标识方法；

②设备校准的方法；

③标明、记录设备准状态的方法；

④明确哪些记录需要保存，以便发现设备失准时，确定以前的测试结果是否有效。

（11）不合格品的控制。编制工序、分项、分部工程不合格产品出现的方案、措施，以及防止与合格品之间发生混淆的标识和隔离措施。规定哪些范围不允许出现不合格；明确一旦出现不合格，哪些允许修补返工，哪些必须推倒重来，哪些必须局部更改设计或降级处理。

编制控制质量事故发生的措施及事故发生后的处置措施。

6.施工项目质量计划的审批

施工单位的施工项目质量计划或施工组织设计文件编成后，应按照工程施工管理程序进行审批，包括施工企业内部的审批和项目监理机构的审查。

（1）企业内部的审批。施工单位的施工项目质量计划或施工组织设计的编制与审批，应根据企业质量管理程序性文件规定的权限和流程进行。通常是由项目经理部主持编制，报企业技术管理部门批准。

（2）监理工程师审查。实施工程监理的施工项目，按照我国建设工程监理规范的规定，施工单位应填写《施工组织设计（方案）报审表》并附施工组织设计（方案），报送项目监理机构审查。

（二）质量技术交底

质量技术交底是技术交底的重要组成部分，目的是使参与施工活动的技术人员和工人明确所实施工程的质量目标、施工条件、施工组织、具体技术要求和有针对性的关键技术措施，系统掌握工程施工全过程和施工关键部位，使工程施工质量达到国家施工质量验收规范的规定。

质量技术交底必须符合质量验收规范的质量要求，必须执行国家各项技术标准，包括计量单位和名称，还应符合设计施工图中的各项技术要求，特别是当设计图纸中的技术要求和技术标准高于国家施工质量验收规范的相应要求时，应作更为详细的交底和说明，符合施工组织设计的质量要求；对不同层次的施工人员，其技术人员交底的深度与详细程度不同，也就是说，对不同人员其交底的内容深度和说明方式要有针对性；技术交底应全面、明确，并突出要点。

质量技术交底的主要内容包括：质量目标，主要施工方法、关键性的施工技术及对实施存在问题的解决方法，特殊工程部位的技术处理细节及其注意事项，新技术、新工艺、新材料、新结构的施工技术要求、实施方案及其注意事项，施工质量标准等。

（三）隐蔽工程验收记录

隐蔽工程是指在下道工序施工后将被覆盖或掩盖，难以进行质量检查的工程。如混凝土结构工程中的钢筋工程，地基与基础工程中的混凝土基础和桩基础等。因此，隐蔽工程完成后，在被覆盖或掩盖前必须进行质量验收，验收合格后方可继续施工。

为确保隐蔽工程质量，以及质量责任追溯性，必须编制好隐蔽工程验收记录。隐蔽工程验收记录通常包括：工程名称、分项工程名称、隐蔽工程项目、施工标准名称及代号，隐蔽工程部位；项目经理、专业工长、施工单位、施工图名称及编号，施工单位自查记录（检查结论和施工单位技术负责人签字），监理单位验收结论（监理工程师签字）。

（四）施工记录

随着建筑技术的迅速发展，施工过程日益复杂多样。施工记录作为工程建设过程的现场的第一手资料，对实施工程质量控制起着极其重要作用。做好施工记录无疑是质量员重要的专业技能。

工程中主要的施工记录包括工程定位测量检查记录、地基钎探记录、地基处理记录、试桩记录、桩基施工记录、预检工程检查记录、大体积混凝土测温记录、混凝土开盘鉴定、混凝土施工记录、结构吊装记录、现场施工预应力记录等。

（五）质量验收资料

质量验收资料包括：检验批，分项、分部、单位工程验收记录；质量控制资料；有关安全、节能、环境保护和主要使用功能的检验资料等。质量验收资料准确且完整是工程顺利实施和竣工的必要条件。

二、工程质量资料收集、整理

施工项目从进场开始，质量员就应积极配合资料员认真做好质量资料的收集、整理工作，并持续有效地进行，做到边收集、边整理、边归档，使质量资料标准规范、格式统一、齐备完整，并与工程建设同步，为后续竣工资料的编制打下坚实基础。

（一）工程质量资料收集

建筑工程土建（建筑与结构）工程主要收集的工程质量如下：

（1）施工技术准备文件：施工组织设计、技术交底、图纸会审记录、施工图预算的编制和审查、施工日志。

（2）施工现场准备文件：控制网设置资料、工程定位测量资料、基槽开挖线测量资料、施工环保措施。

（3）地基处理记录：地基钎探记录和钎探平面布点图、验槽记录和地基处理记录、桩基施工记录、试桩记录。

（4）工程图纸变更记录：设计会议会审记录、设计变更记录、工程洽商记录。

（5）施工材料预制构件质量证明文件及复试报告：砂、石、砖、水泥、钢筋、防水材料、隔热保温、防腐材料、轻集料试验汇总表，砂、石、砖、水泥、钢筋、防水材料、隔热保温、防腐材料、轻集料出厂证明文件，砂、石、砖、水泥、钢筋、防水材料、轻集料、焊条、沥青复试报告，预制构件（钢、混凝土）出厂合格证、试验记录，工程物资选样送审表，进场物资批次汇总表，工程物资进场报验表。

（6）施工试验记录：土壤（素土、灰土）干密度、击实试验报告，砂浆配合比通知单，砂浆（试块）抗压强度试验报告，混凝土抗渗试验报告，预拌混凝土出厂合格证、复试报告，钢筋接头（焊接）试验报告，防水工程试水检查记录，楼地面、屋面坡度检查记录，土壤、砂浆、混凝土、钢筋连接、混凝土抗渗试验报告汇总表。

（7）隐蔽工程检查记录：基础和主体结构钢筋工程、钢结构工程、防水工程、高程控制。

（8）施工记录：工程定位测量检查记录，预检工程检查记录，冬期施工混凝土搅拌测温记录，冬期施工混凝土养护测温记录，烟道、垃圾道检查记录，沉降观测记录，结构吊装记录，现场施工预应力记录，工程竣工测量，新型建筑材料、施工新技术施工记录。

（9）工程质量事故处理记录。

（10）工程质量检验记录：检验批质量验收记录，分项工程质量验收记录，基础、主体工程验收记录，幕墙工程验收记录，分部（子分部）工程质量验收记录。

（二）工程质量资料整理

质量资料要随工程施工进度随发生随整理，目录层次分明、清晰：资料总目录→卷内目录→分目录，尽可能做到全面到位；总目录应看到整个工程质量资料内容提纲，卷内目录可以看到一卷或一盒内资料内容，分目录反映一册资料的编号、资料形成日期、部位、结构等。但某些资料的目录有特殊性，如钢筋技术资料目录要依次注明试验编号、资料日期、使用部位、产地、钢筋种类、规格、进场数量、混合批情况等，这样通过目录即可了解钢筋进场、取样、试验结果等情况。

技能训练2

一、单项选择题

1.施工项目质量管理应从最基础的（ ）抓起。
  A.单位工程质量 B.分部工程质量 C.分项工程质量 D.工序质量
2.施工项目质量事中控制的重点是控制（ ）。
  A.原材料质量 B.工序质量 C.半成品质量 D.产品质量
3.对进口材料、设备和重要工程部位的材料应该（ ）。
  A.免检 B.全部检验 C.抽检 D.随机检验
4.对材料的性能不清楚或对质量保证资料有怀疑，应对材料进行（ ）。
  A.免检 B.全部检验 C.抽检 D.随机检验
5.施工流向是解决施工项目在（ ）的施工顺序。
  A.平面和立面 B.平面和侧面 C.平面和空间 D.立面和侧面
6.现场施工过程中，日常性的质量检查应由（ ）对操作人员的操作及结果进行检查和抽查。
  A.监理工程师   B.总监理工程师
  C.业主代表   D.质量控制人员
7.排列图法是用来（ ）的方法。
  A.寻找某种质量问题的可能原因 B.寻找影响工程质量主要因素
  C.分析判断工序质量状态   D.对影响质量原因作粗略分析和判断
8.下列不属于现场质量检查方法的是（ ）。
  A.目测法 B.计量检测法 C.实测法 D.实验法
9.（ ）是用来寻找某种质量问题的所有可能原因的有效方法。
  A.直方图法 B.控制图法 C.因果分析图法 D.分层法
10.（ ）专用于检测砌体砖面砂浆涂覆的饱满度。
  A.垂直检查尺 B.百格网 C.内外直角检测尺 D.检测镜
11.（ ）是确定项目质量目标及采用的质量体系要求的目标和要求的活动，致力于设定质量目标并规定必要的作业过程和相关资源，以实现质量目标。

A. 监理规划　　　　B. 监理细则　　　　C. 质量计划　　　　D. 技术交底

12. （　　）是施工单位本工程实施管理的最高负责人，对工程是否符合设计、验收规范、标准要求负责。

A. 公司经理　　　　B. 项目经理　　　　C. 总监理工程师　　　　D. 甲方代表

13. 随着建筑技术的迅速发展，施工过程日益复杂多样。（　　）作为工程建设过程的现场的第一手资料，对实施工程质量控制起着极其重要作用。

A. 质量技术交底　　　B. 质量计划　　　　C. 施工记录　　　　D. 验收资料

14. （　　）是指在下道工序施工后将被覆盖或掩盖，难以进行质量检查的工程。

A. 装饰工程　　　　B. 隐蔽工程　　　　C. 覆盖工程　　　　D. 保温工程

15. 技术资料要随工程施工进度随发生随整理，目录层次分明，（　　）可看到整个工程技术资料内容提纲。

A. 总目录　　　　B. 卷内目录　　　　C. 卷外目录　　　　D. 分目录

16. （　　）的质量是工程质量的基础。

A. 施工工艺　　　　B. 材料　　　　C. 技术装备　　　　D. 施工环境

17. 对进口材料、设备应会同（　　）检验，如核对凭证中发现问题，应取得供方和商检人员签署的商务记录，按期提出索赔。

A. 建设单位　　　　B. 监理单位　　　　C. 商检局　　　　D. 质量监督局

18. 凡进口的材料、设备和重要工程部位的材料以及贵重的材料，应进行（　　），以确保材料和工程质量。

A. 免检　　　　B. 抽检　　　　C. 全数检验　　　　D. 按期检测

19. （　　）是产品（工程）构配件或零部件和生产（施工）编制过程的基本环节，是构成生产的基本单位，也是质量检验的基本环节。

A. 检验批　　　　B. 施工工艺　　　　C. 分项工程　　　　D. 施工工序

20. （　　）的定义是：为保证工序处于受控状态，在一定的时间和一定的条件下，在产品制造过程中需重点控制的质量特性、关键部件或薄弱环节。

A. 检查点　　　　B. 检测点　　　　C. 停止点　　　　D. 质量控制点

21. 对于清水楼梯踏步，可用护棱角铁上下连接固定；对于进出口台阶可垫砖或方木搭脚手板供人通过的方法来保护台阶。上述两种措施属于成品质量的（　　）。

A. 防护　　　　B. 包裹　　　　C. 覆盖　　　　D. 封闭

二、多项选择题

1. 施工项目质量管理分（　　）三阶段。

A. 事前控制　　　　B. 工序控制　　　　C. 事中控制　　　　D. 事后控制

E. 分部验收

2. 材料见证取样应由（　　）承担。

A. 设计代表　　　　B. 甲方代表　　　　C. 监理单位代表

D. 施工单位上级人员　　　　E. 检测单位

3. 以下施工顺序正确的是（　　）。

A.先地下,后地上　　B.先土建,后安装　　　C.先装饰,后安装

D.先设备安装,后管道、电气安装　　　E.先围护结构,后主体结构

4.实测法的检查手段,可归纳为 (　　　)。

A.靠　　　　　B.吊　　　　　C.量　　　　D.套　　　　E.照

5.现场质量检查的方法有 (　　　)。

A.目测法　　　　　B.计量检测法　　　　C.实测法

D.实验检查法　　　E.统计法

6.施工质量控制的手段有 (　　　)。

A.日常性检查　　　　B.测量和检测　　　　C.实验及见证取样

D.实行质量肯定制度　　　　　E.按规定的工作程序控制

7.下列属于施工现场质量检验的内容有 (　　　)。

A.开工前的检查　　B.工序交接时的检查　　C.隐蔽工程检查

D.停工后复工前的检查　　　　E.设计质量的检查

8.以下属于施工准备质量控制的是 (　　　)。

A.质量保证体系、施工管理人员资质审查

B.原材料、半成品及构配件质量控制

C.测量标桩审核、检查

D.施工方案、施工计划、施工方法、检验方法审查

E.隐蔽工程检查

9.施工项目质量计划编制依据有 (　　　)。

A.施工合同规定的产品质量特性、产品应达到的各项指标及其验收标准。

B.施工项目管理规划

C.监理规划

D.施工项目实施应执行的法律法规及技术标准、规范。

E.施工企业和施工项目部的质量管理体系文件及其要求。

10.施工项目质量计划的主要内容有 (　　　)。

A.施工项目概况

B.质量目标

C.安全控制措施

D.确定关键工序和特殊过程及作业的指导书

E.更改和完善质量计划的程序

11.质量技术交底的主要内容有 (　　　)。

A.质量目标

B.主要施工方法

C.特殊工程部位的技术处理细节及其注意事项

D.进度安排

E.施工质量标准

12.质量验收资料包括（　　　）。

 A.检验批验收记录

 B.分项工程验收记录

 C.质量控制资料

 D.有关安全、节能、环境保护和主要使用功能的检验资料

 E.质量技术交底

13.以下属于施工生产要素的是（　　　）。

 A.人员,即作业者、管理者的素质及其组织效果

 B.材料、半成品、工程用品等的质量

 C.采取的施工工艺及技术措施的水平

 D.工具、模具、施工机械、设备等条件

 E.当地政府的支持

14.人的因素控制主要体现在（　　　）。

 A.人的理论、技术水平   B.人员的文凭

 C.人的违纪违章   D.人员的年纪

 E.施工企业管理人员和操作人员控制

15.材料质量控制的要点有（　　　）。

 A.优选国外品牌

 B.掌握材料信息,优选供货厂家

 C.合理组织材料供应,确保施工正常进行

 D.合理组织材料使用,减少材料的损失

 E.加强材料检查验收,严把材料质量关

16.现场施工机械设备管理的内容主要有（　　　）。

 A.机械设备的选择与配套   B.优选国外品牌

 C.现场机械设备的合理使用   D.现场机械设备的保养

 E.现场机械设备的修理

17.现场施工机械设备使用控制建立的"三定"制度是指（　　　）。

 A.定人   B.定期   C.定量

 D.定机   E.定岗位责任

18.施工环境主要是指（　　　）。

 A.施工现场的自然环境   B.施工现场劳动作业环境

 C.施工现场的人文环境   D.施工现场的制度环境

 E.施工管理环境

19.建筑工程图纸按专业分工不同,可分为（　　　）。

 A.建筑施工图 B.结构施工图 C.设备施工图 D.装饰施工图

 E.总平面图

20.质量控制点的定义:为保证工序处于受控状态,在一定的时间和一定的条件下,

在产品制造过程中需重点控制的（　　　）。

　　A.质量特性　　　B.关键部件　　　C.一般部件　　　D.薄弱环节　　　E.一般环节

21.根据建筑成品特点的不同，可以分别对成品采取（　　）等保护措施，以及合理安排施工顺序等来达到保护成品的目的。

　　A.防护　　　　　B.包裹　　　　　C.覆盖　　　　　D.封闭　　　　　E.晾晒

三、判断题（正确的在括号内打"√"，错误的打"×"）

1.施工单位的质量控制目标是通过施工全过程的全面质量自控，保证交付满足施工合同及设计文件所规定的质量标准（含工程质量创优要求）的建筑工程产品。（　　）

2.由监理员签署《质量验收单》。（　　）

3.工序交接实行"三检制"，即在自检、互检的基础上，还要组织监理员进行工序交接检查。（　　）

4.直方图可以从大量统计数据中找出质量分布规律，分析、判断工序质量状态，进一步推算工序总体的合格率，并鉴定工序能力。（　　）

5.散布图法用来统计、整理数据和分析质量问题的各种表格。（　　）

6.工程设计质量是决定工程质量的关键环节。（　　）

7.工程材料泛指构成工程实体的各类建筑材料、构配件、半成品等，工程材料是工程建设的物质条件，是工程质量的基础。（　　）

8.质量计划是质量管理的前期活动，是对整个质量管理活动的策划和准备，质量计划对质量管理活动具有非常关键的作用。（　　）

9.质量计划首先是对工艺质量的计划，这项工作涉及了大量有关工艺以及有关市场调研和信息收集方面的知识。（　　）

10.质量目标是指合同范围内的全部工程的所有使用功能符合设计（或更改）图纸要求。分项、分部、单位工程质量达到既定的施工质量验收统一标准，合格率90%。（　　）

11.项目技术负责人是施工单位本工程实施管理的最高负责人。（　　）

12.质量技术交底必须符合质量验收规范的质量要求，必须执行国家各项技术标准。（　　）

13.技术资料要随工程施工进度随发生随整理，目录层次分明、清晰：资料总目录→卷内目录→分目录，尽可能做到全面到位。（　　）

14.人，作为劳动主体，是指直接参与工程建设的决策者、组织者、指挥者和操作者。作为控制的动力，要充分调动人的积极性，发挥"人的因素第一"的主导作用。（　　）

15.对部分重要材料试验的取样、送检过程，由施工单位代表到场见证，确认取样符合有关规定后，予以签认，同时将试样封存，直至送达试验单位。（　　）

16.新材料必须通过试验和鉴定，新材料的各项性能指标，应通过试验确定。试验单位应具备相应的资质。（　　）

17.无损检验，是借助试验设备和仪器对材料样品的化学成分、机械性能等进行科学的鉴定。（　　）

18.抽检就是按随机抽样的方法对材料进行抽样检验。当对材料的性能不清楚或对质量保证资料有怀疑时，或是针对成批生产的构配件，均应按一定比例进行抽样检验。

（　　）

19.单位工程施工项目施工应遵循先地下后地上，先安装后土建，先安装设备后管道、电气安装的顺序。（　　）

20.施工项目中的任何一个部位施工，可列出几个可行的施工方案，通过技术经济分析在其中选出一个工期短、质优、省料、劳动力和机械安排合理、成本低的最优方案。

（　　）

21.分项工程是产品（工程）构配件或零部件和生产（施工）编制过程的基本环节，是构成工程的基本单位，也是质量检验的基本环节。（　　）

22.工序质量交接检查，对各工序按施工技术标准进行质量控制，上道工序没有检查验收通过的，不能进入下道工序施工。（　　）

23.合理安排施工顺序，按正确的施工流程组织施工，是进行成品保护的有效途径之一。

（　　）

项目3

建筑工程施工质量验收

任务1　质量验收基础

建筑工程施工质量验收是工程建设质量控制的一个重要环节，包括施工过程质量验收和工程竣工验收两个方面。通过对工程建设中间产出品和最终产品的质量验收，从过程控制和终端把关两个方面进行工程项目的质量控制，以确保达到业主所要求的功能和使用价值，实现建设投资的经济效益和社会效益。工程项目的竣工验收，是项目建设程序的最后一个环节，是全面考核项目建设成果、检查设计与施工质量、确认项目能否投入使用的重要步骤。竣工验收的顺利完成，标志着项目建设阶段的结束和生产使用阶段的开始。尽快完成竣工验收工作，对促进项目的早日投产使用、发挥投资效益，有着非常重要的意义。本任务结合《建筑工程施工质量验收统一标准》（GB 50300—2013）及其相关的专业验收规范，着重说明建筑工程质量验收的相关问题。

一、建筑工程施工质量验收统一标准、规范体系的构成

《建筑工程施工质量验收统一标准》和与它配套使用的主要建筑工程各专业施工质量验收规范如下：

《建筑地基基础工程施工质量验收标准》（GB 50202—2018）；

《砌体结构工程施工质量验收规范》（GB 50203—2011）；

《混凝土结构工程施工质量验收规范》（GB 50204—2015）；

《钢结构工程施工质量验收标准》（GB 50205—2020）；

《木结构工程施工质量验收规范》（GB 50206—2012）；

《屋面工程质量验收规范》（GB 50207—2012）；

《地下防水工程质量验收规范》（GB 50208—2011）；

《建筑地面工程施工质量验收规范》（GB 50209—2010）；

《建筑装饰装修工程质量验收标准》（GB 50210—2018）；

《建筑给水排水及采暖工程施工质量验收规范》（GB 50242—2002）；

《通风与空调工程施工质量验收规范》（GB 50243—2016）；

《建筑电气工程施工质量验收规范》（GB 50303—2015）；

《电梯工程施工质量验收规范》（GB 50310—2002）；

《智能建筑工程质量验收规范》（GB 50339—2013）；

《建筑节能工程施工质量验收标准》（GB 50411—2019）。

二、施工质量验收统一标准、规范体系的编制指导思想

为了进一步做好工程质量验收工作，结合当前建设工程质量管理的方针和政策，增强各规范间的协调性及适用性并考虑与国际惯例接轨，在建筑工程施工质量验收标准、规范体系的编制中坚持了"验评分离、强化验收、完善手段、过程控制"的指导思想。

三、施工质量验收统一标准、规范体系的编制依据及其相互关系

建筑工程施工质量验收统一标准的编制依据，主要是《中华人民共和国建筑法》《建设工程质量管理条例》《建筑结构可靠度设计统一标准》及其他有关设计规范等。验收统一标准及专业验收规范体系的落实和执行，还需要有关标准的支持。其支持体系示意图如图3-1所示。

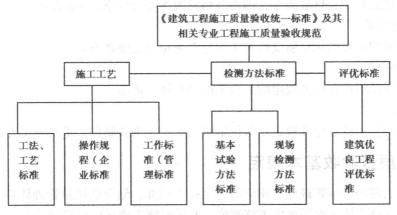

图3-1 工程质量验收规范支持体系示意图

四、施工质量验收的有关术语

《建筑工程施工质量验收统一标准》（GB 50300—2013）中共给出17个术语，这些术语对规范有关建筑工程施工质量验收活动中的用语，加深对标准条文的理解，特别是更好地贯彻执行标准是十分必要的。下面列出几个较重要的相关术语。

1.验收

建筑工程在施工单位自行质量检查合格的基础上，由工程质量验收责任方组织，工程建设相关单位参加，对检验批、分项、分部、单位工程及其隐蔽工程进行复验，根据相关标准以书面形式对工程质量达到合格与否做出确认。

2.检验批

按相同的生产条件或按规定的方式汇总起来供抽样检验用的，由一定数量的样本组成的检验体。

3.主控项目

建筑工程中对安全、节能、环境保护和主要使用功能起决定性作用的检验项目。

4.一般项目

除主控项目以外的项目都是一般项目。

5.抽样方案

根据检验项目的特性所确定的抽样数量和方法。

6.计数检验

通过确定抽样样本中不合格的个体数量，对样本总体质量做出判定的检验方法。

7.计量检验

以抽样样本的检测数据计算总体均值、特征值或推定值，并以此判断或评估总体质量的检验方法。

8.错判概率

合格批被判为不合格批的概率，即合格批被拒收的概率，用 α 表示。

9.漏判概率

不合格批被判为合格批概率，即不合格批被误收的概率，用 β 表示。

10.观感质量

通过观察和必要的测试所反映的工程外在质量和功能状态。

11.返修

对施工质量不符合标准规定的部位采取的整修等措施。

12.返工

对施工质量不符合标准规定的部位采取的更换、重新制作、重新施工等措施。

五、施工质量验收基本规定

（1）施工现场质量管理应有相应的施工技术标准，健全的质量管理体系、施工质量检验制度和综合施工质量水平评价考核制度，并做好施工现场质量管理检查记录。

施工现场质量管理检查记录应由施工单位按表3-1填写，总监理工程师（建设单位项目负责人）进行检查，并做出结论。

表3-1 施工现场质量管理检查记录

开工日期：

工程名称		施工许可证号	
建设单位		项目负责人	
设计单位		项目负责人	
监理单位		总监理工程师	
施工单位		项目负责人	项目技术负责人
序号	项目	主要内容	
1	项目部质量管理体系		
2	现场质量责任制		
3	主要专业工种操作岗位证书		
4	分包单位管理制度		
5	图纸会审记录		
6	地质勘察资料		
7	施工技术标准		
8	施工组织设计、施工方案编制及审批		
9	物资采购管理制度		
10	施工设施和机械设备管理制度		
11	计量设备配备		
12	检测试验管理制度		
13	工程质量检查验收制度		
14			
自检结果： 施工单位项目负责人： 年 月 日		检查结论： 总监理工程师： 年 月 日	

（2）建筑工程的施工质量控制应符合下列规定：

① 建筑工程采用的主要材料、半成品、成品、建筑构配件、器具和设备应进行进场检验。凡涉及安全、节能、环境保护和主要使用功能的重要材料、产品，应按各专业工程施工规范、验收规范和设计文件等规定进行复验，应经监理工程师检查认可。

② 各施工工序应按施工技术标准进行质量控制，每道施工工序完成后，经施工单位自检符合规定后，才能进行下道工序施工。各专业工种之间的相关工序应进行交接检验，并应记录。

③ 对于监理单位提出检查要求的重要工序，应经监理工程师检查认可，才能进行下道工序施工。

（3）符合下列条件之一时，可按相关专业验收规范的规定适当调整抽样复验、试验数量，调整后的抽样复验、试验方案应由施工单位编制，并报监理单位审核确认：

① 同一项目中由相同施工单位施工的多个单位工程，使用同一生产厂家的同品种、同规格、同批次的材料、构配件、设备。

② 同一施工单位在现场加工的成品、半成品、构配件用于同一项目中的多个单位工程。

③ 在同一项目中，针对同一抽样对象已有检验成果可以重复利用。

（4）当专业验收规范对工程中的验收项目未做出相应规定时，应由建设单位组织监理、设计、施工等相关单位制定专项验收要求。涉及安全、节能、环境保护等项目的专项验收要求应由建设单位组织专家论证。

（5）建筑工程质量应按下列要求进行验收：

① 工程质量验收均应在施工单位自检合格的基础上进行。

② 参加工程施工质量验收的各方人员应具备相应的资格。

③ 检验批的质量应按主控项目和一般项目验收。

④ 对涉及安全、节能、环境保护和主要使用功能的试块、试件及材料，应在进场或施工中按规定进行见证检验。

⑤ 隐蔽工程在隐蔽前应由施工单位通知监理单位进行验收，并应形成验收文件，验收合格后方可继续施工。

⑥ 涉及结构安全、节能、环境保护和使用功能的重要分部工程，应在验收前按规定进行抽样检测。

（6）建筑工程施工质量验收合格应符合下列规定：

① 符合工程勘察、设计文件的要求。

② 符合《建筑工程施工质量验收统一标准》（GB 50300—2013）和相关专业验收规范的规定。

（7）检验批的质量检验，可根据检验项目的特点在下列抽样方案中选取：

① 计量、计数或计量–计数的抽样方案。

② 一次、二次或多次抽样方案。

③ 对重要的检验项目，当有简易快速的检验方法时，选用全数检验方案。

④ 根据生产连续性和生产控制稳定性情况，采用调整型抽样方案。

⑤ 经实践证明有效的抽样方案。

（8）检验批抽样样本应随机抽取，满足分布均匀、具有代表性的要求，抽样数量应符合有关专业验收规范的规定，当采用计数抽样时，最小抽样数量应符合表3-2的要求。

明显不合格的个体可不纳入检验批，但应进行处理，使其满足有关专业验收规范的规定，对处理情况应予以记录并重新验收。

表3-2 检验批最小抽样数量

检验批容量	最小抽样数量	检验批容量	最小抽样数量
2~15	2	151~280	13
16~25	3	281~500	20
26~90	5	501~1 200	32
91~150	8	1 201~3 200	50

（9）计量抽样的错判概率α和漏判概率β可按下列规定采取：

① 主控项目：对应于合格质量水平α和β均不宜超过5%。

② 一般项目：对应于合格质量水平α不宜超过5%、β不宜超过10%。

任务2 建筑工程施工质量验收的划分

一、建筑工程施工质量层次划分及目的

（一）建筑工程施工质量验收层次的划分

随着我国经济的发展和施工技术的进步，工程建设规模不断扩大，分工不断细化，技术复杂程度越来越高，出现了大量工程规模较大的单体工程和具有综合使用功能的综合性建筑物。由于大型单体工程在功能或结构上由若干子单体工程组成，且整个建设周期较长，可能出现将已建成可使用的部分子单体工程先投入使用，或先将工程的一部分建成投入使用等情况，加上对规模较大的单体工程进行一次性验收的工作量很大等，因此就需要对大型单体工程进行分段验收。一个建筑物（构筑物）的建成，由施工准备工作开始到竣工交付使用要经过若干个工序和若干个工种之间的配合施工，所以一个工程的质量，取决于各个施工工序和各工种的操作质量。为了便于控制、检查和评定每个施工工序和工种的操作质量，建筑工程按检验批、分项工程、分部工程（子分部工程）、单位工程（子单位工程）四级进行评定验收，首先评定验收检验批的质量，再评定验收分项工程的质量，然后以分项工程质量为基础评定验收分部（子分部）工程的质量，最终以分部（子分部）工程质量、质量控制资料及有关安全和功能的检测资料、观感质量来综合评定验收单位（子单位）工程的质量。将一个单位（子单位）工程划分为若干个分部（子分部）工程，每个分部（子分部）工程又划分为若干个分项工程，每个分项工程又可划分为一个或若干个检验批。检验批是工程施工质量验收的最小单元，是质量验收的基础。

（二）建筑工程施工质量验收划分的目的

建筑工程施工质量验收涉及建筑工程施工过程质量验收和竣工质量验收，是建筑工程施工质量控制的重要环节。根据工程特点，按结构分解的原则合理划分建筑工程施工质量

验收层次，将有利于对建筑工程质量进行过程控制和阶段质量验收。进行检验批、分项工程、分部（子分部）工程和单位（子单位）工程四级划分的目的是方便质量管理和控制工程质量，并可根据工程的特点对其进行质量控制和验收。

二、建筑工程质量验收的划分

（一）单位工程的划分

单位工程是指具备独立施工条件并能形成独立使用功能的建筑物或构筑物，如一栋住宅楼、一个商店、一个锅炉房、一所学校的一座教学楼、一个办公楼、某城市广播塔等均为一个单位工程。

对于规模较大的单位工程，可将其能形成独立使用功能的部分划分为一个子单位工程。如一个公共建筑有30层塔楼及裙房，若裙房施工竣工后具备使用功能，并计划先投入使用，那么这个裙房就可先以子单位工程进行验收；如果塔楼的30层分2个或3个子单位工程验收也是可以的。各子单位工程验收完，整个单位工程也就验收完了，并且可以以子单位工程办理竣工备案手续。

单位（子单位）工程的划分，应在施工前由建设、监理、施工单位自行商议确定，并据此收集、整理施工技术资料，事先确定便于工程的各项管理。

（二）分部（子分部）工程的划分

分部工程是单位工程的组成部分，对于建筑工程，分部工程的划分应按专业性质、工程部位确定。

当分部工程较大或较复杂时，可按材料种类、施工特点、施工程序、专业系统及类别将分部工程划分为若干子分部工程。

一个单位工程是由建筑及结构（土建类）地基与基础、主体结构、屋面、装饰装修4个分部工程，建筑设备安装工程（安装类）的建筑给水排水、采暖、建筑电气、通风与空调、电梯和智能建筑5个分部工程，以及建筑节能分部工程等（土建与安装均涉及）共10个分部工程组成的。这10个分部工程不论工作量大小，都作为一个整体参与单位工程的验收。但有的单位工程中，不一定全有这些分部工程。如有的构筑物可能没有装饰装修分部工程；有的可能没有屋面工程等。对建筑设备安装工程来讲，一些高级宾馆、公共建筑可能5个分部工程全有，一般工程有的就没有通风与空调及电梯和智能建筑分部工程，有的构筑物可能连建筑给水排水及采暖分部工程也没有。所以说，房屋建筑物（构筑物）的单位工程目前最多由9个分部所组成。

（三）分项工程的划分

分项工程是分部工程的组成部分。分项工程应按主要工种、材料、施工工艺、设备类别等进行划分，如瓦工的砌砖工程，钢筋工的钢筋绑扎工程，木工的木门窗安装工程，油漆工的混色油漆工程等；也有一些分项工程并不限于一个工种，而是由几个工种配合施工，如装饰工程的护栏和扶手制作与安装，其材料可以是金属的、木质的，不一定由一个工种来完成。

建筑工程的分部工程、分项工程划分宜按表3-3进行。

表3-3 建筑工程分部工程、分项工程的划分

序号	分部工程	子分部工程	分项工程
1	地基与基础	地基	素土、灰土地基，砂和砂石地基，土工合成材料地基，粉煤灰地基，强夯地基，注浆地基，预压地基，砂石桩复合地基，高压喷射注浆地基，水泥土搅拌桩地基，土和灰土挤密桩复合地基，水泥粉煤灰碎石桩地基，夯实水泥土桩地基
		基础	无筋扩展基础，钢筋混凝土扩展基础，筏形与箱形基础，钢结构基础，钢管混凝土结构基础，型钢混凝土结构基础，钢筋混凝土预制桩基础，泥浆护壁成孔灌注桩基础，干作业成孔桩基础，长螺旋钻孔压灌桩基础，沉管灌注桩基础，钢桩基础，锚杆静压桩基础，岩石锚杆基础，沉井与沉箱基础
		基坑支护	灌注桩排桩围护墙，板桩围护墙，咬合桩围护墙，型钢水泥土搅拌墙，土钉墙，地下连续墙，水泥土重力式挡墙，内支撑，锚杆，与主体结构相结合的基坑支护
		地下水控制	降水与排水，回灌
		土方	土方开挖，土方回填，场地平整
		边坡	喷锚支护，挡土墙，边坡开挖
		地下防水	主体结构防水，细部构造防水，特殊施工法结构防水，排水，灌浆
2	主体结构	混凝土结构	模板，钢筋，混凝土，预应力、现浇结构，装配式结构
		砌体结构	砖砌体，混凝土小型空心砌块砌体，石砌体，配筋砖砌体，填充墙砌体
		钢结构	钢结构焊接，紧固件连接，钢零部件加工，钢构件组装及预拼装，单层钢结构安装，多层及高层钢结构安装，钢管结构安装，预应力钢索和膜结构，压型金属板，防腐涂料涂装，防火涂料涂装
		钢管混凝土结构	构件现场拼装，构件安装，钢管焊接、构件连接，钢管内钢筋骨架，混凝土
		型钢混凝土结构	钢结构制作，钢结构安装，墙面压型板，屋面压型板
		索膜结构	膜支撑构件制作，膜支撑构件安装，索安装，膜单元及附件制作，膜单元及附件安装
		铝合金结构	铝合金焊接，紧固件连接，铝合金零部件加工，铝合金构件组装，铝合金构件预拼装，铝合金框架结构安装，铝合金空间网格结构安装，铝合金面板，铝合金幕墙结构安装，防腐处理
		木结构	方木和原木结构，胶合木结构，轻型木结构，木结构防护

续表

序号	分部工程	子分部工程	分项工程
3	建筑装饰装修	建筑地面	基层铺设，整体面层铺设，板块面层铺设，木、竹面层铺设
		抹灰	一般抹灰，保温层薄抹灰，装饰抹灰，清水砌体勾缝
		门窗	木门窗安装，金属门窗安装，塑料门窗安装，特种门安装，门窗玻璃安装
		吊顶	整体面层吊顶、板块面层吊顶、格栅吊顶
		轻质隔墙	板材隔墙，骨架隔墙，活动隔墙，玻璃隔墙
		饰面板	石材安装，瓷板安装，木板安装，金属板安装，塑料板安装、玻璃板安装
		饰面砖	外墙饰面砖粘贴，内墙饰面砖粘贴
		幕墙	玻璃幕墙安装，金属幕墙安装，石材幕墙安装，陶板幕墙安装
		涂饰	水性涂料涂饰，溶剂型涂料涂饰，美术涂饰
		裱糊与软包	裱糊、软包
		外墙防水	砂浆防水层，涂膜防水层，防水透气膜防水层
		细部	橱柜制作与安装，窗帘盒和窗台板制作与安装，门窗套制作与安装，护栏和扶手制作与安装，花饰制作与安装
4	屋面	基层与保护	找平层和找坡层，隔汽层，隔离层，保护层
		保温与隔热	板状材料保温层，纤维材料保温层，喷涂硬泡聚氨酯保温层，现浇泡沫混凝土保温层，种植隔热层，架空隔热层，蓄水隔热层
		防水与密封	卷材防水层，涂膜防水层，复合防水层，接缝密封防水
		瓦面与板面	烧结瓦和混凝土瓦铺装，沥青瓦铺装，金属板铺装，玻璃采光顶铺装
		细部构造	檐口，檐沟和天沟，女儿墙和山墙，水落口，变形缝，伸出屋面管道，屋面出入口，反梁过水孔，设施基座，屋脊，屋顶窗
5	建筑给水、排水及采暖	室内给水系统	给水管道及配件安装，给水设备安装，室内消火栓系统安装，消防喷淋系统安装，防腐，绝热，管道冲洗，消毒，试验与调试
		室内排水系统	排水管道及配件安装，雨水管道及配件安装，防腐，试验与调试
		室内热水系统	管道及配件安装，辅助设备安装，防腐，绝热，试验与调试
		卫生器具	卫生器具安装，卫生器具给水配件安装，卫生器具排水管道安装，试验与调试

序号	分部工程	子分部工程	分项工程
5	建筑给水、排水及采暖	室内采暖系统	管道及配件安装，辅助设备安装，散热器安装，低温热水地板辐射采暖系统安装，电加热供暖系统安装，燃气红外辐射供暖系统安装，热风供暖系统安装，热计量及调控装置安装，试验及调试，防腐，绝热
		室外给水管网	给水管道安装，消防水泵接合器及室外消火栓安装，管沟及井室
		室外排水管网	排水管道安装，排水管沟与井池，试验与调试
		室外供热管网	管道及配件安装，系统水压试验，土建结构，防腐，绝热，试验与调试
		建筑中水系统及雨水利用系统	建筑中水系统、雨水利用系统管道及配件安装，水处理设置及控制设施安装，防腐，绝热，试验与调试
		游泳池及公共浴池水系统	管道及配件系统安装，水处理设置及控制设施安装，防腐，绝热，试验与调试
		水景喷泉系统	管道及配件系统安装，防腐，绝热，试验与调试
		热源及辅助设备	锅炉安装，辅助设备及管道安装，安全附件安装，烘炉、煮炉和试运行，换热站安装，防腐，绝热，试验与调试
		监测与控制仪表	检测仪器及仪表安装，试验与调试
6	通风与空调	送风系统	风管与配件制作、部件制作，风管系统安装，风机与空气处理设备安装，风管与设备防腐，旋流风口、岗位送风口、织物（布）风管安装，系统调试
		排风系统	风管与配件制作、部件制作，风管系统安装，风机与空气处理设备安装，风管与设备防腐，吸风罩及其他空气处理设备安装，厨房、卫生间排风系统安装，系统调试
		防排烟系统	风管与配件制作、部件制作，风管系统安装，风机与空气处理设备安装，风管与设备防腐，排烟风阀（口）、常闭正压风口、防火管安装，系统调试
		除尘系统	风管与配件制作、部件制作，风管系统安装，风机与空气处理设备安装，风管与设备防腐，除尘器与排污设备安装，吸尘罩安装，高温风管绝热，系统调试

续表

序号	分部工程	子分部工程	分项工程
6	通风与空调	舒适性空调系统	风管与配件制作、部件制作，风管系统安装，风机与空气处理设备安装，风管与设备防腐，组合式空调机组安装，消声器、静电除尘器、换热器、紫外线灭菌器等设备安装，风机盘管、变风量与定风量送风装置、射流喷口等末端设备安装，风管与设备绝热，系统调试
		恒温恒湿空调系统	风管与配件制作、部件制作，风管系统安装，风机与空气处理设备安装，风管与设备防腐，组合式空调机组安装，电加热器、加湿器等设备安装，精密空调机组安装，风管与设备绝热，系统调试
		净化空调系统	风管与配件制作、部件制作，风管系统安装，风机与空气处理设备安装，风管与设备防腐，净化空调机组安装，消声器、静电除尘器、换热器、紫外线灭菌等设备安装，中、高效过滤器及风机过滤单元等末端设备清洗与安装，清洁度测试，风管与设备绝热，系统调试
		地下人防通风体统	风管与配件制作、部件制作，风管系统安装，风机与空气处理设备安装，风管与设备防腐，过滤吸收器、防爆波活门、防爆超压排气活门等专用设备安装，系统调试
		真空吸尘系统	风管与配件制作、部件制作，风管系统安装，风机与空气处理设备安装，风管与设备防腐，管道安装，快速接口安装，风机与滤尘设备安装，系统压力试验与调试
		冷凝水系统	风管系统及部件安装，水泵及附属设备安装，管道冲洗，管道、设备防腐，板式热交换器、辐射板及辐射供热、供冷地埋管、热泵机组设备安装，管道、设备绝热，系统压力试验及调试
		空调（冷热）水系统	风管系统及部件安装，水泵及附属设备安装，管道冲洗，管道、设备防腐，冷却塔与水处理设备安装，防冻伴热设备安装，管道、设备绝热，系统压力试验与调试
		冷却水系统	风管系统及部件安装，水泵及附属设备安装，管道冲洗，管道、设备防腐，系统灌水渗漏及排放试验，管道、设备绝热
		土壤源热泵换热系统	风管系统及部件安装，水泵及附属设备安装，管道冲洗，管道、设备防腐，埋地换热系统与管网安装，管道、设备绝热，系统压力试验与调试
		水源热泵换热系统	风管系统及部件安装，水泵及附属设备安装，管道冲洗，管道、设备防腐，地表水源换热管及管网安装，除垢设备安装，管道、设备绝热，系统压力试验及调试
		蓄能系统	风管系统及部件安装，水泵及附属设备安装，管道冲洗，管道、设备防腐，蓄水罐与蓄冰槽、罐安装，管道、设备绝热，系统压力试验及调试

序号	分部工程	子分部工程	分项工程
6	通风与空调	压缩式制冷（热）设备系统	制冷机组及附属设备安装，管道、设备防腐，制冷剂管道及部件安装，制冷剂灌注，管道、设备绝热，系统压力试验及调试
		吸冷式制冷设备系统	制冷机组及附属设备安装，管道、设备防腐，系统真空试验，溴化锂溶液加灌，蒸汽管道系统安装，燃气或燃油设备安装，管道、设备绝热，试验及调试
		多联机（热泵）空调系统	室外机组安装，室内机组安装，制冷剂管路连接及控制开关安装，风管安装，冷凝水管道安装，制冷剂灌注，系统压力试验及调试
		太阳能供暖空调系统	太阳能集热器安装，其他辅助能源、换热设备安装，蓄能水箱、管道及配件安装，防腐，绝热，低温热水地板辐射采暖系统安装，系统压力试验及调试
		设备自控系统	温度，压力与流量传感器安装，执行机构安装调试，防排烟系统功能测试，自动控制及系统智能控制软件调试
7	建筑电气	室外电气	变压器、箱式变电所安装，成套配电柜、控制柜（屏、台）和动力、照明配电箱（盘）及控制柜安装，梯架、支架、托盘和槽盒安装，导管槽敷设，电缆敷设，管内穿线和槽盒内敷线，电缆头制作、导线连接和线路绝缘测试，普通灯具安装，专用灯具安装，建筑照明通电试运行，接地装置安装
		变配电室	变压器、箱式变电所安装，成套配电柜、控制柜（屏、台）和动力、照明配电箱（盘）安装，母线槽安装，梯架、支架、托盘和槽盒安装，电缆敷设，电缆头制作、导线连接和线路绝缘测试，接地装置安装，接地干线敷设
		供电干线	电气设备试验和试运行，母线槽安装，梯架、支架、托盘和槽盒安装，电缆敷设，电缆头制作、导线连接和线路绝缘测试，接地装置安装，接地干线敷设
		电气动力	成套配电柜、控制柜（屏、台）和动力、照明配电箱（盘）及控制柜安装，电动机、电加热器及电动执行机构检查接线，电气设备试验和试运行，梯架、支架、托盘和槽盒安装，导管敷设，电缆敷设，电缆头制作、导线连接和线路绝缘测试

续表

序号	分部工程	子分部工程	分项工程
7	建筑电气	电气照明安装	成套配电柜、控制柜（屏、台）和照明配电箱（盘）安装，梯架、支架、托盘和槽盒安装，导管敷设，管内穿线和槽盒内敷线，塑料护套线直敷布线，钢索配线，电缆头制作、导线连接和线路绝缘测试，普通灯具安装，专用灯具安装，插座、开关、风扇安装，建筑照明通电试运行
		备用和不间断电源安装	成套配电柜、控制柜（屏、台）和动力、照明配电箱（盘）安装，柴油发电机组安装，不间断电源装置及应急电源装置安装，母线槽安装，导管敷设，管内穿线和槽盒内敷线，电缆头制作、导线连接和线路绝缘测试，接地装置安装
		防雷及接地安装	接地装置安装，避雷引下线及接闪器安装，建筑物等电位连接，浪涌保护器安装
8	建筑智能化	智能化集成系统	设备安装，软件安装，接口及系统调试，试运行
		信息接入系统	安装场地检查
		用户电话交换系统	线缆敷设，设备安装，软件安装，接口及系统调试，试运行
		信息网络系统	计算机网络设备安装，计算机网络软件安装，网络安全设备安装，网络安全软件安装，系统调试，试运行
		综合布线系统	梯架、托盘、槽盒和导管安装，线缆敷设，机柜、机架、配线架安装，信息插座安装，链路或信道测试，软件安装，系统调试，试运行
		移动通信室内信号覆盖系统	安装场地检查
		卫星通信系统	安装场地检查
		有线电视及卫星电视接收系统	梯架、托盘、槽盒和导管安装，线缆敷设，设备安装，软件安装，系统调试，试运行
		公共广播系统	梯架、托盘、槽盒和导管安装，线缆敷设，设备安装，软件安装，系统调试，试运行
		会议系统	梯架、托盘、槽盒和导管安装，线缆敷设，设备安装，软件安装，系统调试，试运行

续表

序号	分部工程	子分部工程	分项工程
8	建筑智能化	信息导引及发布系统	梯架、托盘、槽盒和导管安装，线缆敷设，显示设备安装，机房设备安装，软件安装，系统调试，试运行
		建筑设备监控系统	梯架、托盘、槽盒和导管安装，线缆敷设，传感器安装，执行器安装，控制器、箱安装，中央管理工作站和操作分站设备安装，安装，软件安装，系统调试，试运行
		火灾自动报警系统	梯架、托盘、槽盒和导管安装，线缆敷设，探测器类设备安装，控制器类设备安装，其他设备安装，软件安装，系统调试，试运行
		安全技术防范系统	梯架、托盘、槽盒和导管安装，线缆敷设，设备安装，软件安装，系统调试，试运行
		机房	供配电系统，防雷与接地系统，空气调节系统，给水排水系统，综合布线系统，监控与安全防范系统，消防系统，室内装饰装修，电磁屏蔽，系统调试，试运行
		防雷与接地	接地装置，接地线，等电位联结，屏蔽设施，电涌保护器，线缆敷设，系统调试，试运行
9	建筑节能	围护系统节能	墙体节能，幕墙节能，门窗节能，屋面节能，地面节能
		供暖空调设备及管网节能	供暖节能，通风与空调设备节能，空调与供暖系统冷热源节能，空调与供暖系统管网节能
		电气动力节能	配电节能，照明节能
		监控系统节能	监测系统节能，控制系统节能
		可再生能源	地源热泵系统节能，太阳能光热系统节能，太阳能光伏节能
10	电梯	电力驱动的曳引式或强制式电梯	设备进场验收，土建交接检验，驱动主机，导轨，门系统，轿厢，对重，安全部件，悬挂装置，随行电缆，补偿装置，电气装置，整机安装验收
		液压电梯	设备进场验收，土建交接检验，液压系统，导轨，门系统，轿厢，对重，安全部件，悬挂装置，随行电缆，电气装置，整机安装验收
		自动扶梯、自动人行道	设备进场验收，土建交接检验，整机安装验收

（四）检验批的划分

检验批可根据施工、质量控制和专业验收的需要按工程量、楼层、施工段、变形缝等进行划分。

分项工程是一个比较大的概念，真正进行质量验收的并不是一个分项工程的全部，而只是其中的一部分。通常，多层及高层建筑的分项工程可按楼层或施工段来划分检验批，如一个砌体结构的住宅工程，其砌砖分项工程在验收时，往往是分层验收的，如一层砌砖工程、二层砌砖工程等，如果这个房屋有6层就可划分为6个砌砖检验批，这样一来，砌砖分项工程就由6个检验批组成，每一个验收批都验收了，砌砖分项工程的验收也就完成了。单层建筑的分项工程可按变形缝划分检验批；地基与基础的分项工程一般划分为一个检验批，有地下层的基础工程可按不同地下层划分检验批；屋面工程的分项工程可按不同楼层屋面划分为不同的检验批；其他分部工程中的分项工程，一般按楼层划分检验批；对于工程量较小的分项工程可划分为一个检验批。

施工前，应由施工单位制定分项工程和检验批的划分方案，并由项目监理机构审核。对于《建筑工程施工质量验收统一标准》（GB 50300—2013）及相关专业验收规范未涵盖的分项工程和检验批，可由建设单位组织监理、施工等单位协商确定。

（五）室外工程划分

室外工程可根据专业类别和工程规模划分子单位工程、分部工程和分项工程。室外工程划分见表3-4。

表3-4 室外工程的划分

单位工程	子单位工程	分部（子分部）工程
室外设施	道路	路基、基层、面层、广场与停车场、人行道、人形地道、挡土墙、附属构筑物
	边坡	土石方、挡土墙、支护
附属建筑及室外环境	附属建筑	车棚、围墙、大门、挡土墙
	室外环境	建筑小品、亭台、水景、连廊、花坛、场坪绿化、景观桥

任务3 建筑工程施工质量验收标准和程序

一、检验批质量的验收

（一）检验批验收合格的规定

分项工程分成一个或几个检验批来验收。检验批质量合格应符合下列规定：

（1）主控项目的质量经抽样检验均应合格。

（2）一般项目的质量经抽样检验合格。

（3）具有完整的施工操作依据、质量验收记录。

对以上条文的说明：

（1）主控项目的质量经抽样检验均应合格：

主控项目的条文是必须达到的要求，是保证工程安全和使用功能的重要检验项目，是对安全、节能、环境保护和公众利益起决定性作用的检验项目，是确定该检验批主要性能的检验项目。如果主控项目达不到规定的质量指标，降低要求就相当于降低该工程项目的性能指标，就会严重影响工程的安全性能。如混凝土、砂浆的强度等级是保证混凝土结构、砌体工程强度的重要性能，因此必须全部达到要求。

主控项目包括的主要内容有：

① 工程材料、构配件和设备的技术性能等，如水泥、钢材的质量，门窗构配件的质量，风机等设备质量。

② 涉及结构安全、节能、环境保护和主要功能的检测项目，如混凝土、砂浆的强度，钢结构的焊缝强度，管道的压力试验，风管的系统测定与调整，电气的绝缘、接地测试，电梯的安全保护、试运转结果等。

③ 一些重要的允许偏差项目，必须控制在允许偏差限值之内。

（2）一般项目的质量经抽样检验合格：

一般项目的质量经抽样检验合格。当采用计数抽样时，合格点率应符合有关专业验收规范，且不得存在严重缺陷。对于计数抽样的一般项目，正常检验一次抽样可按表3-5判定，正常检验二次抽样可按表3-6判定。具体的抽样方案应按有关专业验收规范执行，且在抽样前确定。如有关专业验收规范无明确规定时，可采用一次性抽样方案，也可由建设设计、监理、施工等单位根据检验对象的特征协商采用二次抽样方案。

表3-5 一般项目正常检验一次抽样判定

样本容量	合格判定数	不合格判定数	样本容量	合格判定数	不合格判定数
5	1	2	32	7	8
8	2	3	50	10	11
13	3	4	80	14	15
20	5	6	125	21	22

表3-6 一般项目正常检验二次抽样判定

抽样次数	样本容量	合格判定数	不合格判定数	抽样次数	样本容量	合格判定数	不合格判定数
（1）	3	0	2	（1）	20	3	6
（2）	6	1	2	（2）	40	9	10
（1）	5	0	3	（1）	32	5	9
（2）	10	3	4	（2）	64	12	13

续表

抽样次数	样本容量	合格判定数	不合格判定数	抽样次数	样本容量	合格判定数	不合格判定数
（1）	8	1	3	（1）	50	7	11
（2）	16	4	5	（2）	100	18	19
（1）	13	2	5	（1）	80	11	16
（2）	26	6	7	（2）	160	26	27

注：（1）和（2）表示抽样次数，（2）对应的样本容量为两次抽样的累计数量。

举例说明：

对于一般项目正常检验一次抽样，假设样本容量为20，当20个试件中有5个或5个以下试样被判为不合格时，该检验批可判定为合格；当20个试样中有6个或6个以上的试样被判为不合格时，则该检验批可判定为不合格。

对于一般项目正常检验二次抽样，假设样本容量为20，当20个试样中有3个或3个以下试样被判定为不合格时，该检验批可判定为合格；当有6个或6个以上试样被判为不合格时，该检验批可判定为不合格；当有4个或5个试样被判为不合格时，应进行第二次抽样，样本容量也为20个，两次抽样的样本容量为40，当两次不合格试样之和为9或小于9时，该检验批可判定为合格，当两次不合格试样之和为10或大于10时，该检验批可判定为不合格。样本容量在表3-5和表3-6给出的数值之间时，合格判定数可通过插值并四舍五入取整确定。例如样本容量为15，按表3-5插值得出的合格判定数为3.571，取整可得合格判定数为4，不合格判定数为5。

一般项目指除主控项目以外的检验项目。如钢筋连接的一般项目为：钢筋的接头宜设置在受力较小处。同一纵向受力钢筋不宜设置两个或两个以上接头。接头末端至钢筋弯起点的距离不应小于钢筋直径的10倍。对于一般项目，虽然允许存在一定数量的不合格点，但某些不合格点的指标与合格要求偏差较大或存在严重缺陷时，仍将影响使用功能或观感，对这些部位应进行维修处理。

（3）具有完整的施工操作依据、质量验收记录

质量控制资料反映了检验批从原材料到最终验收的各施工工序的操作依据、检查情况以及保证质量所必需的管理制度等。对其完整性的检查，实际是对过程控制的确认，这是检验批质量合格的前提。

（二）检验批质量验收记录

检验批的质量验收记录可按表3-7填写，填写时应有现场验收检查原始记录，该原始记录应由专业监理工程师和施工单位专业质量检查员、专业工长共同签署，并在施工单位工程竣工验收前存档备查，保证该记录的可追溯性，现场验收检查原始的格式可由施工、监理等单位确定，以保证检查项目、检查位置、检查结果等的准确性。

表3-7 检验批质量验收记录

编号：_____

			单位（子单位）工程名称		分部（子分部）工程名称		分项工程名称	
			施工单位		项目负责人		检验批容量	
			分包单位		分包单位项目负责人		检验批部位	
			施工依据			验收依据		
		验收项目	设计要求及规范规定	最小/实际抽样数量		检查记录	检查结果	
主控项目	1						
	2						
	3						
	4						
	5						
	6						
	7						
	8						
	9						
	10						
一般项目	1						
	2						
	3						
	4						
	5						
施工单位检查结果		专业工长： 项目专业质量检查员： 　　　　　　　　　　　　　年　月　日						
监理单位验收结论		专业监理工程师： 　　　　　　　　　　　　　年　月　日						

二、分项工程质量验收

（一）分项工程质量验收合格的规定

分项工程质量验收合格应符合以下规定：

（1）工程所含的检验批的质量验收均应合格。

（2）工程所含的检验批的质量验收记录均应完整。

分项工程质量验收是在检验批验收的基础上进行的，一般情况下，检验批和分项工程具有相同或相近的性质，只是批量的大小不同而已。实际上，分项工程质量验收是一个汇总统计过程，没有直接的验收内容。因此在验收分项工程时应注意两点：一是核对检验批的部位、区段是否覆盖分项工程的全部范围，有没有缺漏；二是检验批验收记录的内容及签字是否正确、齐全。

（二）分项工程质量验收记录

分项工程质量验收应由监理工程师（建设单位项目专业技术负责人）组织专业技术负责人等进行，并按表3-8记录。

表3-8　分项工程质量验收记录

编号：_____

单位（子单位）工程名称			分部（子分部）工程名称		
分项工程数量			检验批数量		
施工单位			项目负责人		项目技术负责人
分包单位			分包单位项目负责人		分包内容
序号	检验批名称	检验批容量	部位/区段	施工单位检查结果	监理（建设）单位验收结论
1					
2					
3					
4					
5					
6					
7					
8					
9					
10					

序号	检验批名称	检验批容量	部位/区段	施工单位检查结果	监理（建设）单位验收结论
11					
12					
13					
14					
15					
施工单位检查结果	项目专业技术负责人： 年　月　日				
监理单位验收结论	专业监理工程师： 年　月　日				

三、分部(子分部)工程质量验收

(一)分部（子分部）工程质量验收合格的规定

分部（子分部）工程质量验收合格应符合下列规定：

（1）工程所含分项工程的质量验收均应合格。

（2）分部（子分部）工程的质量控制资料应完整。

（3）分部（子分部）工程有关安全、节能、环境保护和主要使用功能的抽样检验结果应符合有关规定。

（4）观感质量应符合要求。

分部工程质量验收是以所含各分项工程质量验收为基础进行的。首先，分部工程所含各分项工程已验收合格且相应的质量控制资料齐全、完整。此外，由于各分项工程的性质不尽相同，因此作为分部工程不能简单地组合而加以验收，还须进行以下两方面检查项目：

（1）涉及安全、节能、环境保护和主要使用功能的地基与基础、主体结构和设备安装等分部工程应进行有关的见证检验或抽样检验。检查各专业验收规范中规定检测的项目是否都进行了检测；查阅各项检测报告（记录）；检查有关检测方法、内容、程序、检测结果等是否符合有关标准规定；核查有关检测机构的资质，见证取样与送样人员资格，检测报告出具机构负责人签署情况是否符合要求。

（2）观感质量验收。这类检查往往难以定量，只能结合验收人的主观判断，以观察、触摸或简单量测的方式进行观感质量验收，检查结果并不给出"合格"或"不合格"结论，而是由各方协商确定，综合给出"好""一般""差"等质量评价结果。所谓"好"是指在观感质量符合验收规范的基础上，能到达精致、流畅的要求，细部处理到位，精度控制好；所谓"一般"是指观感质量能符合验收规范的要求；所谓"差"是指观感质量勉强达到验收规范要求，或有明显的缺陷，但不影响安全或使用功能。对于"差"的检查点应进行返修处理。

（二）分部（子分部）工程质量验收记录

分部（子分部）工程质量应由总监理工程师（建设单位项目专业负责人）组织施工项目经理和有关勘察、设计单位项目负责人进行验收，并按表3-9记录。

表3-9 分部(子分部)工程质量验收记录

编号：_____

单位（子单位）工程名称			子分部工程数量		分项工程数量	
施工单位			项目负责人		技术（质量）负责人	
分包单位			分包单位项目负责人		分包内容	
序号	子分部工程名称	分项工程名称	检验批数量	施工单位检查结果		监理单位验收结论
1						
2						
3						
4						
5						
6						
7						
8						
质量控制资料						

续表

安全和功能检验结果			
观感质量检验结果			
综合验收结论			
施工单位项目负责人： 年 月 日	勘察单位项目负责人： 年 月 日	设计单位项目负责人： 年 月 日	监理单位总监理工程师： 年 月 日

注：1 地基与基础分部工程的验收应由施工、勘察、设计单位项目负责人和总监理工程师参加并签字；

2 主体结构、节能分部工程的验收应由施工、设计单位项目负责人和总监理工程师参加并签字。

四、单位（子单位）工程质量验收

（一）单位（子单位）工程质量验收合格的规定

单位（子单位）工程质量验收合格应符合如下规定：

（1）所含分部工程的质量均应验收合格。

（2）质量控制资料应完整。

（3）所含分部工程中有关安全、节能、环境保护和主要使用功能的检测资料应完整。

（4）主要功能项目的抽查结果应符合相关专业质量验收规范的规定。

（5）观感质量应符合要求。

对以上条文说明：单位工程质量验收也称质量竣工验收，是建筑工程投入使用前的最后一次验收，也是最重要的一次验收。参与建设的各方责任主体和有关单位及人员，应该重视这项工作，认真做好单位（子单位）工程质量的竣工验收，把好工程质量关。

（1）所含分部工程的质量均应验收合格。施工单位事前应认真做好验收准备工作，及时收集、整理所有分部工程的质量验收记录表及相关资料，并列出目次表，依序将其装订成册。在核查和整理过程中，应注意以下3点：

① 核查各分部工程中所含的子分部工程是否齐全。

② 核查各分部工程质量验收记录表及相关资料的质量评价是否完善。

③ 核查各分部工程质量验收记录表及相关资料的验收人员是否具备相应资质，并进行了评价和签认。

（2）质量控制资料应完整。质量控制资料完整是指所收集的资料，能反映工程所采用的建筑材料、构配件和设备的质量技术性能，施工质量控制和技术管理状态，涉及结构安全和主要使用功能的施工试验和抽样检测结果，以及工程参建各方质量验收的原始依据、客观记录、真实数据和见证取样等资料；能确保工程结构安全和使用功能，满足设计要求。它是客观评价工程质量的主要依据。

尽管质量控制资料在分部工程质量验收时已经检查过，但某些资料由于受试验龄期的影响，或系统测试需要等，难以在分部工程验收时到位，因此应对所有分部工程质量控制资料的系统性和完整性进行一次全面的核查，在全面梳理的基础上，重点检查资料是否齐全、有无遗漏，从而达到资料完整无缺的要求。

（3）所含分部工程中有关安全、节能、环境保护和主要使用功能等的检测资料应完整。涉及安全、节能、环境保护和主要使用功能的分部工程的检验资料应复查合格，资料复查不仅要全面检查其完整性，不得有漏检项，还要复核分部工程验收时要补充进行的见证抽样检验报告。这体现了对安全和主要使用功能的重视。

（4）主要使用功能的抽查结果应符合相关专业验收规范的规定。对主要使用功能应进行抽查，这是对建筑工程和设备安装工程质量的综合检验，也是用户最为关心的内容，体现了标准中完善手段、过程控制的原则，也将减少工程投入使用后的质量投诉和纠纷。因此，在分项、分部工程质量验收合格的基础上，竣工验收时再作全面的检查。主要使用功能抽查项目是在检查资料文件的基础上由参加验收的各方人员商定，用计量、计数的方法抽样检验的，检查结果应符合有关专业验收规范的规定。

（5）观感质量应符合要求。观感质量验收不单是对工程外表质量进行检查，同时也是对部分使用功能和使用安全所作的一次全面检查。如门窗启闭是否灵活、关闭后是否严密；又如室内顶棚抹灰层是否存在空鼓、楼梯踏步高差是否过大等。若涉及使用安全，则在检查时应加以关注。观感质量验收必须由参加验收的各方人员共同进行，最后协商确定是否通过验收。

（二）单位工程质量竣工验收、检查记录

单位工程质量验收记录应按表3-10填写，验收记录由施工单位填写，验收结论由监理（建设）单位填写。综合验收结论由参加验收各方共同商定，建设单位填写，是对工程质量是否符合设计和规范要求的总体质量水平的评审。单位工程质量控制资料核查记录按表3-11填写，单位工程安全和功能检验资料核查及主要功能抽查记录按表3-12填写，单位（子单位）工程观感质量检查记录按表3-13填写，其中质量评价结果（"好""一般""差"）可由各方协商确定，也可按下列原则确定：项目检查点中有1处或多于1处"差"可评为"差"，有60%及以上的检查点"好"可评价为"好"，其余情况可评价为"一般"。

表3-10 单位工程质量竣工验收记录

工程名称		结构类型		层数/建筑面积	
施工单位		技术负责人		开工日期	
项目经理		项目技术负责人		竣工日期	

序号	项目	验收记录	验收结论
1	分部工程验收	共　分部,经查符合设计及标准规定　分部	
2	质量控制资料核查	共　项,经检查符合规定　项	
3	安全和主要使用功能核查及抽查结果	共核查　项,符合规定　项,共抽查　项,符合规定　项,经返工处理符合规定　项	
4	观感质量验收	共抽查　项,达到"好"和"一般"的　项,经返修处理符合要求的　项	
5	综合验收结论		

参加验收单位	建设单位	监理单位	施工单位	设计单位	勘察单位
	(公章) 单位负责人: 　年月日	(公章) 总监理工程师: 　年月日	(公章) 项目负责人: 　年月日	(公章) 项目负责人: 　年月日	(公章) 项目负责人: 　年月日

注:单位工程验收时,验收签字人员应由相应单位的法人代表书面授权。

表3-11 单位工程质量控制资料核查记录

序号	项目	资料名称	份数	施工单位		监理单位	
				核查意见	核查人	核查意见	核查人
工程名称			施工单位				
1	建筑与结构	图纸会审记录、设计变更通知单、工程洽商记录					
2		工程定位测量、放线记录					
3		原材料出厂合格证书及进场检验、试验报告					
4		施工试验报告及见证检测报告					
5		隐蔽工程验收记录					
6		施工记录					
7		地基、基础、主体结构检验及抽样检测资料					
8		分项、分部工程质量验收记录					
9		工程质量事故调查处理资料					
10		新技术论证、备案及施工记录					
⋮							
1	给排水与采暖	图纸会审记录、设计变更通知单、工程洽商记录					
2		原材料出厂合格证书及进场检验、试验报告					
3		管道、设备强度试验及严密性试验记录					
4		隐蔽工程验收记录					
5		系统清洗、灌水、通水、通球试验记录					
6		施工记录					
7		分项、分部工程质量验收记录					
8		新技术论证、备案及施工记录					
⋮							
1	通风与空调	图纸会审记录、设计变更通知单、工程洽商记录					
2		原材料出厂合格证书及进场检验、试验报告					
3		制冷、空调、水管道强度试验及严密性试验记录					
4		隐蔽工程验收记录					

续表

序号	项目	资 料 名 称	份数	施工单位		监理单位	
				核查意见	核查人	核查意见	核查人
5	通风与空调	制冷设备运行调试记录					
6		通风、空调系统调试记录					
7		施工记录					
8		分项、分部工程质量验收报告					
9		新技术论证、备案及施工记录					
⋮							
1	建筑电气	图纸会审记录、设计变更通知单、工程洽商记录					
2		原材料出厂合格证书及进场检验、试验报告					
3		设备调试记录					
4		接地、绝缘电阻测试记录					
5		隐蔽工程验收记录					
6		施工记录					
7		分项、分部工程质量验收记录					
8		新技术论证、备案及施工记录					
⋮							
1	智能建筑	图纸会审记录、设计变更通知单、工程洽商记录					
2		原材料出厂合格证书及进场检验、试验报告					
3		隐蔽工程验收记录表					
4		施工记录					
5		系统功能测定及设备调试记录					
6		系统技术、操作和维护手册					
7		系统管理、操作人员培训记录					
8		系统检测报告					
9		分项、分部工程质量验收记录					
10		新技术论证、备案及施工记录					
⋮							

续表

序号	项目	资 料 名 称	份数	施工单位		监理单位	
				核查意见	核查人	核查意见	核查人
1	建筑节能	图纸会审记录、设计变更通知单、工程洽商记录					
2		原材料出厂合格证书及进场检验、试验报告					
3		隐蔽工程验收记录表					
4		施工记录					
5		外墙、外窗节能检验报告					
6		设备系统节能检测报告					
7		分项、分部工程质量验收记录					
8		新技术论证、备案及施工记录					
⋮							
1	电梯	图纸会审记录、设计变更通知单、工程洽商记录					
2		原材料出厂合格证书及进场检验、试验报告					
3		隐蔽工程验收记录					
4		施工记录					
5		接地、绝缘电阻试验记录					
6		负荷试验、安全装置检查记录					
7		分项、分部工程质量验收记录					
8		新技术论证、备案及施工记录					
⋮							

结论：

施工单位项目负责人：　　　　　　　　　　　总监理工程师：

　　　　　　　　年月日　　　　　　　　　　　　　　　　年月日

表3-12　单位工程安全和功能检验资料核查及主要功能抽查记录

工程名称			施工单位			
序号	项目	安全和功能检查项目	份数	核查意见	抽查结果	核查（抽查）人
1	建筑与结构	地基承载力检验报告				
2		桩基承载力检验报告				
3		混凝土强度试验报告				
4		砂浆强度试验报告				
5		主体结构尺寸、位置抽查记录				
6		建筑物垂直度、标高、全高测量记录				
7		屋面淋水或蓄水试验记录				
8		地下室渗漏水检测记录				
9		有防水要求的地面蓄水试验记录				
10		抽气（风）道检查记录				
11		外窗气密性、水密性、耐风压检测报告				
12		幕墙气密性、水密性、耐风压检测报告				
13		建筑物沉降观测测量记录				
14		节能、保温测试记录				
15		室内环境检测报告				
16		土壤氡气浓度检测报告				
1	给排水与采暖	给水管道通水试验记录				
2		暖气管道、散热器压力试验记录				
3		卫生器具满水试验记录				
4		消防管道、燃气管道压力试验记录				
5		排水干管通球试验记录				
6		锅炉试运行、安全阀及报警联动测试记录				
1	通风与空调	通风、空调系统试运行记录				
2		风量、温度测试记录				
3		空气能量回收装置测试记录				

续表

序号	项目	安全和功能检查项目	份数	核查意见	抽查结果	核查（抽查）人
4	通风与空调	洁净室洁净度测试记录				
5		制冷机组试运行调试记录				
1	建筑电气	建筑照明通电试运行记录				
2		灯具固定装置及悬吊装置的载荷强度试验记录				
3		绝缘电阻测试记录				
4		剩余电流动作保护器测试记录				
5		应急电源装置应急持续供电记录				
6		接地电阻测试记录				
7		接地故障回路阻抗测试记录				
1	智能建筑	系统试运行记录				
2		系统电源及接地检测报告				
3		系统接地检测报告				
1	建筑节能	外墙节能构造检查记录或热工性能检验报告				
2		设备系统节能性能检查记录				
1	电梯	运行记录				
2		安全装置检测报告				

结论：

施工单位项目负责人：　　　　　　　　　　　　总监理工程师：

年 月 日

年 月 日

注：抽查项目由验收组协商确定。

表3-13　单位工程观感质量检查记录

		工程名称		施工单位	
序号		项　目	抽查质量状况		质量评价
1	建筑与结构	主体结构外观	共检查　点，好　点，一般　点，差　点		
2		室外墙面	共检查　点，好　点，一般　点，差　点		
3		变形缝、雨水管	共检查　点，好　点，一般　点，差　点		
4		屋面	共检查　点，好　点，一般　点，差　点		
5		室内墙面	共检查　点，好　点，一般　点，差　点		
6		室内顶棚	共检查　点，好　点，一般　点，差　点		
7		室内地面	共检查　点，好　点，一般　点，差　点		
8		楼梯、踏步、护栏	共检查　点，好　点，一般　点，差　点		
9		门窗	共检查　点，好　点，一般　点，差　点		
10		雨罩、台阶、坡道、散水	共检查　点，好　点，一般　点，差　点		
⋮			共检查　点，好　点，一般　点，差　点		
1	给排水与采暖	管道接口、坡度、支架	共检查　点，好　点，一般　点，差　点		
2		卫生器具、支架、阀门	共检查　点，好　点，一般　点，差　点		
3		检查口、扫除口、地漏	共检查　点，好　点，一般　点，差　点		
4		散热器、支架	共检查　点，好　点，一般　点，差　点		
⋮					
1	通风与空调	风管、支架	共检查　点，好　点，一般　点，差　点		
2		风口、风阀	共检查　点，好　点，一般　点，差　点		
3		风机、空调设备	共检查　点，好　点，一般　点，差　点		

续表

序号	项 目		抽查质量状况	质量评价
4		管道、阀门、支架	共检查　点，好　点，一般　点，差　点	
5		水泵、冷却塔	共检查　点，好　点，一般　点，差　点	
6		绝热	共检查　点，好　点，一般　点，差　点	
⋮				
1	建筑电气	配电箱、盘、板、接线盒	共检查　点，好　点，一般　点，差　点	
2		设备器具、开关、插座	共检查　点，好　点，一般　点，差　点	
3		防雷、接地、防火	共检查　点，好　点，一般　点，差　点	
⋮				
1	智能建筑	机房设备安装及布局	共检查　点，好　点，一般　点，差　点	
2		现场设备安装	共检查　点，好　点，一般　点，差　点	
⋮				
1	电梯	运行、平层、开关门	共检查　点，好　点，一般　点，差　点	
2		层门、信号系统	共检查　点，好　点，一般　点，差　点	
3		机房	共检查　点，好　点，一般　点，差　点	
⋮				
观感质量综合评价				

结论：

施工单位项目负责人：　　　　　　　　　　　　　总监理工程师：

　　　　　　　　　　　　年 月 日

　　　　　　　　　　　　　　　　　　　　　　　　年 月 日

注：1.对质量评价为"差"的项目应进行返修；
　　2.观感质量现场检查原始记录应作为本表附件。

五、工程施工质量不符合要求时的处理

一般情况下，不合格现象在检验批的验收时就应发现并及时处理，所有质量隐患必须尽快消灭在萌芽状态，否则将影响后续检验批和相关的分项工程、分部工程的验收。非正常情况可按下述规定进行处理：

（1）经返工或返修的检验批应重新进行验收。这种情况是指主控项目不能满足验收规范的规定或一般项目超过偏差限制的子项不符合检验规定的要求时，应及时进行处理的检验批。其中，严重的缺陷应推倒重来；一般的缺陷通过返修或更换器具、设备予以解决，应允许施工单位在采取相应的措施后申请重新验收。如能够符合相应的专业工程质量验收规范，则应认为该检验批合格。

（2）经有资质的检测单位鉴定达到设计要求的检验批应予以验收。这种情况是指个别检验批发现试块强度等不满足要求等问题，难以确定是否验收时，应请具有资质的法定检测单位检测，当鉴定结果能够达到设计要求时，检验批应允许通过验收。

（3）经有资质的检测单位鉴定达不到设计要求，但经原设计单位核算认可能满足安全及使用功能要求的检验批，可予以验收。这种情况是指，一般情况下规范标准给出了满足安全和使用功能的最低限度要求，而设计往往在此基础上留有一些余量。不满足设计要求和符合相应规范标准的要求，两者并不矛盾。

（4）经返修或加固的分项、分部工程，能满足安全及使用功能要求的，可按技术处理方案和协调文件进行验收。这种情况是指严重缺陷或范围超过检验批的更大范围的缺陷可能影响结构的安全性和使用功能。如经法定检测单位检测鉴定达不到规范标准的相应要求，即不能满足最低限度的安全储备和使用功能，则必须按一定的技术方案进行加固处理，使之能满足安全使用的基本要求。这样会造成一些永久性的缺陷，如改变结构的外形尺寸，影响一些次要的使用功能等。为避免社会财富遭受更大的损失，在不影响安全和主要使用功能的条件下可按技术处理方案和协商文件等进行验收，但这不能作为轻视质量而回避责任的一种出路，这是应该特别注意的。

（5）工程质量控制资料应齐全完整。当部分资料缺失时，应委托有资质的检测机构按有关标准进行相应的实体检验或抽样试验。

（6）通过返修或加固仍不能满足安全和使用功能要求的分部工程、单位（子单位）工程，严禁验收。

六、建筑工程质量验收程序和组织

（1）检验批应由专业监理工程师组织施工单位项目专业质量检查员、专业工长等进行验收。

（2）分项工程应由专业监理工程师组织施工单位项目专业技术负责人等进行验收。

（3）分部工程应由总监理工程师组织施工单位项目负责人和项目技术负责人等进行验收。勘察、设计单位项目负责人和施工单位技术、质量部门负责人应参加地基与基础分部工程的验收；设计单位项目负责人和施工单位技术、质量部门负责人应参加主体结构、节能分部工程的验收。

（4）单位工程中的分包工程完工后，分包单位应对所承包的工程项目进行自检，并应按本标准规定的程序进行验收。验收时，总包单位应派人参加。分包单位应将所分包工程的质量控制资料整理完整，并移交给总包单位。

（5）单位工程完工后，施工单位应组织有关人员进行自检。总监理工程师应组织各专业监理工程师对工程质量进行竣工验收。存在施工质量问题时，应由施工单位整改。整改完毕后，由施工单位向建设单位提交工程竣工报告，申请竣工验收。

（6）建设单位收到工程竣工报告后，应由建设单位项目负责人组织监理、施工、设计、勘察等单位项目负责人进行单位工程验收。考虑到施工单位对工程负有直接生产责任，而施工项目部不是法人单位，故施工单位的技术、质量负责人也应参加验收。

（7）单位工程质量验收合格后，建设单位应在规定时间内将工程竣工验收报告和有关文件，报建设行政管理部门备案。

技能训练3

一、单项选择题

1.质量验收的最小单位是（　　　）。
    A.单位工程　　　　　B.分部工程　　　　　C.分项工程　　　　　D.检验批

2.对建筑工程的安全、卫生、环保及公益起决定作用的检验项目称为（　　　）。
    A.关键项目　　　　　B.主控项目　　　　　C.一般项目　　　　　D.其他项目

3.施工现场质量管理检查记录应由（　　　）填写。
    A.监理单位　　　　　B.施工单位　　　　　C.建设单位　　　　　D.监理工程师

4.施工单位填写的施工现场质量管理检查记录应由（　　　）进行检查。
    A.监理工程师　　　　　　　　　　　B.总监理工程师
    C.施工单位质量员　　　　　　　　　D.施工单位技术负责人

5.检验批质量验收应由（　　　）组织项目专业质量检查员等进行验收。
    A.建设方代表　　　B.监理工程师　　　C.总监理工程师　　　D.设计代表

6.分项工程质量验收应由（　　　）组织施工单位项目专业质量负责人等进行验收。
    A.建设方代表　　　B.监理工程师　　　C.总监理工程师　　　D.设计代表

7.分部工程应由（　　　）组织验收。
    A.建设方代表　　　B.监理工程师　　　C.总监理工程师　　　D.设计代表

8.单位工程竣工验收应由（　　　）组织。
    A.建设单位　　　　　B.设计单位　　　　　C.监理单位　　　　　D.施工单位

9.分项工程质量验收是在（　　　）验收的基础上进行。
    A.工种施工　　　　　B.检验批　　　　　C.分部工程　　　　　D.单位工程

10.单位工程综合验收结论由（　　　）负责填写。
    A.建设单位　　　　　B.设计单位　　　　　C.监理单位　　　　　D.施工单位

11.单位工程质量验收合格后，（　　　）应在规定时间内将工程竣工验收报告和有关文件，报建设行政管理部门备案。

  A.建设单位   B.设计单位   C.监理单位   D.施工单位

  12.工程质量控制资料应齐全完整。当部分资料缺失时，应委托有资质的检测机构按有关标准进行相应的（ ）。

  A.原材料检测   B.抽样检验

  C.实体检验   D.抽样检验或实体检验

  13.经有资质的检测单位鉴定达不到设计要求，但经原设计单位核算认可能满足安全及使用功能要求的检验批，（ ）。

  A.不得验收   B.加固后可验收

  C.可以验收   D.不合格,但可以使用

  14.建筑地面工程属于（ ）分部工程。

  A.基础   B.主体   C.建筑装饰装修   D.地面与楼面

二、多项选择题

  1.现行的施工质量验收统一标准、规范体系的编制指导思想是（ ）。

  A.验评分离   B.强化验收   C.预防为主

  D.完善手段   E.过程控制

  2.分部工程的划分应按（ ）确定。

  A.专业性质   B.主要工种   C.建筑材料

  D.工程部位   E.施工顺序

  3.单位工程的划分应在施工前由（ ）协商确定。

  A.监理单位   B.施工单位   C.设计单位

  D.建设单位   E.政府监督部门

  4.分项工程的划分应按（ ）的确定。

  A.专业性质   B.主要工种   C.材料

  D.施工工艺   E.设备类别

  5.建筑工程质量验收应划分为（ ）。

  A.单体工程   B.单位工程   C.分项工程

  D.分部工程   E.检验批

  6.基础分部工程验收应由总监理工程师组织，参加单位及人员有（ ）。

  A.施工项目负责人   B.建设单位

  C.勘察单位项目负责人   D.设计单位项目负责人

  E.消防主管部门

  7.组成一般土建单位工程的分部工程有（ ）。

  A.地基与基础工程   B.主体工程

  C.屋面工程   D.钢筋工程

  E.装饰装修工程

  8.检验批验收合格的规定有（ ）。

A.主控项目的质量经抽样检验均应合格

B.一般项目的质量经抽样检验合格,当采用计数抽样时,合格点率应符合有关专业验收规范的规定,且不得存在严重缺陷

C.原材料合格

D.隐蔽工程验收合格

E.具有完整的施工操作依据、质量验收记录。

9.检验批一般按（　　）划分。

A.施工段　　　　　B.楼层　　　　　C.施工工艺

D.变形缝　　　　　E.工程量

三、判断题（正确的在括号内打"√"，错误的打"×"）

1.建筑工程施工质量验收是工程建设质量控制的一个重要环节，它包括施工过程质量验收和工程竣工验收两个方面。（　　）

2.施工现场质量管理检查记录应由施工单位填写，监理工程师进行检查，并给出结论。（　　）

3.工程质量验收均应在施工单位自检合格的基础上进行。（　　）

4.检验批的质量应按保证项目和允许偏差项目验收。（　　）

5.主控项目的计量抽样错判概率 α 和漏判概率 β 均不宜超过8%。（　　）

6.观感质量验收，检查结果给出"合格"或"不合格"结论。（　　）

7.通过返修或加固仍不能满足安全使用要求的分部工程、单位（子单位）工程，严禁验收。（　　）

8.检验批应由监理员组织施工单位项目专业质量检查员、专业工长等进行验收。（　　）

9.分部工程应由专业监理工程师组织施工单位项目负责人和项目技术负责人等进行验收。（　　）

10.经返工或返修的检验批，应重新进行验收。（　　）

四、案例分析

1.某综合楼建筑面积6 000 m²，主体结构为现浇钢筋混凝土结构，混凝土为商品混凝土，组合钢木模板，柱混凝土强度等级为C30。在主体结构建设过程中，二层楼混凝土检验批验收时，发现柱子有"烂根"的现象，主要原因是柱子施工缝没处理好，经混凝土强度检测，柱混凝土强度满足设计要求。

请回答：（1）检验批验收合格应符合什么规定？

（2）检验批一般依据什么来划分？由谁来组织验收？

（3）二层楼混凝土检验批能否进行验收？依据是什么？

2.某施工单位在修建一钢筋混凝土厂房时，在对厂房柱进行质量检查时发现有5根柱存在质量问题。问题如下：

①其中两根柱存在缺陷，经有资质的检测单位鉴定，能达到设计要求。

②另外三根柱存在质量问题，经有资质的检测单位鉴定，不能达到设计要求，在请

原设计单位核算后，不能满足结构安全和使用功能要求，经协商由设计单位出结构加固补强方案，在原柱外植筋后在外围补浇混凝土，补强后能够满足结构安全和使用功能要求。

请回答：（1）问题①应如何处理？依据是什么？

（2）问题②应如何处理？依据是什么？

3.某高层建筑为地上20层，地下两层，全现浇钢筋混凝土剪力墙结构。

请回答：（1）基础钢筋分项由谁负责组织哪些单位进行验收？其合格标准是什么？

（2）基础分部质量由谁组织哪些单位进行验收？

项目4
地基基础工程质量控制

任务1　土方工程

一、土方开挖

（一）一般规定

（1）土方施工前应检查支护结构质量、定位放线、排水和地下水控制系统，以及对周边影响范围内地下管线和建（构）筑物保护措施的落实，并应合理安排土方运输车辆的行走路线及弃土场。附近有重要保护设施的基坑，应在土方开挖前对围护体的止水性能通过预降水进行检验。

（2）在土方工程施工测量中，应对平面位置（包括控制边界线、分界线、边坡的上口线和底口线等）、边坡坡度（包括放坡线、变坡等）和标高（包括各个地段的标高）等经常进行测量，校核是否符合设计要求。

上述施工测量的基准——平面控制桩和水准控制点，也应定期进行复测和检查。

（3）土石方不应堆在基坑影响范围内，坡顶堆载不能超过基坑设计允许值。建筑机械停驻、车辆行驶位置离基坑上边缘应满足一定的安全距离。

（4）土石方开挖的顺序、方法必须与设计工况和施工方案一致，并应遵循"开槽支撑，先撑后挖，分层开挖，严禁超挖"的原则。

（5）土方开挖应具有一定的边坡坡度，临时性挖方工程的边坡值应符合表4-1的规定。

表4-1 临时性挖方工程的边坡率允许值

序号	土的类别		边坡坡率（高:宽）
1	砂土	不包括细砂、粉砂	1:1.25 ~ 1:1.50
2	黏性土	坚硬	1:0.75 ~ 1:1.00
		硬塑、可塑	1:1.00 ~ 1:1.25
		软塑	1:1.50 或更缓
3	碎石土	充填坚硬黏土、硬塑黏土	1:0.50 ~ 1:1.00
		充填砂土	1:1.00 ~ 1:1.50

注：1.本表适用于无支护措施的临时性挖方工程的边坡坡率。

2.设计有要求时，应符合设计标准。

3.本表适用于地下水位以上的土层。采用降水或其他加固措施时，可不受本表限制，但应计算复核。

4.一次开挖深度，软土不应超过4 m，硬土不应超过8 m。

（6）当土方工程挖方较深时，施工单位应采取措施，防止基坑底部土的隆起并避免危害周边环境。

（7）平整场地的表面坡度应符合设计要求，如设计无要求时，排水沟方向的坡度不应小于2‰。平整后的场地表面应逐点检查。土石方工程的标高检查点为每100 m²取1点，且不应少于10点；土石方工程的平面几何尺寸（长度、宽度等）应全数检查；土石方工程的边坡为每20 m取1点。土石方工程的表面平整度检查点为每100 m²取1点，且不应少于10点。

（8）勘察、设计、监理、施工、建设等各方相关技术人员应共同参加验槽。验槽在基坑或基槽开挖至设计标高后进行，对留置保护土层时，其厚度不应超过100 mm；槽底应为无扰动的原状土。验槽完毕填写验槽记录或检验报告，对存在的问题或异常情况提出处理意见。

（9）天然地基验槽。

①天然地基验槽应检验以下内容：

a.根据勘察、设计文件核对基坑的位置、平面尺寸、坑底标高；

b.根据勘察报告核对基坑底、坑边岩土体和地下水情况；

c.检查空穴、古墓、古井、暗沟、防空掩体及地下埋设物的情况，并查明其位置、深度和性状。

d.检查基坑底土质的扰动情况以及扰动的范围和程度。

②在进行直接观察时，可用袖珍式贯入仪或其他手段作为验槽辅助。

③天然地基验槽前应对基坑或基槽底普遍进行轻型动力触探检验，检验数据作为验槽依据。轻型动力触探应检查以下内容：

a.地基持力层的强度和均匀性；

b.浅埋软弱下卧层或浅埋突出硬层；

c.浅埋的、会影响地基承载力或基础稳定性的古井、墓穴和空洞等。

轻型动力触探宜采用机械自动化实施、检验完毕后，触探孔位处应灌砂填实。

④采用轻型动力触探进行基槽检验时，检验深度及间距应按表4-2执行。

表4-2　轻型动力触探检验深度及间距

排列方式	基坑或基槽宽度/m	检验深度/m	检验间距
中心一排	<0.8	1.2	一般1.0~1.5 m，出现明显异常时，需加密至足够掌握异常边界
两排错开	0.8~2.0	1.5	
梅花形	>2.0	2.1	

注：对于设置有抗拔桩或抗拔锚杆的天然地基，轻型动力触探布点间距可根据抗拔桩或抗拔锚杆的布置进行适当调整；在土层分布均匀部位可只在抗拔桩或抗拔锚杆间距中心布点，对土层不太均匀部位以掌握土层不均匀情况为目的，参照表4-2间距布点。

⑤遇下列情况之一时，可不进行轻型动力触探：

a.承压水头可能高于基坑底面标高，触探可造成冒水涌砂时；

b.基础持力层为砾石层或卵石层，且基底以下砾石层或卵石层厚度大于1 m时；

c.基础持力层为均匀、密实砂层，且基底以下厚度大于1.5 m时。

（二）质量检验与验收

柱基、基坑、基槽土方开挖工程的质量检验标准应符合表4-3的规定。

表4-3　柱基、基坑、基槽土方开挖工程的质量检验标准

分项	序号	项目	允许值或允许偏差		检查方法
			单位	数值	
主控项目	1	标高	mm	0	水准测量
				−50	
	2	长度、宽度（由设计中心线向两边量）	mm	+200	全站仪或用钢尺量
				−50	
	3	坡率	设计值		目测法或用坡度尺检查
一般项目	1	表面平整度	mm	±20	用2 m靠尺量
	2	基底土性	设计要求		目测法或土样分析

二、土方回填

（一）一般规定

（1）土方回填前应清除基底的垃圾、树根等杂物，抽除坑穴积水、淤泥，验收基底标高。如在耕植土或松土上填方，应将基底压实后再进行。

（2）填方基底处理应做好隐蔽工程验收，重点内容应画图表示，基底处理经中间验收合格后，才能进行填方和压实。

（3）经中间验收合格的填方区域场地应基本平整，并有0.2%坡度以利排水。填方区域有陡于1/5的坡度时，应控制好阶宽不少于1 m的阶梯形台阶，台阶面口严禁上抬，以免造成台阶上积水。

（4）回填土的含水量控制：土的最佳含水率和最少压实遍数可通过试验求得。土的最优含水量和最大干密度也可参见表4-4。

表4-4　土的最优含水量和最大干密度参考表

序号	土的种类	变动范围	
		最佳含水量（质量比）/%	最大干密度/（g·cm^{-3}）
1	砂土	8~12	1.8~1.88
2	黏土	19~23	1.58~1.70
3	粉质黏土	12~15	1.85~1.95
4	粉土	16~22	1.61~1.80

注：1.表中土的最大密度应根据现场实际达到的数字为准。

2.一般性的回填可不作此项测定。

（5）对填方土料，应按设计要求验收后填入。

（6）填方施工过程中应检查排水措施，每层填筑厚度、含水量控制、压实程度。

（7）填土施工时的分层厚度及压实遍数应根据土质、压实系数及所用机具确定，如无试验依据，应符合表4-5的规定。

表4-5　填土施工时的分层厚度及压实遍数

压实机具	分层厚度/mm	每层压实遍数/遍
平碾	250~300	6~8
振动压实机	250~350	3~4
柴油打夯机	200~250	3~4
人工打夯	<200	3~4

（8）分层压实系数λ_0的检查方法按设计规定的方法进行，以求出土的压实系数（$\lambda_0 = \rho_d / \rho_{dmax}$，其中$\rho_d$为土的控制干密度，$\rho_{dmax}$为土的最大干密度）；压实系数应符合设计要求。

（二）质量检验与验收

填方施工结束后，应检查标高、边坡坡度、压实程度等，检验标准应符合表4-6的规定。

表4-6　柱基、基坑、基槽、管沟、地（路）面基础层填方工程质量检验标准

分项	序号	项目	允许值或允许偏差		检查方法
			单位	数量	
主控项目	1	标高	mm	0	水准测量
				−50	
	2	分层压实系数	不小于设计值		环刀法、灌水法、灌砂法
一般项目	1	回填土料	设计要求		取样检查或直接鉴别
	2	分层厚度	设计值		水准测量及抽样测量
	3	含水量	最优含水量±2%		烘干法
	4	表面平整度	mm	±20	用2 m靠尺量
	5	有机质含量	≤5%		灼烧减量法测量
	6	碾迹重叠长度	mm	500~1 000	用钢尺量

任务2　基坑支护工程

一、一般规定

（1）在基坑（槽）或管沟工程等开挖施工中，现场不宜进行放坡开挖，当可能对邻近建（构）筑物、地下管线、永久性道路产生危害时，应对基坑（槽）、管沟进行支护后再开挖。

（2）基坑（槽）、管沟开挖前应做好如下工作。

① 基坑（槽）、管沟开挖前，应根据支护结构形式、挖深、地质条件、施工方法、周围环境、工期、气候和地面载荷等制订施工方案、环境保护措施、监测方案，经审批后方可施工。

② 土方工程施工前，应对降水、排水措施进行设计，系统应经检查和试运转，一切正常时方可开始施工。

③ 围护结构施工完成后的质量验收应在基坑开挖前进行，支锚结构的质量验收应在对应的分层土方开挖前进行，验收内容应包括质量和强度检验、构件的几何尺寸、位置偏差及平整度等。

（3）基坑（槽）、管沟的挖土应分层进行。在施工过程中基坑（槽）、管沟边堆置土方不应超过设计荷载，挖方时不应碰撞或损伤支护结构、降水设施。

（4）基坑（槽）、管沟土方施工中应对支护结构、周围环境进行观察和监测，如出现

异常情况应及时处理，待恢复正常后方可继续施工。

（5）基坑（槽）、管沟开挖至设计标高后，应对坑底进行保护，经验槽合格后，方可进行垫层施工。对特大型基坑，宜分区分块挖至设计标高，分区分块及时浇筑垫层。必要时，可加强垫层。

（6）基坑（槽）、管沟土方工程验收必须以支护结构安全和周围环境安全为前提。当基坑变形监控设计有指标时，以设计要求为依据，如无设计指标时应按表4-7的规定执行。

表4-7　基坑变形的监控值

基坑类别	围护结构墙顶位移监控值/cm	围护结构墙体最大位移监控值/cm	地面最大沉降监控值
一级基坑	3	5	3
二级基坑	6	8	6
三级基坑	8	10	10

注：1.符合下列情况之一，为一级基坑：

（1）重要工程或支护结构作主体结构的一部分；（2）开挖深度大于10 m；（3）与邻近建筑物，重要设施的距离在开挖深度以内的基坑；（4）基坑范围内有历史文物、近代优秀建筑、重要管线等需严加保护的基坑。

2.三级基坑为开挖深度小于7 m，且周围环境无特别要求时的基坑。

3.除一级和三级外的基坑属二级基坑。

4.当周围已有设施有特殊要求时，尚应符合这些要求。

二、常见基坑支护工程

（一）排桩

（1）灌注桩排桩和截水帷幕施工前，应对原材料进行检验。

（2）灌注桩施工前应进行试成孔，试成孔数量应根据工程规模和场地地层特点确定，且不宜少于2个。

（3）灌注桩排桩施工中应加强过程控制，对成孔、钢筋笼制作与安装、混凝土灌注等各项技术指标进行检查验收。

（4）排桩墙支护的基坑，开挖后应及时支护，每一道支撑施工应确保基坑变形在设计要求的控制范围内。

（5）灌注桩排桩应采用低应变法检测桩身完整性，检测桩数不宜少于总桩数的20%，且不得少于5根。采用桩墙合一时，低应变法检测桩身完整性的检测数量应为总桩数的100%；采用声波透射法检测灌注桩排桩的数量不应低于总桩数的10%，且不应少于3根。当根据低应变法或声波透射法判定的桩身完整性为Ⅲ类、Ⅳ类时，应采用钻芯法进行验证。

（6）灌注桩混凝土强度检验的试件应在施工现场随机抽取，灌注桩每浇筑50 m³必须至少留置1组混凝土强度试件，单桩不足50 m³桩，每连续浇筑12 h必须至少留置1组混凝土强度试件。有抗渗等级要求的灌注桩尚应留置抗渗等级检测试件，一个级配不宜少于3组。

（7）在含水地层范围内的排桩墙支护基坑，应有确实可靠的止水措施，确定基坑施工及邻近构筑物的安全。

（8）灌注桩排桩质量检验应符合表4-8的规定。

表4-8　灌注桩排桩质量检验标准

分项	序号	检查项目	允许值或允许偏差		检查方法
			单位	数值	
主控项目	1	孔深	不小于设计值		测钻杆长度或用绳测
	2	桩身完整性	设计要求		按本任务"常见基坑支护工程（一）排桩（5）"条执行
	3	混凝土强度	不小于设计值		28 d试块强度或钻芯法
	4	嵌岩深度	不小于设计值		取岩样或超前钻孔取样
	5	钢筋笼主筋间距	mm	±10	用钢尺量
一般项目	1	垂直度	≤1/100（≤1/200）		测钻杆长度或用超前钻孔取样
	2	孔径	不小于设计值		用钢尺量
	3	桩位	mm	≤50	测钻杆长度或用超声波或井径仪测量
	4	泥浆指标	表4-22		泥浆试验
	5	钢筋笼质量 长度	mm	±100	用钢尺量
		钢筋连接质量	设计要求		实验室实验
		箍筋间距	mm	±20	用钢尺量
		笼直径	mm	±10	用钢尺量
	6	沉渣厚度	mm	≤200	用沉渣仪或重锤测量
	7	混凝土坍落度	mm	180～220	坍落度仪测量
	8	钢筋笼安装深度	mm	±100	用钢尺量
	9	混凝土充盈系数	≥1.0		实际灌注量与理论灌注量的比
	10	桩顶标高	mm	±50	水准测量，需扣除桩顶浮浆层及劣质桩体

注：垂直度项括号中数值适用于灌注桩排桩采用桩墙合一设计的情况。

（二）型钢水泥土搅拌墙

（1）水泥土墙支护结构指水泥土搅拌桩（包括加筋水泥土搅拌桩）、高压喷射注浆桩所构成的围护结构。

（2）型钢水泥土搅拌墙施工前，应对进场的H型钢进行检查。

（3）基坑开挖前应检验水泥土桩（墙）体强度，强度指标应符合设计要求。墙体强度宜采用钻芯法确定，三轴水泥土搅拌轴抽检数量不应少于总桩数的2%，且不得少于3根；渠式切割水泥土连续墙抽检数量每50延米不应少于1个取芯点，且不得少于3个。

（4）型钢水泥土搅拌墙中内插型钢的质量检验应符合表4-9的规定。

表4-9　内插型钢的质量检验标准

分项	序号	检查项目		允许偏差		检查方法
				单位	数值	
主控项目	1	型钢截面高度		mm	±5	用钢尺量
	2	型钢截面宽度		mm	±3	用钢尺量
	3	型钢长度		mm	±10	用钢尺量
一般项目	1	型钢挠度		mm	≤l/500	用钢尺量
	2	型钢腹板厚度		mm	≥−1	用游标卡尺量
	3	型钢翼缘板厚度		mm	≥−1	用游标卡尺量
	4	型钢顶标高		mm	±50	水准测量
	5	型钢平面位置	平行于基坑边线	mm	50	用钢尺量
			垂直于基坑边线	mm	≤10	用钢尺量
	6	型钢行心转角		(°)	≤3	用量角器量

注：l为型钢设计长度，单位mm。

（三）土钉墙

（1）土钉墙支护工程施工前应对钢筋、水泥、砂石、机械设备性能等进行检验。

（2）一般情况下，应遵循分段开挖、分段支护的原则，不宜按一次挖成再行支护的方式施工。

（3）土钉墙支护工程施工过程中应对放坡系数，土钉位置，土钉孔直径、深度及角度，土钉杆体长度，注浆配比、注浆压力及注浆量，喷射混凝土面层厚度、强度等进行检验。

（4）土钉应进行抗拔承载力检验，检验数量不宜少于土钉总数的1%，且同一土层中的土钉检验数量不应小于3根。

（5）复合土钉墙中的预应力锚杆或用水泥土搅拌桩、旋喷桩用作截水帷幕时，应按设计要求和质量验收标准进行检验。

（6）土钉墙支护质量检验应符合表4-10的规定。

表4-10　土钉墙支护质量检验标准

分项	序号	检查项目	允许值或允许偏差		检查方法
			单位	数量	
主控项目	1	抗拔承载力	不小于设计值		土钉抗拔试验
	2	土钉长度	不小于设计值		用钢尺量
	3	分层开挖厚度	mm	±200	水准测量或用钢尺量
一般项目	1	土钉位置	mm	±100	用钢尺量
	2	土钉直径	不小于设计值		用钢尺量
	3	土钉孔倾斜度	(°)	≤3	测倾角
	4	水胶比	设计值		实际用水量与水泥等胶凝材料的质量比
	5	注浆量	不小于设计值		查看流量表
	6	注浆压力	设计值		检查压力表读数
	7	浆体强度	不小于设计值		试块强度
	8	钢筋网间距	mm	±30	用钢尺量

（四）锚杆

（1）锚杆施工前应对钢绞线、锚具、水泥、机械设备等进行检验。

（2）锚杆施工中应对锚杆位置，钻孔直径、长度及角度，锚杆杆体长度，注浆配比、压力及注浆量进行检验。

（3）锚杆应进行抗拔承载力检验，检验数量不宜少于锚杆总数的5%，且同一土层中锚杆检验数量不应少于3根。

（4）锚杆质量检验应符合表4-11的规定。

表4-11　锚杆质量检验标准

分项	序号	检查项目	允许值或允许偏差		检查方法
			单位	数值	
主控项目	1	抗拔承载力	不小于设计值		锚杆抗拔试验
	2	锚固体强度	不小于设计值		试块强度
	3	预加力	不小于设计值		检查压力表读数
	4	锚杆长度	不小于设计值		用钢尺量

分项	序号	检查项目	允许值或允许偏差		检查方法
			单位	数值	
一般项目	1	钻孔孔位	mm	≤100	用钢尺量
	2	锚杆直径	小于设计值		用钢尺量
	3	钻杆倾斜度	≤3°		测倾角
	4	水胶比（或水泥砂浆配比）	设计值		实际用水量与水泥等胶凝材料的质量比（实际用水、水泥、砂的质量比）
	5	注浆量	不小于设计值		查看流量表
	6	注浆压力	设计值		检查压力表读数
	7	自由段套管长度	mm	±50	用钢尺量

（五）内支撑

（1）内支撑系统包括围图及支撑，当支撑较长时（一般超过15 m），还包括支撑下的立柱及相应的立柱桩。

（2）内支撑施工前，应对放线尺寸、标高进行校核。对混凝土支撑的钢筋和混凝土、钢支撑的产品构件和连接构件以及钢立柱的制作质量进行检验。

（3）施工过程中应严格控制开挖和支撑的程序及时间，对支撑的位置（包括立柱及立柱桩的位置）、每层开挖深度、预加顶力（如需要时）、钢转图与围护体或支撑与围图的密贴度应做周密检查。

（4）施工结束后，对应的下层土方开挖前应对水平支撑的尺寸、位置、标高、支撑与围护结构的连接节点、钢支撑的连接节点和钢立柱的施工质量进行检验。

（5）钢筋混凝土支撑的质量检验应符合表4-12的规定。

表4-12　钢筋混凝土支撑质量检验标准

分项	序号	检查项目	允许值或允许偏差		检查方法
			单位	数量	
主控项目	1	混凝土强度	不小于设计值		28 d试块强度
	2	截面宽度	mm	+200	用钢尺量
	3	截面高度	mm	+200	用钢尺量
一般项目	1	标高	mm	±20	水准测量
	2	轴线平面位置	mm	≤20	用钢尺量
	3	支撑与垫层或模板的隔离措施	设计要求		目测法

（6）钢支撑的质量检验应符合表4-13的规定。

表4-13　钢支撑质量检验标准

分项	序号	检查项目	允许值或允许偏差		检查方法
			单位	数值	
主控项目	1	外轮廓尺寸	mm	±5	用钢尺量
	2	预加顶力	kN	±10%	应力检测
一般项目	1	轴线平面位置	mm	≤30	用钢尺量
	2	连接质量	设计要求		超声波或射线探伤

（六）降水与排水

（1）降水与排水是配合基坑开挖的安全措施，施工前应有降水与排水设计，当在基坑外降水时，应有降水范围的估算，对重要建筑物或公共设施在降水过程中应监测。

（2）对不同的土质应用不同的降水形式，常用降水类型及适用条件如表4-14所示。

表4-14　常用降水类型及适用条件

降水类型	适用条件	
	渗透系数/（cm·s^{-1}）	可能降低的水位深度/m
多级轻型井点	$10^{-2} \sim 10^{-5}$	3～6
		6～12
喷射井点	$10^{-3} \sim 10^{-6}$	8～20
电渗井点	$<10^{-6}$	宜配合其他形式降水使用
深井井管	$\geq 10^{-5}$	>10

（3）降水系统施工完后，应试运转，如发现井管失效，应采取措施使其恢复正常，如无可能恢复则应报废，另行设置新的井管。

（4）降水系统运转过程中应随时检查观测孔中的水位。

（5）基坑内明排水应设置排水沟及集水井，排水沟纵坡宜控制在1‰～2‰。

任务3　地基工程

一、一般规定

地基工程的一般规定如下：

（1）建筑物地基的施工应具备下述资料：

①岩土工程勘察资料。

②邻近建筑物和地下设施类型、分布及结构质量情况资料。

③ 工程设计图纸、设计要求、需达到的标准及检验手段。

（2）砂、石子、水泥、钢材、石灰、粉煤灰等原材料的质量、检验项目、批量和检验方法，应符合国家现行有关标准的规定。

（3）地基施工结束，宜在一个间歇期后进行质量验收，间歇期由设计确定。

（4）地基加固工程，应在正式施工前进行试验段施工，论证设定的施工参数及加固效果。地基承载力检验时，静载试验最大加载量不应小于设计要求的承载力特征值的2倍。

（5）素土与灰土地基、砂和砂石地基、土工合成材料地基、粉煤灰地基、强夯地基、注浆地基、预压地基的承载力必须达到设计要求。地基承载力的检验数量每300 m²不应少于1点；超过3 000 m²部分，每500 m²不应少于1点；每单位工程不应少于3点。

（6）砂石桩、高压喷射注浆桩、水泥土搅拌桩、土和灰土挤密桩、水泥粉煤灰碎石桩、夯实水泥土桩等复合地基承载力必须达到设计要求，复合地基承载力的检验数量不应少于总桩数的0.5%，且不应少于3点。有单桩承载力或桩身强度检验要求时，检验数量不应少于总桩数的0.5%，且不应少于3根。

二、常见地基处理方法质量控制

（一）换填地基

1.换填地基施工材料要求

（1）素土：一般用黏土或粉质黏土，土料中有机物含量不超过5%，土料中不得含有冻土或膨胀土，土料中含有碎石时，其料径不宜大于50 mm。

（2）灰土：土料宜用黏性土及塑性指数大于4的粉土，不得含有松软杂质，土料应过筛，料径不得大于15 mm，石灰应用Ⅲ级以上新鲜块灰，氧化钙、氧化镁含量越高越好，石灰消解后使用，料径不得大于5 mm，消石灰中不得夹有未熟化的生石灰块粒及其他杂质，也不得含有过多的水分。灰土采用体积配合比，一般宜为2：8或3：7。

（3）砂：宜用颗粒级配良好、质地坚硬的中砂或粗砂；当用细砂、粉砂时，应掺加粒径25%~30%的卵石（或碎石），最大粒径不大于5 mm，但要分布均匀。砂中不得含有杂草、树根等有机物，含泥量应小于5%。

（4）砂石：采用自然级配的砂砾石（或卵石、碎石）混合物，最大粒径不大于50 mm，不得含有植物残体、有机物垃圾等杂物。

（5）粉煤灰垫层：粉煤灰是电厂的工业废料，选用的粉煤灰含 SiO_2、Al_2O_3、Fe_2O_3，总量越高越好，颗粒宜粗，烧失量宜低，SO_3含量宜小于0.4%，以免对地下金属管道等造成腐蚀。粉煤灰中严禁混入植物、生活垃圾及其他有机杂质。

（6）工业废渣：俗称干渣，可选用分级干渣、混合干渣或原状干渣。小面积垫层用8~40 mm与40~60 mm的分级干渣或0~60 mm的混合干渣；大面积铺填时，用混合干渣或原状干渣，混合干渣最大粒径不大于200 mm或不大于碾压分层需铺厚度的2/3。干渣必须具备质地坚硬、性能稳定、松散容重不小于11 kN/m³、泥土与有机杂质含量不大于5%的条件。

2.换填地基施工质量控制要点

（1）当对湿陷性黄土地基进行换填加固时，不得选用砂石。土料中不得夹有砖、瓦和石块等可导致渗水的材料。

（2）当用灰土作换填垫层加固材料时，应加强对活性氧化钙含量的控制。如以灰土中活性氧化钙含量81.74%的灰土强度为100%计，当氧化钙含量降为74.59%时，相对强度就降到74%；当氧化钙含量降为69.49%时，相对强度就降到60%，所以在监督检查时要重点看灰土中石灰的氧化钙含量。

（3）当换填垫层底部存在古井、古墓、洞穴、旧基础、暗塘等软硬不均的部位时，应根据设计要求实施处理。

（4）垫层施工的最优含水量。垫层材料的含水量，在当地无可靠经验值取用时，应通过击实试验来确定最优含水量。分层铺垫厚度、每层压实遍数和机械碾压速度应根据选用的不同材料及使用的施工机械通过压实试验确定。

3.施工质量检验要求

（1）施工结束后，应进行地基承载力检验。

（2）检验的数量、分层检验的深度应按规定进行。

（3）当用贯入仪和钢筋检验垫层质量时，均应以现场控制压实系数所对应的贯入度为合格标准。压实系数检验可用环刀法或其他方法。

（4）粉煤灰垫层的压实系数≥0.9时，施工试验确定的压实系数为合格。

（5）干渣垫层表面应坚实、平整、无明显软陷，每层压陷差<2 mm为合格。

4.质量保证资料检查要求

（1）检查地质资料与验槽是否吻合，当不吻合时，提供进一步搞清地质情况所需的记录和采取进一步加固措施所需的设计图纸和说明。

（2）试验报告和记录：

① 最优含水量试验报告。

② 分层需铺厚度、每层压实遍数、机械碾压运行速度记录。

③ 每层垫层施工时的检验记录和检验点的图示。

④ 承载力检验报告。

（二）注浆地基

1.施工质量控制要点

（1）施工前应掌握有关技术文件（注浆点位置、浆液配比、注浆施工技术参数、检测要求等）。浆液组成材料的性能应符合设计要求，注浆设备应确保正常运转。

（2）施工中应经常抽查浆液的配比及主要性能指标，注浆的顺序、注浆过程中的压力控制等。

（3）施工结束后，应进行地基承载力、地基土强度和变形指标检验。

2.质量检验与验收

注浆地基的质量检验标准应符合表4-15的规定。

表4-15 注浆地基质量检验标准

分项	序号	检查项目			允许值或允许偏差		检查方法
					单位	数值	
主控项目	1	地基承载力			不小于设计值		静载试验
	2	处理后地基土的强度			不小于设计值		原位测试
	3	变形指标			设计值		原位测试
一般项目	1	原材料检验	注浆用砂	粒径	mm	<2.5	筛析法
				细度模数		<2.0	筛析法
				含泥量	%	<3	水洗法
				有机质含量	%	<3	灼烧减量法
			注浆用黏土	塑性指数		>14	界限含水率试验
				黏粒含量	%	>25	密度计法
				含砂率	%	<5	洗砂瓶
				有机质含量	%	<3	灼烧减量法
			粉煤灰	细度模数	不粗于同时使用的水泥		筛析法
				烧失量	%	<3	灼烧减量法
			水玻璃：模数		3.0~3.3		实验室试验
			其他化学浆液		设计值		查产品合格证书或抽样送检
	2	注浆材料称量			%	±3	称重
	3	注浆孔位			mm	±50	用钢尺量
	4	注浆孔深			mm	±100	量测注浆管长度
	5	注浆压力			%	±100	检查压力表读数

（三）预压地基

预压地基有加载预压法和真空预压法两种施工方法，适用于处理淤泥质土、淤泥和冲填土等饱和黏性土地基。

1.加载预压法

（1）加载预压法施工技术要求：

①用于灌入砂井的砂应用干砂。

②用于造孔成井的钢管内径应比砂井需要的直径略大，以减少施工过程中对地基土的扰动。

③用于排水固结用的塑料排水板，应有良好的透水性、足够的湿润抗拉强度和抗弯曲能力。

（2）加载预压法施工质量控制要点：

①检查砂袋放入孔内高出孔口的高度不宜小于200 mm，以利排水砂井和砂垫层形成垂直水平排水通道。

②检查砂井的实际灌砂量应不小于砂井计算灌砂量的95%，砂井计算灌砂的原则是按井孔的体积和砂在中密时的干密度计算。

③袋装砂井或塑料排水带施工时，平面井距偏差应不大于井径，垂直度偏差小于1.5%，拔管时被管子带上砂袋或塑料排水板的长度不宜超过500 mm。塑料排水带需要接长时，应采用滤膜内芯板平搭接的连接方式，搭接长度宜大于200 mm。

④严格控制加载速率，竖向变形每天不应超过10 mm，边桩水平位移每天不应超过4 mm。

2.真空预压法

（1）真空预压法施工技术要求：

①抽真空用密封膜应为抗老化性能好、韧性好、抗穿刺能力强的不透气材料。

②真空预压用的抽气设备宜采用射流真空泵，空抽时必须达到95 kPa以上的真空吸力。

③滤水管应用塑料管和钢管，管的连接采用柔性接头，以适应预压过程地基的变形。

（2）真空预压法施工质量控制要点：

①垂直排水系统要求同加载预压法。

②水平向排水的滤水管布置应形成回路，并把滤水管设在排水砂垫层中，其上覆盖100~200 mm厚砂。

③滤水管外宜围绕钢丝或尼龙纱或土工织物等滤水材料，保证滤水能力。

④密封膜热合黏接时用两条膜的热合黏接缝平搭接，搭接宽度大于15 mm。

⑤密封膜宜铺三层，覆盖膜周边要严密封堵。

⑥为避免密封膜内的真空度在停泵后很快降低，应在真空管路中设置止回阀和闸阀。

⑦为防止密封膜被锐物刺破，在铺密封膜前，要认真清理平整砂垫层，拣除贝壳和带尖角的石子，填平打袋装砂井或塑料排水板留下的空洞。

⑧真空度可一次抽气至最大，当接连5 d实测沉降速率<2 mm/d时，可停止抽气。

3.质量检验与验收

预压地基质量检验标准应符合表4-16的规定。

表4-16 预压地基质量检验标准

分项	序号	检查项目	允许值或允许偏差		检查方法
			单位	数值	
主控项目	1	地基承载力	不小于设计值		静载试验
	2	处理后地基土的强度	不小于设计值		原位测试
	3	变形指标	设计值		原位测试
一般项目	1	预压荷载（真空度）	%	≥-2	高度测量（压力表）
	2	固结度	%	≥-2	原位测试（与设计要求比）
	3	沉降速率	%	±10	水准测量（与控制值比）
	4	水平位移	%	±10	用测斜仪、全站仪测量
	5	竖向排水体位置	mm	≤100	用钢尺量
	6	竖向排水体插入深度	mm	+2000	经纬仪测量
	7	插入塑料排水带时的回带长度	mm	≤500	用钢尺量
	8	竖向排水体高出砂垫层距离	mm	≥100	用钢尺量
	9	插入塑料排水带的回带根数	%	<5	统计
	10	砂垫层材料的含泥量	%	≤5	水洗法

（四）砂石桩复合地基（ 振冲地基）

（1）砂石桩复合地基施工技术要求：

① 材料要求：置换桩体材料可选用含泥量不大于5%的碎石、卵石、角砾、圆砾等硬质材料，粒径为20～50 mm，最大粒径不宜超过80 mm。

② 施工设备要求：振冲器的功率为30 kW，用55～75 kW功率的更好。

（2）砂石桩复合地基施工质量控制要点：

① 振冲置换法施工质量三参数：密实电流、填料量、留振时间应通过现场成桩试验确定。施工过程中要严格按施工三参数执行，并做好详细记录。

② 施工质量监督要严格检查每米填料的数量，要达到密实电流值。振冲达到密实电流时，要保证留振数十秒后才能提升振冲器继续施工上段桩体，留振是防止瞬间电流造成桩体密实假象的措施。

③ 开挖施工时，应将桩顶的松散桩体挖除，或用碾压等方法使桩顶的松散桩体填充密实，防止因桩顶松散而发生附加沉降。

（3）砂石桩复合地基质量检验标准应符合表4-17的规定。

表4-17　砂石桩复合地基质量检验标准

分项	序号	检查项目	允许值或允许偏差		检查方法
			单位	数量	
主控项目	1	复合地基承载力	不小于设计值		静载试验
	2	桩体密实度	不小于设计值		重型动力触探
	3	填料量	%	≥-5	实际用料量与计算填料量体积比
	4	孔深	不小于设计值		测钻杆长度或用测绳
一般项目	1	填料的含泥量	%	<5	水洗法
	2	填料的有机质含量	%	≤5	灼烧减量法
	3	填料粒径	设计要求		筛析法
	4	桩间土强度	不小于设计值		标准贯入试验
	5	桩位	mm	≤0.3D^1	用全站仪或钢尺量
	6	桩顶标高	不小于设计值		水准测量，将顶部预留的松散桩体挖除后测量
	7	密实电流	设计值		查看电流表
	8	留振时间	设计值		用表计时
	9	褥垫层夯填度[2]	≤0.9		水准测量

注：1. D 为设计桩径（mm）。

2. 夯填度指夯实后的褥垫层厚度与虚铺厚度的比值。

（五）水泥土搅拌桩地基

水泥土搅拌桩地基有湿法和干法两种施工方法。

1. 水泥土搅拌桩地基施工技术要求

（1）软土的固化剂：一般选用32.5强度等级普通硅酸盐水泥，水泥的掺入量一般为被加固湿土质量的10%～15%。

（2）外掺剂：湿法施工用早强剂，可选用三乙醇胺、氯化钙、碳酸钠或水玻璃等，掺入量宜分别取水泥质量的0.05%、2%、0.5%、2%。

（3）减水剂：选用木质素磺酸钙，其掺入量宜取水泥质量的0.2%。

（4）缓凝早强剂：石膏兼有缓凝和早强作用，其掺入量宜取水泥质量的2%。

（5）施工设备要求：为使搅入土中水泥浆和喷入土中水泥粉体计量准确，湿法施工的深层搅拌机必须安装输入浆液计量装置；干法施工的粉喷桩机必须安装粉体喷出流量计，无计量装置的机械不能投放施工生产使用。

2. 水泥土搅拌地基施工质量控制要点

（1）湿法、干法施工都必须做工艺试桩，把灰浆泵（喷粉泵）的输浆（粉）量和搅拌机提升速度等施工参数通过成桩试验使之符合设计要求，以确定搅拌桩的水泥浆配合比、每分钟输浆（粉）量、每分钟搅拌头提升速度等施工参数，进而决定是选用一喷二搅施工工艺还是选用二喷三搅施工工艺。

（2）为了保证桩端的质量，当水泥浆液或粉体达到桩端设计标高后，搅拌头停止提升，喷浆或喷粉30 s，使浆液或粉体与已搅拌的松土充分搅拌固结。

（3）施工过程中，水泥土搅拌桩作为工程桩使用时，设计停灰面一般应高出基础底面标高300～500 mm（基础埋深大用300 mm，基础埋深小用500 mm），在基础开挖时把它挖除。

（4）为了保证桩顶质量，当喷浆（粉）口到达桩顶标高时，搅拌头停止提升，搅拌数秒，保证桩头均匀密实。当选用干法施工且地下水位标高在桩顶以下时，粉喷制桩结束后，应在地面浇水，使水泥干粉与土搅拌后的水解水化反应充分。

3.质量检验与验收

水泥土搅拌桩地基质量检验标准应符合表4-18的规定。

表4-18　水泥土搅拌桩地基质量检验标准

分项	序号	检查项目	允许值或允许偏差		检查方法
			单位	数量	
主要项目	1	复合地基载力	不小于设计值		静载试验
	2	单桩承载力	不小于设计值		静载试验
	3	水泥用量	不小于设计值		查看流量表
	4	搅拌叶回转直径	mm	±20	用钢尺量
	5	桩长	不小于设计值		测钻杆长度
	6	桩身强度	不小于设计值		28 d试块强度或钻芯法
一般项目	1	水胶化	设计值		实际用水量与水泥等胶凝材料的质量比
	2	提升速度	设计值		测机头上升距离及时间
	3	下沉	设计值		测机头下沉距离及时间
	4	桩位	条基边桩沿轴线	$\leq 1/4D^1$	用全站仪或钢尺量
			垂直轴线	$\leq 1/6D$	
			其他情况	$\leq 2/5D$	
	5	桩顶标高	mm	±200	水准测量，最上部500 mm浮浆层及劣质桩体不计入
	6	导向架垂直度	$\leq 1/150$		经纬仪测量
	7	褥垫层夯填度[2]	≤ 0.9		水准测量

注：1.D为设计桩径，单位mm。

2.夯填度指夯实后的褥垫层厚度与虚铺厚度的比值。

任务4 桩基础

一、一般规定

桩基础的一般规定如下：

（1）桩位的放样允许偏差为：群桩20 mm，单排桩10 mm。

（2）桩基工程的桩位验收，除设计有规定外，应按下述要求进行：

① 当桩顶设计标高与施工场地标高相同时，或桩基施工结束后，有可能对桩位进行检查，因此桩基工程的验收应在施工结束后进行。

② 当桩顶设计标高低于施工场地标高，送桩后无法对桩位进行检查时，对打入桩可在每根桩桩顶沉至场地标高时，进行中间验收，待全部桩施工结束、承台或底板开挖到设计标高后，再做最终验收。对于灌注桩，可对护筒位置做中间验收。

（3）打（压）入桩（预制混凝土方桩、先张法预应力管桩、钢桩）的桩位偏差，必须符合表4-19的规定。斜桩倾斜度的偏差不得大于倾斜角正切值的15%（倾斜角为桩的纵向中心线与铅垂线的夹角）。

表4-19 预制桩（钢桩）的桩位允许偏差

序号	检查项目		允许偏差/mm
1	带有基础梁的桩	垂直基础梁的中心线	≤100+0.01H
		沿基础梁的中心线	≤150+0.01H
2	承台桩	桩数为1～3根桩基中的桩	≤100+0.01H
		桩数大于或等于4根桩基中的桩	≤1/2桩径+0.01H或1/2边长+0.01H

注：H为桩基施工面至设计桩顶的距离，单位为mm。

（4）灌注桩的桩顶施工标高至少要比设计标高高出0.5 m，桩底清孔质量根据不同的成桩工艺有不同的要求，应满足设计和规范要求，灌注桩的桩径、垂直度及桩位允许偏差应符合表4-20的规定。

表4-20 灌注桩的桩径、垂直度及桩位允许偏差

序号	成孔方法		桩径允许偏差/mm	垂直度允许偏差	桩位允许偏差/mm
1	泥浆护壁钻孔桩	D<1 000 mm	≥0	≤1/100	≤70+0.01H
		D≥1 000 mm			≤100+0.01H
2	套管成孔灌注桩	D<500 mm	≥0	≤1/100	≤70+0.01H
		D≥500 mm			≤100+0.01H
3	干成孔灌注桩		≥0	≤1/100	≤70+0.01H

序号	成孔方法	桩径允许偏差/mm	垂直度允许偏差	桩位允许偏差/mm
4	人工挖孔桩	≥0	≤1/200	≤50+0.005H

注：1.H为桩基施工面至设计桩顶的距离，单位为mm。

2.D为设计桩径，单位为mm。

（5）工程桩应进行承载力和桩身完整性检验。

（6）设计等级为甲级或地质条件复杂时，应采用静载试验的方法对桩基础的承载力进行检验，检验桩数不应少于总桩数的1%，且不应少于3根，当总桩数少于50根时，不应少于2根。在有经验和对比资料的地区，设计等级为乙级、丙级的桩基可采用高应变法对桩基进行竖向抗压承载力检测，检测数量不应少于总桩数的5%，且不应少于10根。

（7）工程桩桩身完整性的抽检数量不应少于总桩数的20%，且不应少于10根。每根柱子承台下的桩抽检数量不应少于1根。

二、桩基础质量控制

桩基础按施工方法的不同可分为预制桩、灌注桩。

（一）混凝土预制桩施工

1.预制桩钢筋骨架质量控制

（1）预制桩在锤击时，桩主筋可采用对焊或电弧焊。在对焊和电弧焊时，同一截面的主筋接头不得超过50%，相邻主筋接头截面的距离应大于35d且不小于50 mm。

（2）锤击沉桩应遵循"重锤低击""低提重打"原则，为了防止桩顶被击碎，桩顶钢筋网片位置要严格控制按图施工，并采取措施使网片位置固定正确、牢固，保证混凝土浇捣时不移位；浇筑预制桩的混凝土时，从桩顶开始浇筑，要保证桩顶和桩尖不积聚过多的砂浆。

（3）为防止锤击时桩身出现纵向裂缝，导致桩身击碎被迫停锤，预制桩钢筋骨架中主筋距桩顶的距离必须严格控制，绝不允许出现主筋距桩顶面过近甚至触及桩顶的质量问题。

（4）预制桩分节长度的确定，应在掌握地层土质的情况下进行。决定分节桩长度时要避开桩尖接近硬持力层或桩尖处于硬持力层中接桩。因为桩尖停在硬持力层中接桩，电焊接桩耗时长，桩周摩阻得到恢复，使继续沉桩困难。

2.混凝土预制桩的起吊、运输和堆存质量控制

（1）预制桩达到设计强度70%方可起吊，达到100%才能运输。

（2）桩水平运输，应用于运输车辆，严禁在场地上直接拖拉桩身。

（3）垫木和吊点应保持在同一横断面上，且各层垫木上下对齐，防止垫土参差使桩被剪切断裂。

3.混凝土预制桩接桩施工质量控制

（1）硫磺胶泥锚接法仅适用于软土层，管理和操作要求较严；一级建筑桩基或承受拔力的桩应慎用。

（2）焊接接桩材料：钢板宜用低碳钢，焊条宜用E43；焊条使用前必须经过烘焙，降低烧焊时的含氢量，防止焊缝产生气孔而降低其强度和韧性；焊条烘焙应有记录。

（3）焊接接桩时，应先将四角点焊固定，焊接必须对称进行以保证设计尺寸正确，使上下节桩对中好。

4.混凝土预制桩沉桩质量控制

（1）对长桩或总锤击数超过500击的锤击桩，应符合桩体强度及28 d龄期的两项条件才能锤击。

（2）沉桩顺序是打桩施工方案的一项十分重要的内容，必须督促施工企业认真对待，预防桩位偏移、上拔，地面隆起过多，邻近建筑物破坏等事故发生。

（3）桩停止锤击的控制原则如下：

① 桩端（指桩的全断面）位于一般土层时，以控制桩端设计标高为主，贯入度为参考。

② 桩端达到坚硬、硬塑的黏性土、中密以上粉土、砂土、碎石类土、风化岩等土层时，以贯入度控制为主，桩端标高可作参考；

③ 贯入度已达到而桩端标高未达到时，应连续锤击3阵，按每阵10击的平均贯入度不大于设计规定的数值加以确认，必要时施工控制贯入度应通过试验与有关单位会商确定。

④ 当遇到贯入度剧变，桩身突然发生倾斜、移位或有严重回弹，桩顶或桩身出现严重裂缝、破碎等情况时，应暂停打桩，并分析原因，采取相应措施。

（4）为避免或减少沉桩挤土效应和对邻近建筑物、地下管线的影响，在施打大面积密集桩群时，可采取预钻孔、设置袋装砂井或塑料排水板，消除部分超孔隙水压力以减少挤土现象；设置隔离板桩或地下连续墙，开挖地面防震沟以消除部分地面震动，限制打桩速率等辅助措施。不论采取一种或多种措施，在沉桩前应对周围建筑、管线进行原始状态观测数据记录，在沉桩过程中应加强观测和监护，每天在监测数据的指导下进行沉桩，做到有备无患。

（5）锤击法沉桩和静压法沉桩同样有挤土效应，会因导致孔隙水压力增加而发生土体隆起，相邻建筑物被破坏等。因此在选用静压法沉桩时，仍然应采用辅助措施消除超孔隙水压力和挤土等破坏现象，并加强监测采取预防。

（6）插桩是保证桩位正确和桩身垂直的重要开端，插桩应用两台经纬仪从两个方向来控制插桩的垂直度，并应逐桩记录，以备核对查验。

5.质量检验与验收

锤击预制桩的质量检验标准应符合表4-21的规定。

表4-21　锤击预制桩质量检验标准

分项	序号	检查项目	允许值或允许偏差		检查方法
			单位	数值	
主控项目	1	承载力	不小于设计值		静载试验、高应变法等
	2	桩身完整性	—		低应变法
一般项目	1	成品桩质量	表面平整，颜色均匀，掉角深度小于10 mm，蜂窝面积小于总面积0.5%		查产品合格证
	2	桩位	本章表4-19		用全站仪或钢尺量
	3	电焊条质量	设计要求		查产品合格证
	4	接桩：焊缝质量	设计、规范要求		设计、规范要求
		电焊结束后停歇时间	min	≥8（3）	用表计时
		上下节平面偏差	min	≤10	用钢尺量
		节点变弯曲矢高	同桩体变弯曲要求		用钢尺量
	5	收锤标准	设计要求		用钢尺量或查沉桩记录
	6	桩顶标高	mm	±50	水准测量
	7	垂直度	≤1/100		经纬仪测量

注：括号中为采用二氧化碳气体保护焊时的数值。

（二）泥浆护壁成孔灌注桩施工

1.灌注桩施工材料要求

（1）粗骨料：选用卵石或碎石，含泥量控制按设计混凝土强度等级从《建设用卵石、碎石》（GB/T 14685—2011）中选取。粗骨料粒径用沉管成孔时不宜大于50 mm；用泥浆护壁成孔时不宜大于40 mm，并不得大于钢筋间最小净距的1/3；对于素混凝土灌注桩，不得大于桩径的1/4，并不宜大于70 mm。

（2）细骨料：选用中、粗砂，含泥量控制按设计混凝土强度等级从《普通混凝土用砂、石质量及检验方法标准》（JGJ 52—2006）中选取。

（3）水泥：宜选用普通硅酸盐水泥、矿渣硅酸盐水泥、粉煤灰硅酸盐水泥，当灌注桩浇筑方式为水下混凝土时，严禁选用快硬水泥作胶凝材料。

（4）钢筋：钢筋的质量应符合《钢筋混凝土用钢　第二部分：热轧带肋钢筋》（GB 1499.2—2007）的有关规定。进口热轧变形钢筋应符合《进口热轧变形钢筋应用若干规定》的有关规定。

以上4种材料进场时均应有出厂质量证明书，材料到达施工现场后，取样复试合格方能用于工程。钢筋进场时应保证标牌不缺损，按标牌批号进行外观检验，外观检验合格后再取样复试，复试报告上应填明批号标识，施工现场核对批号标识进行加工。

2.灌注桩施工质量控制要点

（1）灌注桩钢筋笼制作质量控制：

① 主筋净距必须大于混凝土粗骨料粒径3倍以上，当因设计含钢量大而不能满足要求时，应通过设计调整钢筋直径加大主筋之间的净距，以确保混凝土灌注时达到密实的要求。

② 加劲箍宜设在主筋外侧，主筋不设弯钩，必须设弯钩时，弯钩不得向内圆伸露，以免勾住灌注导管，妨碍导管正常工作。

③ 钢筋笼的内径应比导管接头处的外径大100 mm以上。

④ 分节制作的钢筋笼，主筋接头宜用焊接，由于在灌注桩孔口进行焊接只能做单面焊，搭接长度按10d留足。

⑤ 沉放钢筋笼前，在预制笼上套上或焊上主筋保护层垫块或耳环，使主筋保护层偏差符合以下规定：

水下灌注混凝土桩：±20 mm；

非水下灌注混凝土桩：±10 mm。

（2）泥浆护壁成孔灌注桩施工质量控制：

①泥浆制备和处理的施工质量控制：

a.制备泥浆的性能指标按质量验收规范执行。

b.一般地区施工期间护筒内的泥浆面应高出地下水位1.0 m以上；在受潮水涨落影响地区施工时，泥浆面应高出最高水位1.5 m以上。以上数据应记入开孔通知单或钻井班报表中。

c.在清孔过程中，要不断置换泥浆，直至灌注水下混凝土时才能停止置换，以保证已清好符合沉渣厚度要求的孔底沉渣不因泥浆静止、渣土下沉而导致孔底实际沉渣厚度超差。

d.灌注混凝土前，孔底500 mm以内的泥浆相对密度应小于1.25；含砂率≤8%；黏度≤28 s。

②正反循环钻孔灌注桩施工质量控制：

a.孔深大于30 mm的端承型桩，宜用反循环工艺成孔或清孔。

b.为了保证钻孔的垂直度，钻机应设置导向装置。潜水钻的钻头上应有不小于3倍钻头直径长度的导向装置；利用钻杆加压的正循环回转钻机，在钻具中应加设扶正器。

③水下混凝土灌注施工质量控制：

a.水下混凝土配制的强度等级应有一定的余量，能保证水下灌注混凝土强度等级符合设计强度的要求（并非在标准条件下养护的试块达到设计强度等级即判定符合设计要求）。

b.水下混凝土必须具备良好的和易性，坍落度宜为180～220 mm，水泥用量不得少于360 kg/m³。

c. 水下混凝土的含砂率宜控制在40%~45%，粗骨料粒径应<40 mm。

d. 导管使用前应试拼装、试压，试水压力取0.6~1.0 MPa。防止导管渗漏发生堵管现象。

e. 隔水栓应有良好的隔水性能，并能使隔水栓顺利地从导管中排出，保证水下混凝土灌注成功。

f. 用以储存混凝土的初灌斗的容量，必须满足第一斗混凝土灌下后能使导管一次埋入混凝土面以下不少于0.8 m。

g. 灌注水下混凝土时应有专人测量导管内外混凝土面标高，保证混凝土在埋管2~6 m深时，才允许提升导管。当选用吊车提拔导管时，必须严格控制导管提升时导管离开混凝土面的可能性，避免断桩。

h. 严格控制浮桩标高，凿除泛浆高度后必须保证暴露的桩顶混凝土达到设计强度值。

i. 详细填写水下混凝土灌注记录。

3. 质量检验与验收

泥浆护壁成孔灌注桩的质量检验标准应符合表4-22的规定。

表4-22 泥浆护壁成孔灌注桩质量检验标准

分项	序号	检查项目		允许值或允许偏差		检查方法
				单位	数值	
主控项目	1	承载力		不小于设计值		静载试验
	2	孔深		不小于设计值		用测绳或井径仪测量
	3	桩身完整性		—		钻芯法、低应变法、声波透射法
	4	混凝土强度		不小于设计值		28 d试块强度或钻芯法
	5	岩深度		不小于设计值		取岩样或超前钻孔取样
一般项目	1	垂直度		本章表4-20		用超声波或井径仪测量
	2	孔径		本章表4-20		用超声波或井径仪测量
	3	桩位		本章表4-20		用全站仪或钢尺量；开挖前量护筒，开挖后量桩中心
	4	泥浆指标	相对密度（黏土或砂性土中）	1.10~1.25		用相对密度仪测，清孔后在距孔底500 mm处取样
			含砂率	%	%	洗砂瓶
			黏度	s	18~28	黏度计
	5	泥浆面标高（高于地下水位）		m	0.5~1.0	目测法
	6	钢筋笼质量	主筋间距	mm	±10	用钢尺量
			长度	mm	±100	用钢尺量

续表

分项	序号	检查项目		允许值或允许偏差		检查方法
				单位	数值	
一般项目	7	沉渣厚度	端承桩	mm	≤50	用沉渣仪或重锤测
			摩擦桩	mm	≤150	
	8	混凝土坍落度		mm	180~220	用坍落度仪测
	9	钢筋笼安装深度		mm	+1 000	用钢尺量
	10	混凝土充盈系数		≥1.0		实际灌注量与计算灌注量之比
	11	桩顶标高		mm	+30 −50	水准测量，需扣除桩顶浮浆层及劣质桩体
	12	后注浆	注浆终止条件	注浆量不小于设计要求		查看流量表
				注浆量不小于设计要求的80%，且注浆压力达到设计值		查看流量表，检查压力表数值
			水胶比	设计值		实际用水量与水泥等胶凝材料的质量比
	13	扩底桩	扩底直径	不小于设计值		用井径仪测量
			扩底标高	不小于设计值		

任务5 基础工程

一、无筋扩展基础

无筋扩展基础（刚性基础）是指用砖、石、混凝土、灰土、三合土等材料建造的基础。这种基础的特点是抗压性能好，而整体性、抗拉、抗弯、抗剪性能差。它适用于地基坚实、均匀、上部荷载较小，六层和六层以下（三合土基础不宜超过四层）的一般民用建筑和墙承重的轻型厂房。

（一）混凝土基础施工质量控制

1.施工质量控制要点

（1）基槽（坑）应进行验槽，局部软弱土层应挖去，用灰土或砂砾石分层回填夯实至基底相平。如有地下水或地面滞水，应挖沟排除；基槽（坑）内浮土、积水、淤泥、垃圾、杂物应清除干净。

（2）如地基土质良好，且无地下水，基槽（坑）第一阶可利用原槽（坑）浇筑，但应保证尺寸正确，砂浆不流失。上部对阶应支模浇筑，模板要支撑牢固，缝隙孔洞应堵严，木模应浇水湿润。

（3）基础混凝土浇筑高度在 2 m 以内，混凝土可直接卸入基槽（坑）内，应注意使混凝土能充满边角；浇筑高度在 2 m 以上时，应通过漏斗、串筒或溜槽下料。

（4）浇筑台阶式基础应按台阶分层一次浇筑完成，每层先浇边角，后浇中间，施工时应注意防止上下台阶交接处混凝土出现蜂窝和脱空（即吊脚、烂脖子）现象。措施是：待第一台阶捣实后，继续浇筑第二台阶前，先沿第二台阶模板底圈做成内外坡度，待第二台阶混凝土浇筑完后，再将第一台阶混凝土铲平、拍实、拍平；或第一台阶混凝土浇完后稍停 0.5～1 h，待下部沉实，再浇上一台阶。

（5）锥形基础，如斜坡较陡，斜面部分应支模浇筑，或随浇随安装模板，应注意防止模板上浮；如斜坡较平，可不支模，但应注意斜坡部位有边角部位混凝土的捣固密实，振捣完后，再用人工将斜坡表面铲平、拍实、拍平。

（6）当基槽（坑）因土质不宜挖成阶梯形式时，应先从最低处开始浇筑，按每阶高度，其各边搭接长度应不小于 500 mm。

（7）混凝土浇筑完后，外露部分应适当覆盖，洒水养护；拆模后及时分层回填土方并夯实。

2. 质保资料检查要求

（1）混凝土配合比。

（2）掺合料、外加剂的合格证明书、复试报告。

（3）试块强度报告。

（4）施工日记。

（5）混凝土质量自检记录。

（6）隐蔽工程验收记录。

（7）混凝土分项工程质量验收记录表。

（二）砖基础施工质量控制

1. 施工质量控制要点

（1）砖基础应用强度等级不低于 MU7.5、无裂缝的砖和不低于 M10 的砂浆砌筑。在严寒地区，应采用高强度等级的砖和水泥砂浆砌筑。

（2）砖基础一般做成阶梯形，俗称大放脚。大放脚做法有等高式（两皮一收）和间隔式（两皮一收和一皮一收相间）两种，每一种收退台宽度均为 1/4 砖，后者节省材料，采用较多。

（3）砖基础施工前应清理基槽（坑）底，除去松散软弱土层，用灰土填补夯实，并铺设垫层；按基础大样图，吊线分中，弹出中心线和大放脚边线；检查垫层标高、轴线尺寸，并清理好垫层；先用干砖试摆，以确定排砖方法和错缝位置，使砌体平面尺寸符合要求；砖应浇水湿透，垫层适量洒水湿润。

（4）砌筑时，应先铺底灰，再分皮挂线砌筑；铺砖用"一丁一顺"砌法，做到里外咬槎、上下层错缝。竖缝至少错开 1/4 砖长，转角处要放七分头砖，并在山墙和檐墙两处分层交替设置，不能同缝。基础最下与最上一皮砖宜采用丁砌法，即先在转角处及交接处砌几皮砖，然后再拉通线砌筑。

（5）内外墙基础应同时砌筑或做成踏步式。如基础深浅不一时，应从低处砌起，接槎高度不宜超过1 m，高低相接处要砌成阶梯，台阶长度应不小于1 m，其高度不大于0.5 m，砌到上面后再和上面的砖一起退台。

（6）如砖基础下半部为灰土时，则灰土部分不做台阶，其宽高比应按要求控制，同时应核算灰土顶面的压应力，以不超过250~300 kPa为宜。

（7）砌筑时，灰缝砂浆要饱满，严禁用冲浆法灌缝。

（8）基础上预留洞口及预埋管道的位置、标高应准确，管道上部应预留沉降空隙。基础上铺放的沟盖板的出檐砖，应同时砌筑。

（9）基础砌至防潮层时，须用水平仪找平，并按规定铺设20 mm厚、1∶2.5~3.0防水水泥砂浆（掺加水泥质量3%的防水剂）防潮层，要求压实抹平。用一油一毡防潮层，待找平层干硬后，刷冷底油一道，浇沥青玛琋脂，摊铺卷材并压紧，卷材搭接宽度不少于100 mm。

（10）砌完基础应及时清理基槽（坑）内的杂物和积水，在两侧同时回填土，并分层夯实。

2.质量保证资料检查要求

（1）材料合格证及试验报告、水泥复试报告。

（2）砂浆试块强度报告。

（3）砂浆配合比。

（4）施工日记。

（5）自检记录。

（6）砌筑分项工程质量验收记录表。

二、钢筋混凝土扩展基础

钢筋混凝土扩展基础是指柱下钢筋混凝土独立基础和墙下混凝土条形基础，由于钢筋混凝土的抗弯性能好，可充分放大基础底面尺寸，达到减小地基应力的效果，同时可有效地减小埋深，节省材料和土方开挖量，加快工程进度。钢筋混凝土扩展基础适用于六层和六层以下一般民用建筑和整体式结构厂房承重的柱基和墙基。对于柱下钢筋混凝土独立基础，当柱荷载的偏心距不大时，常用方形；偏心距大时，则用矩形。

1.施工质量控制要点

（1）基坑验槽清理同刚性基础。垫层混凝土在基坑验槽后应立即浇筑，以免地基土被扰动。

（2）垫层达到一定强度后，在其上划线、支模、铺放钢筋网片。上下部垂直钢筋应绑扎牢，并注意将钢筋弯钩朝上，连接柱的插筋，下端要用90°弯钩与基础钢筋绑扎牢固，按轴线位置校核后用方木架成井字形，将插筋固定在基础外模板上；底部钢筋网片应用与混凝土保护层同厚度的水泥砂浆垫塞，以保证位置正确。

（3）在浇筑混凝土前，模板和钢筋上的垃圾、泥土和钢筋上的油污杂物，应清除干净。模板应浇水加以润湿。

（4）浇筑现浇柱下基础时，应特别注意柱子插筋位置正确，以防造成位移和倾斜，在浇筑开始时，先满铺一层 5～10 cm 厚的混凝土，并捣实使柱子插筋下段和钢筋网片的位置基本固定，然后再对称浇筑。

（5）基础混凝土宜分层连续浇筑完成，对于阶梯形基础，每一台阶高度内应分层一次浇捣，每浇筑完一台阶稍停 0.5～1 h，待其初步获得沉实后，再浇筑上层，以防止下一台阶混凝土溢出，在上一台阶根部出现"烂脖子"。每一台阶浇完，表面应随即原浆抹平。

（6）对于锥形基础，应注意保持锥体斜面坡度正确，斜面部分的模板应随混凝土浇捣分段支设，以防模板上浮变形，边角处的混凝土必须注意捣实。严禁斜面部分不支模，用铁锹拍实。基础上部柱子后施工时，可在上部水平面留设施工缝。施工缝的处理应按有关规定执行。

（7）条形基础应根据高度分段分层连续浇筑，一般不留施工缝，各段、各层间应相互衔接，每段长 2～3 m，做到逐段逐层呈阶梯形推进。浇筑时应先使混凝土充满模板内边角，然后浇筑中间部分，以保证混凝土密实。

（8）基础上插筋时，要加以固定，保证插筋位置正确，防止浇捣混凝土时发生移位。

（9）混凝土浇筑完毕，外露表面应覆盖浇水养护。

2.质量保证资料检查要求

（1）混凝土配合比。

（2）掺合料、外加剂的合格证明书、复试报告。

（3）试块强度报告。

（4）施工日记。

（5）混凝土质量自检记录。

（6）隐蔽工程验收记录。

（7）混凝土分项工程质量验收记录表。

3.质量与检验

钢筋混凝土扩展基础质量检验标准应符合表4-23的规定。

表4-23　钢筋混凝土扩展基础质量检验标准

分项	序号	检查项目	允许偏差		检查方法
			单位	数值	
主控项目	1	混凝土强度	不小于设计值		28 d试块强度
	2	轴线位置	mm	≤15	用经纬仪或钢尺量
一般项目	1	L（或 B）≤30	mm	±5	用钢尺量
		30<L（或 B）≤60	mm	±10	
		60<L（或 B）≤90	mm	±15	
	2	L（或 B）>90	mm	±20	
		基础顶面标高	mm	±15	水准测量

注：L 为长度，单位为m；B 为宽度，单位为m。

三、筏形与箱形基础

由于筏形与箱形基础扩大了基底面积，增强了基础的整体性，抗弯刚度大，可调整建筑物局部发生显著的不均匀沉降，因此适用于地基土质软弱又不均匀（或筑有人工垫层软弱地基）、有地下水或当柱子或承重墙传来的荷载很大的情况，或建造六层或六层以下横墙较密的民用建筑。

1.施工质量控制要点

（1）地基开挖，如有地下水，应人工降低地下水位至基坑底 50 cm 以下部位，保持在无水的情况下进行土方开挖和基础结构施工。

（2）基坑土方开挖应注意保持基坑底土的原状结构，如采用机械开挖时，基坑底面以上 20～30 cm 厚的土层应采用人工清除，避免超挖或破坏基土。如局部有软弱土层或超挖，应进行换填，采用与地基土压缩性相近的材料进行分层回填，并夯实。基坑开挖应连续进行，如基坑挖好后不能立即进行下一道工序，应在基底以上留置 150～200 mm 厚的土层不挖，待下道工序施工时再挖至设计基坑底标高，以免基土被扰动。

（3）基础施工，可根据结构情况、施工具体条件及要求选用以下两种方法之一：

① 先在垫层上绑扎底板梁的钢筋和上部柱插筋，先浇筑底板混凝土，待达到 25% 以上强度后，再在底板上支梁侧模板，浇筑完梁部分混凝土。

② 底板和梁钢筋、模板一次同时支好，梁侧模板用混凝土支墩或钢支脚支承，并固定牢固，混凝土一次连续浇筑完成。

（4）大体积混凝土施工过程中应检查混凝土的坍落度，配合比，浇筑的分层厚度、坡度以及测温点的设置，上下两层的浇筑搭接时间不应超过混凝土的初凝时间；养护时混凝土结构构件表面以内 50～100 mm 位置处的温度与混凝土结构构件内部的温度差值不宜大于 25 ℃，且与混凝土结构构件表面温度的差值不宜大于 25 ℃。

（5）在基础底板埋设好沉降观测点，定期进行观测、分析，做好记录。

2.质量保证资料检查要求

（1）混凝土配合比。

（2）掺合料、外加剂的合格证明书、复试报告。

（3）试块强度报告。

（4）施工日记。

（5）混凝土质量自检记录。

（6）隐蔽工程验收记录。

（7）混凝土分项工程质量验收记录表。

3.质量与检验

筏形与箱形基础质量检验标准应符合表 4-24 的规定。

表4-24 筏形与箱形基础质量检验标准

分项	序号	检查项目	允许偏差		检查方法
			单位	数值	
主控项目	1	混凝土强度	不小于设计值		28 d试块强度
	2	轴线位置	mm	≤15	用经纬仪或钢尺量
一般项目	1	基础顶面标高	mm	±15	水准测量
	2	平整度	mm	±10	用2 m靠尺量
	3	尺寸	mm	+15 −10	用钢尺量
	4	预埋件中心位置	mm	≤10	用钢尺量
	5	预留洞中心线位置	mm	≤15	用钢尺量

技能训练4

一、单项选择题

1. 以下属于基坑填土工程质量检验标准中主控项目的是（　　）。

　　A.分层压实系数　　B.回填土料　　　　C.分层厚度及含水量　　D.表面平整度

2. 以下不属于土方开挖工程质量检验标准主控项目的是（　　）。

　　A.标高　　　　　　B.长度　　　　　　C.坡率　　　　　　　　D.表面平整度

3. 换填土料中含有碎石时，其粒径不得大于（　　）mm。

　　A.30　　　　　　　B.40　　　　　　　C.50　　　　　　　　　D.60

4. 换填采用自然级配的砂石料时，其粒径不得大于（　　）mm。

　　A.30　　　　　　　B.40　　　　　　　C.50　　　　　　　　　D.60

5. 粉煤灰垫层的压实系数应大于（　　）。

　　A.80%　　　　　　B.85%　　　　　　C.90%　　　　　　　　D.95%

6. 泥浆护壁成孔灌注桩施工时，其钢筋笼的主筋净距应大于混凝土粗骨料的（　　）倍以上。

　　A.1　　　　　　　　B.2　　　　　　　C.3　　　　　　　　　D.4

7. 混凝土预制桩运输时，其混凝土强度必须达到设计强度的（　　）才能运输。

　　A.70%　　　　　　B.80%　　　　　　C.90%　　　　　　　　D.100%

8. 基础混凝土入模时，为了防止混凝土产生离析，其自由倾落高度应小于（　　）m。

　　A.1　　　　　　　　B.2　　　　　　　C.3　　　　　　　　　D.4

9. 砌筑砖基础应采用（　　）砌筑。

　　A.水泥砂浆　　　　B.混合砂浆　　　　C.石灰砂浆　　　　　　D.黏土砂浆

10.基础最上和最下一皮砖宜采用（　　）砌筑。

    A.顺砌　　　　　　　　B.丁砌　　　　　　　　C.侧砌　　　　　　　　D.一顺一丁

11.灰土采用体积配合比，一般宜为（　　）

    A.3：8　　　　　　　　B.2：8　　　　　　　　C.3：7　　　　　　　　D.B 或 C

12.工程桩应进行承载力检验。对于地基基础设计等级为甲级或地质条件复杂时，成桩质量可靠性低的灌注桩应采用（　　）的方法进行检验。

    A.低应变动力测试　　　　　　　　　　　　B.高应变动力测试

    C.回弹检测　　　　　　　　　　　　　　　D.静载荷试验

13.工程桩桩身完整性的抽检数量不应少于总桩数的（　　），且不应少于10根。

    A.10%　　　　　　　　B.20%　　　　　　　　C.30%　　　　　　　　D.40%

14.群桩桩位的放样允许偏差（　　）mm。

    A.10　　　　　　　　　B.20　　　　　　　　　C.30　　　　　　　　　D.40

15.预制桩达到设计强度的（　　）方可起吊。

    A.50%　　　　　　　　B.60%　　　　　　　　C.70%　　　　　　　　D.80%

16.混凝土预制桩停止锤击的控制原则为：桩端达到坚硬、硬塑的黏性土、中密以上粉土、砂土、碎石类土、风化岩等土层时，以（　　）控制为主。

    A.贯入度　　　　　　　B.桩端标高　　　　　　C.锤击数　　　　　　　D.桩入土深度

17.泥浆护壁成孔灌注桩的混凝土充盈系数大于（　　）。

    A.0.90　　　　　　　　B.0.95　　　　　　　　C.1　　　　　　　　　D.1.2

18.泥浆护壁成孔灌注桩中端承桩的沉渣厚度≤（　　）mm

    A.30　　　　　　　　　B.40　　　　　　　　　C.50　　　　　　　　　D.100

19.打（压）入桩（预制混凝土方桩、先张法预应力管桩、钢桩）的桩位偏差：斜桩倾斜度的偏差不得大于倾斜角正切值的（　　）。

    A.10%　　　　　　　　B.15%　　　　　　　　C.20%　　　　　　　　D.25%

20.锚杆支护工程质量检验主控项目是（　　）。

    A.自由段套管长度　　B.锚杆直径　　　　　　C.锚杆长度　　　　　　D.钻孔倾斜度

二、多项选择题

1.土方开挖时，施工测量的质量控制主要内容有（　　）。

    A.平面位置　　　　　　B.标高控制　　　　　　C.开挖方法控制

    D.边坡坡度　　　　　　E.分层开挖厚度

2.以下属于土方开挖工程质量检验标准主控项目的是（　　）。

    A.标高　　　　　　　　B.长度　　　　　　　　C.坡率

    D.表面平整度　　　　　E.基底土性

3.桩基础按施工方法可分为（　　）

    A.预制桩　　　　　　　B.端承桩　　　　　　　C.灌注桩

    D.摩擦桩　　　　　　　E.端承摩擦桩

4.符合条件（　　）时，为一级基坑。

A.重要工程或支护结构做主体结构的一部分

B.开挖深度大于 10 m

C.开挖深度大于 7 m

D.与邻近建筑物、重要设施的距离在开挖深度以内的基坑；

E.基坑范围内有历史文物、近代优秀建筑、重要管线等需严加保护的基坑

5.注浆地基的质量检验标准主控项目有（ ）。

A.原材料检验　　　　B.变形指标　　　　　C.地基承载力

D.注浆孔深　　　　　E.注浆压力

6.砂石桩复合地基质量检验标准主控项目有（ ）。

A.填料量　　　　　　B.填料含泥量　　　　C.桩体密实度

D.复合地基承载力　　E.密实电流

7.按桩的承载力状况可将桩基分为（ ）。

A.预制桩　　　　　　B.端承桩　　　　　　C.挤土桩

D.摩擦桩　　　　　　E.非挤土桩

8.预制桩打桩过程中，遇到（ ）情况时，应暂停打桩。

A.贯入度剧变　　　　B.贯入度没有变化　　C.桩身严重回弹

D.桩顶或桩身出现严重裂缝、破碎　　　　　E.桩身突然发生倾斜、移位

9.泥浆护壁成孔灌注桩质量检验标准主控项目有（ ）。

A.桩位　　　　　　　B.孔深　　　　　　　C.沉渣厚度

D.混凝土充盈系数　　E.混凝土强度

10.采用硫磺胶泥锚接时接桩时，应做到（ ）。

A.胶泥浇注时间<2 min　　　　　　　　　B.胶泥浇注时间<4 min

C.浇注后停歇时间>7 min　　　　　　　　D.浇注后停歇时间>7 min

E.胶泥有一定的延性

三、判断题（正确的打"√"，错误的打"×"）

1.在土方开挖后，应做好地面排水和降低地下水位工作。（ ）

2.钎探检查验槽法：基坑挖好后，用锤把钢钎打入槽底的基土内，根据每打入一定深度的锤击次数，来判断地基土质情况。（ ）

3.分层压实系数 λ_0 的检查方法按设计规定的方法求土的压实系数（$\lambda_0 = \rho_d/\rho_{dmax}$，其中 ρ_d 为土的控制湿密度，ρ_{dmax} 为土的最大干密度）。（ ）

4.分层厚度及含水量是土方回填的主控项目。（ ）

5.土方开挖的顺序、方法必须与设计工况一致，并遵循"开槽支撑，先挖后撑，分层开挖，可以超挖"的原则。（ ）

6.三级基坑为开挖深度小于 7 m，且对周围环境无特别要求的基坑。（ ）

7.当开挖基槽发现土质、土层结构与勘察资料不符时，应进行专门的施工勘察。（ ）

8.检验批应由监理员组织施工单位项目专业质量检查员、专业工长等进行验收。

（　　）

9.在含水地层范围内的排桩墙支护基坑，应有确实可靠的止水措施，确定基坑施工及邻近构筑物的安全。　　　　　　　　　　　　　　　　　　　　　　　（　　）

10.注浆地基施工结束后，就可立即进行有关检测和质量验收。　　　　　　（　　）

11.单排桩桩位的放样允许偏差为 15 mm。　　　　　　　　　　　　　　　（　　）

12.基桩施工前，成桩机械必须鉴定合格，方可正常使用。　　　　　　　　（　　）

13.灌注桩的桩顶标高至少要比设计标高高出 0.3 m。　　　　　　　　　　（　　）

14.灌注桩每浇柱 50 m³ 必须有 1 组试件，小于 50 m³ 的桩，每根桩必须有 1 组试件。

（　　）

15.预制桩在锤击时，桩主筋可采用对焊或电弧焊，在对焊和电弧焊时同一截面的主筋接头不得超过 80%。　　　　　　　　　　　　　　　　　　　　　　（　　）

16.为避免或减少沉桩挤土效应和对邻近建筑物、地下管线的影响，在施打大面积密集桩群时，可采取预钻孔、设置袋装砂井消除部分超孔隙水压力以减少挤土现象。

（　　）

17.基础中预留洞口及预埋管道的位置、标高应准确，管道上部应预留沉降空隙。

（　　）

18.灌注桩的沉渣厚度以放钢筋笼前所测沉渣为最终值。　　　　　　　　（　　）

19.振冲地基属于复合地基。　　　　　　　　　　　　　　　　　　　　　（　　）

项目5

砌体结构工程质量控制

任务1　砌体结构基本规定

一、施工准备

（1）砌体结构工程所用的材料应有产品合格证书及产品性能、型式检验报告，质量应符合国家现行有关标准的要求。块体、水泥、钢筋、外加剂尚应有材料主要性能的进场复验报告，并应符合设计要求。严禁使用国家明令淘汰的材料。

（2）砌体结构工程施工前，应编制砌体结构工程施工方案。

（3）砌体结构的标高、轴线，应引自基准控制点。

（4）砌筑基础前，应校核放线尺寸，放线尺寸的允许偏差应符合表5-1的规定。

表5-1　放线尺寸的允许偏差

长度L或宽度B/m	允许偏差/mm	长度L或宽度B/m	允许偏差/mm
L（或B）≤30	±5	60<L（或B）≤90	±15
30<L（或B）≤60	±10	L（或B）>90	±20

（5）伸缩缝、沉降缝、防震缝中的模板应拆除干净，不得夹有砂浆、块体及碎渣等杂物。

二、施工过程

（1）砌筑顺序应符合以下规定：

①基底标高不同时，应从低处砌起，并应由高处向低处搭砌。当设计无要求时，搭接长度 L 不应小于基础底的高差 H，搭接长度范围内下层基础应扩大砌筑（图5-1）。

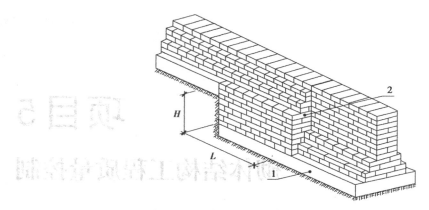

图5-1　基底标高不同时的搭砌示意图（条形基础）
1—混凝土垫层；2—基础扩大部分

②砌体的转角处和交接处应同时砌筑，当不能同时砌筑时，应按规定留槎、接槎。

（2）砌筑墙体应设置皮数杆。

（3）在墙上留置临时施工洞口，其侧边离交接处墙面不应小于500 mm，洞口净宽度不应超过1 m。抗震设防烈度为9度的地区，建筑物的临时施工洞口位置应会同设计单位确定。临时施工洞口应做好补砌。

（4）不得在下列墙体或部位设置脚手眼：

①120 mm厚墙、清水墙、料石墙、独立柱和附墙柱。

②过梁上与过梁成60°角的三角形范围及过梁净跨度1/2的高度范围内。

③宽度小于1 m的窗间墙。

④砌体门窗洞口两侧石砌体为300 mm，其他砌体200 mm范围内；转角处石砌体600 mm，其他砌体450 mm范围内。

⑤梁或梁垫下及其左右500 mm范围内。

⑥设计不允许设置脚手眼的部位。

⑦轻质墙体。

⑧夹心复合墙外叶墙。

（5）脚手眼补砌时，应清除脚手眼内掉落的砂浆、灰尘；脚手眼处砖及填塞用砖应湿润，并应填实砂浆。

（6）设计要求的洞口、沟槽、管道应于砌筑时正确留出或预埋，未经设计同意，不得打凿墙体和在墙体上开凿水平沟槽。宽度超过300 mm的洞口上部，应设置钢筋混凝土过梁。不应在截面长边小于500 mm的承重墙体、独立柱内埋设管线。

（7）尚未施工楼面或屋面的墙或柱，其抗风允许自由高度不得超过表5-2的规定。如超过表中限值，则必须采取临时支撑等技术措施。

表5-2 墙和柱的允许自由高度

单位：m

墙（柱）厚/mm	砌体密度>1 600 kg/m³			砌体密度1 300～1 600 kg/m³		
	风载/（kN·m⁻²）			风载/（kN·m⁻²）		
	0.3（约7级风）	0.4（约8级风）	0.5（约9级风）	0.3（约7级风）	0.4（约8级风）	0.5（约9级风）
190	—	—	1.4	1.4	1.1	0.7
240	2.8	2.1	1.4	2.2	1.7	1.1
370	5.2	3.9	2.6	4.2	3.2	2.1
490	8.6	6.5	4.3	7.0	5.2	3.5
620	14.0	10.5	7.0	11.4	8.6	5.7

注：1. 本表适用于施工处相对标高 H 在10 m范围内的情况。如10 m<H≤15 m，15 m<H≤20 m时，表中的允许自由高度应分别乘以系数0.9，0.8；如H>20 m时，应通过抗倾覆验算确定其允许自由高度。

2. 当所砌筑的墙有横墙或其他结构与其连接，而且间距小于表中相应墙、柱的允许自由高度2倍时，砌筑高度可不受本表的限制。

3. 当砌体密度小于1 300 kg/m³时，墙和柱的允许自由高度应另行验算确定。

（8）砌筑完基础或每一楼层后，应校核砌体的轴线和标高。在允许偏差范围内，轴线偏差可在基础顶面或楼面上校正，标高偏差宜通过调整上部砌体灰缝厚度校正。

（9）搁置预制梁、板的砌体顶面应平整，标高一致。

（10）砌体施工质量控制等级分为A、B、C三级，并按表5-3划分。

表5-3 施工质量控制等级划分

项目	施工质量控制等级		
	A	B	C
现场质量管理	监督检查制度健全，并严格执行，施工方有在岗专业技术管理人员，人员齐全，并持证上岗	监督检查制度基本健全，并能执行，施工方有在岗专业技术管理人员，人员齐全，并持证上岗	监督检查制度健全，施工方有在岗专业技术管理人员
砂浆、混凝土强度	试块按规定制作，强度满足验收规定，离散性小	试块按规定制作，强度满足验收规定，离散性小	试块按规定制作，强度满足验收规定，离散性大
砂浆拌和	机械拌和；配合比计量控制严格	机械拌和；配合比计量控制一般	机械或人工拌和；配合比计量控制比较差

续表

项目	施工质量控制等级		
	A	B	C
砌筑工人	中级工以上，其中，高级工不少于30%	高、中级工不少于70%	初级工以上

注：1.砂浆、混凝土强度离散性大小根据强度标准差确定。

　　2.配筋砌体不得为C级施工。

（11）砌体结构中钢筋（包括夹心复合墙内外叶墙间的拉结件或钢筋）的防腐，应符合设计规定。

（12）雨天不宜在露天砌筑墙体，对下雨当日砌筑的墙体应进行遮盖。继续施工时，应复核墙体的垂直度，如果垂直度超过允许偏差，应拆除重新砌筑。

（13）砌体施工时，楼面和屋面堆载不得超过楼板的允许荷载。当施工层进料口处施工荷载较大时，楼板下宜采取临时支撑措施。

（14）正常施工条件下，砖砌体、小砌块砌体每日砌筑高度宜控制在1.5 m或一步架高度内，石砌体不宜超过1.2 m。

三、质量验收

（1）砌体结构工程检验批的划分应同时符合下列规定：

① 所用材料类型及同类型材料的强度等级相同；

② 不超过250 m³砌体；

③ 主体结构砌体一个楼层（基础砌体可按一个楼层计），填充墙砌体量少时可多个楼层合并。

（2）砌体结构工程检验批验收时，其主控项目应全部符合《砌体结构工程施工质量验收规范》（GB 50300—2011）的规定；一般项目应有80%及以上的抽检处符合本规范的规定；有允许偏差的项目，最大超差值为允许偏差值的1.5倍。

（3）砌体结构分项工程中检验批抽检时，各抽检项的样本最小容量除有特殊要求外，均按不应小于5确定。

任务2　砌筑砂浆

砌筑砂浆按组成材料不同分为水泥砂浆与水泥混合砂浆；按拌制方式不同分为现场拌制砂浆与干拌砂浆，即工厂内将水泥、钙质消石灰粉、砂、掺合料及外加剂按一定比例干混合制成，现场仅加水机械拌和即成。

一、材料质量要求

（一）水泥

（1）水泥进场时应对其品种、等级、包装或散装仓号、出厂日期等进行检查，并应对其强度、安定性进行复验，其质量必须符合《通用硅酸盐水泥》（GB 175—2007）的有关规定。

（2）在使用过程中对水泥质量有怀疑或水泥出厂超过3个月（快硬硅酸盐水泥超过1个月）时，应复查试验，并按复验结果使用。

（3）不同品种的水泥，不得混合使用。

抽检数量：按同一生产厂家、同品种、同等级、同批号连续进场的水泥，袋装水泥不超过200 t为一批；散装水泥不超过500 t为一批，每批抽样不少于一次。

检验方法：检查产品合格证、出厂检验报告和进场复验报告。

（二）砂

砂浆用砂宜采用过筛中砂，应满足下列要求：

（1）不应混有草根、树叶、树枝、塑料、煤块、炉渣等杂物。

（2）砂中泥含量，泥块含量，石粉含量，云母、轻物质、有机物、硫化物、硫酸盐及氯盐含量（配筋砌体砌筑用砂）等应符合《普通混凝土用砂、石质量及检验方法标准》（JGJ 52—2006）的有关规定。

（3）人工砂、山砂及特细砂，经试配能满足砌筑砂浆技术条件要求。

（三）掺合料

拌制水泥混合砂浆的粉煤灰、建筑生石灰、建筑生石灰粉应符合下列规定：

（1）粉煤灰、建筑生石灰、建筑生石灰粉的品质指标应符合《用于水泥和混凝土中的粉煤灰》（GB/T 1596—2005）、《建筑生石灰》（JC/T 479—2013）的有关规定。

（2）建筑生石灰、建筑生石灰膏粉熟化为石灰膏，其熟化时间分别不得少于7 d和2 d；沉淀池中储存的石灰膏，应防止干燥、冻结和污染，严禁采用脱水硬化的石灰膏；建筑生石灰粉、消石灰粉不得替代石灰膏配制水泥石灰砂浆。

（3）石灰膏的用量，应按稠度（120±5）mm计量，现场施工中的石灰膏不同稠度的换算系数可按表5-4确定。

表5-4　石灰膏不同稠度的换算系数

稠度/mm	120	110	100	90	80	70	60	50	40	30
换算系数	1.00	0.99	0.97	0.95	0.93	0.92	0.90	0.88	0.87	0.86

（四）水

拌制砂浆用水，其水质应符合《混凝土用水标准》（JGJ 63—2006）的规定。

（五）外加剂

凡需砂浆中掺入有机塑化剂、早强剂、缓凝剂、防冻剂等，均应经检验和试配符合要求后，才可使用。有机塑化剂还应做砌体强度的型式检验。例如用微沫剂替代石灰膏制作混合砂浆时，砌体抗压强度较同强度等级的混合砂浆砌筑的砌体的抗压强度降低10%左右。

二、砂浆的拌制和使用

（一）砂浆的拌制

（1）砂浆的品种、强度等级应满足设计要求。

（2）如用水泥砂浆代替同强度的水泥混合砂浆，或在水泥混合砂浆中掺入有机塑化剂时，应考虑砌体抗压强度降低的不利影响，其配合比应重新确定。

（3）施工中不应采用强度等级小于M5的水泥砂浆替代同强度等级水泥混合砂浆，如需替代，应将水泥砂浆提高一个强度等级。

（4）配制砌筑砂浆时，各组分材料应采用质量计量，水泥及各种外加剂配料的允许偏差为±2%；砂粉煤灰、石灰膏等配料允许偏差为±5%。

（5）砌筑砂浆应采用机械搅拌，自投料完算起，搅拌时间应符合下列规定：

①水泥砂浆和水泥混合砂浆不得少于120 s。

②水泥粉煤灰砂浆和掺用外加剂的砂浆不得少于180 s；

③掺增塑剂的砂浆，其搅拌方式、搅拌时间应符合《砌筑砂浆增塑剂》（JG/T 164—2004）的有关规定。

④干混砂浆及加气混凝土砌块专用砂浆宜按掺用外加剂的砂浆确定搅拌时间或按产品说明书采用。

（6）砌筑砂浆应进行配合比设计。当砌筑砂浆的组成材料有变更时，其配合比应重新确定。砌筑砂浆稠度宜按表5-5采用。

表5-5　砌筑砂浆的稠度

砌体种类	砂浆稠度/mm	砌体种类	砂浆稠度/mm
烧结普通砖砌体 蒸压粉煤灰砖砌体	70～90	烧结多孔砖、空心砖砌体 轻骨料小型空心砖砌体 蒸压加气混凝土砌块砌体	60～80
混凝土实心砖、混凝土多孔砖砌体 普通混凝土小型空心砌块砌体 蒸压灰砂砖砌体	50～70	石砌体	30～50

注：1.采用薄灰砌筑法砌筑蒸压加气混凝土砌块砌体时，加气混凝土黏结砂浆的加水量按照其产品说明书控制。

　　2.当砌筑其他块体时，其砌筑砂浆的稠度可根据块体吸水特性及气候条件确定。

（7）砂浆的分层厚度不得大于30 mm。

（8）水泥砂浆中水泥用量不应小于200 kg/m³；水泥混合砂浆中水泥和掺合料总量宜

为300~350 kg/m³。

（9）具有冻融循环次数要求的砌筑砂浆，经冻融试验后，质量损失率不得大于5%，抗压强度损失率不得大于25%。

（二）砂浆的使用

（1）砂浆拌制后及使用时，应盛入贮灰器中。当出现泌水现象时，应在砌筑前再次拌和。

（2）现场拌制砂浆应随拌随用，拌制的砂浆应在3 h内使用完毕；当施工期间最高气温超过30 ℃时，应在2 h内使用完毕。预拌砂浆及蒸压加气混凝土砌块专用砂浆的使用时间应按照厂家提供的说明书确定。

（3）预拌砌筑砂浆，根据掺入的保水增稠材料及缓凝剂的情况，必须在规定的时间内用毕，严禁使用超过凝结时间的砂浆。

（4）预拌砌筑砂浆运至现场后，必须储存在不吸水的密闭容器内，严禁在储存过程中加水。夏季应采取遮阳措施，冬季应采取保温措施，其储存环境温度宜控制在0 ~ 37 ℃。

（5）水泥混合砂浆不得用于基础、地下及潮湿环境中的砌体工作。

三、砂浆试块强度的检验与验收

（1）砂浆试块强度验收标准应符合下列规定：

① 同一验收批砂浆试块强度平均值应大于或等于设计强度等级值的1.10倍。

② 同一验收批砂浆试块抗压强度的最小一组平均值应大于或等于设计强度等级值的85%。

注意：①砌筑砂浆的验收批，同一类型、同一强度等级的砂浆试块不应少于3组；同一验收批砂浆只有1组或2组试块时，每组试块抗压强度平均值应大于或等于设计强度等级值的1.10倍；对于建筑结构的安全等级为一级或设计使用年限为50年及以上的房屋，同一验收批砂浆试块的数量不得少于3组。

②砂浆强度应以标准养护，28 d龄期的试块抗压强度为准。

③制作砂浆试块的砂浆稠度应与配合比设计一致。

抽检数量：每一检验批且不超过250 m³砌体的各类、各强度等级的普通砌筑砂浆，每台搅拌机应至少抽检一次。验收批的预拌砂浆、蒸压加气混凝土砌块专用砂浆，抽检可分3组进行。

检验方法：在砂浆搅拌机出料口或在混拌砂浆的储存容器出料口随机取样制作砂浆试块（现场拌制的砂浆，同盘砂浆只需做1组试块），试块以标准养护28 d后做强度试验。预拌砂浆中的湿拌砂浆稠度应在进场时取样检验。

（2）当施工中或验收时出现下列情况时，可采用现场检验的方法对砂浆和砌体强度进行实体检测，并判定其强度：

① 砂浆试块缺乏代表性或试块数量不足；

② 对砂浆试块的试验结果有怀疑或有争议；

③ 砂浆试块的试验结果不能满足设计要求；

④ 发生工程事故，需要进一步分析事故原因。

任务3 砖砌体工程

本节适用于烧结普通砖、烧结多孔砖、混凝土多孔砖、混凝土实心砖、蒸压灰砂砖、蒸压粉煤灰砖等砌体工程。

一、一般规定

（一）原材料

（1）用于清水墙、柱表面的砖，应边角整齐、色泽均匀。

（2）砌体砌筑时，混凝土多孔砖、混凝土实心砖、蒸压灰砂砖、蒸压粉煤灰砖等块体的产品龄期不得少于28 d。

（3）有冻胀环境和条件的地区，地面以下或防潮层以下的砌体不应采用多孔砖。

（4）不同品种的砖不得在同一楼层混砌。

（5）多雨地区砌筑外墙时，不宜将有裂缝的砖面砌在室外表面。

（6）用于砌体工程的钢筋品种、强度等级必须符合设计要求，并应有产品合格证书和性能检测报告，进场后应进行复验。

（二）标志板、皮数杆

建筑物的标高，应收入标准水准点或设计指定的水准点。基础施工前，应在建筑物的主要轴线部位设置标志板。标志板上应标明基础、墙身和轴线的位置及标高。外形或构造简单的建筑物，可用控制轴线的引桩代替标志板。

（1）砌筑前，弹好墙基大放脚外边沿线、墙身线、轴线、门窗洞口位置线，并必须用钢尺校核放线尺寸。

（2）按设计要求，在基础及墙身的转角及某些交接处立好皮数杆，且每隔10～15 m立一根，皮数杆上画有每皮砖和灰缝的厚度以及门窗洞口、过梁、楼板等竖向构造的变化位置，控制楼层及各部位构件的标高。砌筑完每一楼层（或基础）后，应校正砌体的轴线和标高。

（三）砌体工作段划分

（1）相邻工作段的分段位置，宜设在伸缩缝、防震缝、构造柱或门窗洞口处。

（2）相邻工作段的高度差，不得超过一个楼层的高度，且不得大于4 m。

（3）砌体临时间断处的高度差，不得超过一步脚手架的高度。

（4）砌体施工时，楼面堆载不得超过楼板允许荷载值。

（5）雨天施工，每日砌筑高度不宜超过1.4 m，收工时应遮盖砌体表面。

（6）设有钢筋混凝土抗风柱的房屋，应在柱顶与屋架以及屋架与屋架间的支撑均已连接固定后砌筑山墙。

（四）砌筑时砖的含水率

烧结普通砖、烧结多孔砖、混凝土多孔砖、混凝土实心砖、蒸压灰砂砖、蒸压粉煤灰砖等砌体时，砖应提前 1～2 d 适度湿润，严禁采用干砖或处于吸水饱和状态的砖砌筑，块体湿润程度宜符合下列规定：

（1）烧结类块体的相对含水率为 60%～70%；

（2）混凝土多孔砖及混凝土实心砖无须浇水湿润，但在气候干燥炎热的情况下，宜在砌筑前对其喷水湿润，其他非烧结类块体相对含水率为 40%～50%。

（五）组砌方法

（1）砖柱不得采用先砌四周后填心的包心砌法。柱面上下皮砖的竖缝应相互错开 1/2 砖长或 1/4 砖长，使柱心无通天缝。

（2）砖砌体应上下错缝，内外搭砌，实心砖砌体宜采用一顺一丁、梅花丁或三顺一丁的砌筑形式；多孔砖砌体宜采用一顺一丁、梅花丁的砌筑形式。

（3）每层承重墙（240 mm 厚）的最上一皮砖、砖砌体的阶台水平面以及挑出层（挑檐、腰线等）应用整砖丁砌。

（4）砖柱和宽度小于 1 m 的墙体，宜选用整砖砌筑。

（5）半砖和断砖应分散使用在受力较小的部位。

（6）搁置预制梁、板的砌体顶面应找平，安装时应坐浆。当设计无具体要求时，应采用 1：2.5 的水泥砂浆。

（7）厕浴间和有防水要求的楼面，墙底部应浇筑高度不小于 150 mm 的混凝土坎。

（8）夹心复合墙的砌筑应符合下列规定：

① 墙体砌筑时，应采取措施防止空腔内掉落砂浆和杂物；

② 拉接件设置应符合设计要求，拉接件在叶墙上的搁置长度不应小于叶墙厚度的 2/3，并不应小于 60 mm；

③ 保温材料品种和性能应符合设计要求。保温材料浇注压力不应对砌体强度、变形及外观质量产生不良影响。

（六）灰缝

（1）砖砌体的灰缝应横平竖直，厚薄均匀。水平灰缝厚度和竖向灰缝宽度宜为 10 mm，不应小于 8 mm，也不应大于 12 mm。砌筑方法宜采用"三一"砌砖法，即"一铲灰、一块砖、一揉压"的操作方法。竖向灰缝宜采用挤浆法或加浆法，使砂浆饱满，严禁用水冲浆灌缝。如采用铺浆法砌筑，铺浆长度不得超过 750 mm。施工期间气温超过 30 ℃时，铺浆长度不得超过 500 mm。

（2）竖向灰缝不得出现透明缝、瞎缝和假缝。

（3）清水墙面不应有上下三皮砖搭接长度小于 25 mm 的通缝，不得有三分头砖，不得在上部随意变活、乱缝。

（4）空斗墙的水平灰缝厚度和竖向灰缝宽度宜为 10 mm，不应小于 7 mm，也不应大于 13 mm。

（5）筒拱拱体灰缝应全部用砂浆填满，拱底灰缝宽度宜为 5~8 mm，筒拱的纵向缝应与拱的横断面垂直。筒拱的纵向两端，不宜砌入墙内。

（6）为保持清水墙面立缝垂直一致，当砌至一步架子高时，水平间距每隔 2 m，在丁砖竖缝位置弹两道垂直立线，以避免游丁走缝。

（7）清水墙勾缝应采用加浆勾缝，勾缝砂浆宜采用细砂拌制的 1:1.5 水泥砂浆，勾凹缝或平缝。

（8）弧拱式及平拱式过梁的灰缝应砌成楔形缝，拱底灰缝宽度不应小于 5 mm，拱顶灰缝宽度不应大于 15 mm，拱体的纵向及横向灰缝应填实砂浆，平拱式过梁拱脚下面应伸入墙内不少于 20 mm；砖拱平拱过梁底应有 1% 的起拱。

（七）构造柱

（1）构造柱纵筋应穿过圈梁，保证纵筋上下贯通；构造柱箍筋在楼层上下按设计要求的范围进行加密，间距宜为 100 mm。

（2）墙体与构造柱连接处应砌成马牙槎，从每层柱脚起、先退后进，马牙槎的高度不应超过 300 mm；并应先砌墙后浇混凝土构造柱。

（3）浇构造柱混凝土前，必须对砌体留槎部位和模板浇水湿润，将模板内的落地灰、砖渣和其他杂物清理干净，并在结合面处流入适量与构造柱混凝土相同的去石水泥砂浆。振捣时，应避免触碰墙体，严禁通过墙体传振。

二、质量检验与验收

（一）主控项目

（1）砖和砂浆的强度等级必须符合设计要求。

抽检数量：每一生产厂家的砖到现场后，烧结普通砖、混凝土实心砖每 15 万块，烧结多孔砖、混凝土多孔砖、蒸压灰砂砖及蒸压粉煤灰砖每 10 万块各为一验收批；不足上述数量时按 1 批计，抽检数量为 1 组。砂浆试块的抽检数量可参考本项目任务 2 的相关内容。

检验方法：检查砖和砂浆试块试验报告。

（2）砌体灰缝砂浆应密实饱满，砖墙水平灰缝的砂浆饱满度不得小于 80%；砖柱水平灰缝和竖向灰缝饱满度不得低于 90%。

抽检数量：每检验批抽查不应少于 5 处。

检验方法：用百格网检查砖底面与砂浆的黏结痕迹面积。每处检测 3 块砖，取其平均值。

（3）砖砌体的转角处和交接处应同时砌筑，严禁无可靠措施的内外墙分砌施工。在抗震设防烈度为 8 度及 8 度以上地区，对不能同时砌筑而又必须留置的临时间断处应砌成斜槎，普通砖砌体斜槎水平投影长度不应小于高度的 2/3，多孔砖砌体的斜槎长高比不应小于 1/2，斜槎高度不得超过一步脚手架的高度。

抽检数量：每检验批抽查不应少于 5 处。

检验方法：观察检查。

（4）非抗震设防及抗震设防烈度为6度、7度地区的临时间断处，当不能留斜槎时，除转角处外，可留直槎，但直槎必须做成凸槎，且应加设拉结钢筋，拉结钢筋应符合下列规定。

① 每120 mm墙厚放置1Φ6拉结钢筋（120 mm厚墙放置2Φ6拉结钢筋）；

② 间距沿墙高不应超过500 mm，且竖向间距偏差不应超过100 mm。

③ 埋入长度从留槎处算起每边均不应小于500 mm，对抗震设防烈度6度、7度的地区，不应小于1 000 mm。

④ 末端应有90°弯钩（图5-2）。

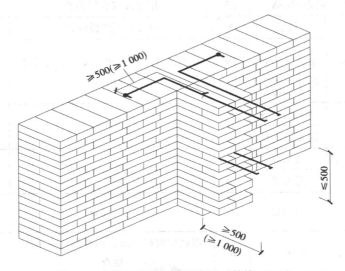

图5-2　直槎处拉结钢筋示意图（单位：mm）

抽检数量：每检验批抽查不应少于5处。

检验方法：观察和尺量检查。

（二）一般项目

（1）砖砌体组砌方法应正确，内外搭砌，上、下错缝，清水墙、窗间墙无通缝；混水墙不得有长度大于300 mm的通缝，长度200～300 mm的通缝每间不超过3处，且不得位于同一面墙体上。柱不得采用包心砌法。

抽检数量：每检验批抽查不应少于5处。

检验方法：观察检查，砌体组砌方法抽检每处应为3～5 m。

（2）砖砌体的灰缝应横平竖直，厚薄均匀。水平灰缝厚度及竖向灰缝厚度宜为10 mm，不应小于8 mm，也不应大于12 mm。

抽检数量：每检验批抽查不应少于5处。

检验方法：水平灰缝厚度用尺量10皮砖砌体高度折算；竖向灰缝宽度用尺量2 m砌体长度折算。

（3）砖砌体的尺寸、位置允许偏差及检验应符合表5-6的规定。

表5-6 砖砌体的尺寸、位置允许偏差

序号	项目			允许偏差/mm	检验方法	抽检数量
1	轴线位移			10	用经纬仪和尺或其他测量仪器检查	承重墙、柱全数检查
2	基础、墙、柱顶面标高			±5	用水准仪和尺检查	不应少于5处
3	墙面垂直度	每层		5	用2 m托线板检查	不应少于5处
		全高	≤10 m	10	用经纬仪、吊线和尺或其他测量仪器检查	外墙全部阳角
			>10 m	20		
4	表面平整度	清水墙、柱		5	用2 m靠尺和楔形塞尺检查	不应少于5处
		混水墙、柱		8		
5	水平灰缝平直度	清水墙		7	拉5 m线和尺检查	不应少于5处
		混水墙		10		
6	门窗洞口高、宽（后塞口）			±10	用尺检查	不应少于5处
7	外墙上下窗口偏移			20	以底层窗口为准，用经纬仪或吊线检查	不应少于5处
8	清水墙游丁走缝			20	以每层第一皮砖为准，用吊线和尺检查	不应少于5处

任务4 混凝土小型空心砌块砌体工程

本节适用于普通混凝土小型空心砌块和轻骨料混凝土小型空心砌块（以下简称"小砌块"）等砌体工程。

一、一般规定

（1）施工前，应按房屋设计图编绘小砌块平、立面排块图，施工中应按排块图施工。

（2）施工采用的小砌块的产品龄期不应小于28 d。

（3）砌筑小砌块时，应清除表面污物和芯柱用小砌块孔洞底部的毛边，剔除外观质量不合格的小砌块。

（4）施工时所用的砂浆，宜选用专用的小砌块砌筑砂浆。专用的小砌块砌筑砂浆是指符合《混凝土小型空心砌块和混凝土砖砌筑砂浆》（JC 860—2008）的砌筑砂浆，该砂浆可提高小砌块与砂浆间的黏结力，且施工性能好。

（5）底层室内地面以下或防潮层以下的砌体，应采用强度等级不低于C20的混凝土灌实小砌块的孔洞。填实室内地面以下或防潮层以下砌体小砌块的孔洞，属于构造措施，主要目的是提高砌体的耐久性，预防或延缓冻害，以及减轻地下水中有害物质对砌体的侵蚀。

（6）砌筑普通混凝土小型空心砌块砌体，无须对小砌块浇水湿润，如遇天气干燥炎热的情况，可提前洒水湿润小砌块；对轻骨料混凝土小砌块，应提前浇水湿润，块体的相对含水率宜为40%～50%。雨天及小砌块表面有浮水时，不得施工。

（7）承重墙体使用的小砌块应完整、无破损、无裂缝。

（8）小砌块墙体应孔对孔、肋对肋地错缝搭砌，单排孔小砌块的搭接长度应为块体长度的1/2；多排孔小砌块的搭接长度可适当调整，但不宜小于砌块长度的1/3，且不应小于90 mm。墙体的个别部位不能满足上述要求时，应在灰缝中设置拉结钢筋或钢筋网片，但竖向通缝仍不得超过两皮小砌块。

（9）小砌块应底面朝上反砌于墙上，即反砌。反砌利于铺放砂浆和保证水平灰缝砂浆的饱满度。

（10）小砌块墙体宜逐块坐（铺）浆砌筑。

（11）在散热器、厨房和卫生间等设备的卡具安装处砌筑的小砌块，宜在施工前用强度等级不低于C20（或Cb20）的混凝土将孔洞灌实。

（12）每步架墙（柱）砌筑完后，应随即刮平墙体灰缝。

（13）芯柱处小砌块墙体砌筑应符合下列规定：

① 每一楼层芯柱处第一皮砌块应采用开口小砌块；

② 砌筑时应随砌随清除小砌块孔内的毛边，并将灰缝中挤出的砂浆刮净。

（14）芯柱混凝土宜选用专用小砌块灌孔混凝土，浇筑芯柱混凝土应符合下列规定：

① 每次连续浇筑的高度宜为半个楼层，但不应大于1.8 m；

② 浇筑芯柱混凝土时，砌筑砂浆强度应大于1 MPa；

③ 清除孔内掉落的砂浆等杂物，并用水冲淋孔壁；

④ 在浇灌芯柱混凝土前应先注入适量与芯柱混凝土相同的去石水泥砂浆。

⑤ 每浇筑400～500 mm高度捣实一次，或边浇筑边捣实。

二、质量检验与验收

（一）主控项目

（1）小砌块和芯柱混凝土、砌筑砂浆的强度等级必须符合设计要求。

抽检数量：每一生产厂家，每1万块小砌块为一验收批，不足1万块按1批计，抽检数量为1组；用于多层以上建筑基础和底层的小砌块抽检数量不应少于2组。砂浆试块数量参考本项目任务2的相关内容执行。

检验方法：检查小砌块和芯柱混凝土、砌筑砂浆试块试验报告。

（2）砌体水平灰缝和竖向灰缝的砂浆饱满度，应按净面积计算，不得低于90%。

抽检数量：每检验批抽查不应少于5处。

检验方法：用专用百格网检测小砌块与砂浆黏结痕迹，每处检测3块小砌块，取其平均值。

（3）墙体转角处和纵横交接处应同时砌筑。临时间断处应砌成斜槎，斜槎水平投影长度不应小于斜槎高度。施工洞口可预留直槎，但在洞口砌筑和补砌时，应在直槎上下搭砌的小砌块孔洞内用等级不低于C20（或Cb20）的混凝土灌实。

抽检数量：每检验批抽查不应少于5处。

检验方法：观察检查。

（4）小砌块砌体的芯柱在楼盖处应贯通，不得削弱芯柱截面尺寸，芯柱混凝土不得漏灌。

检查数量：每检验批抽查不应少于5处。

检查方法：观察检查。

（二）一般项目

（1）墙体的水平灰缝厚度和竖向灰缝宽度宜为10 mm，不应小于8 mm，也不应大于12 mm。

抽检数量：每检验批抽查不应少于5处。

抽检方法：水平灰缝厚度用尺量5皮小砌块高度折算；竖向灰缝宽度用尺量2 m砌体长度折算。

（2）小砌块砌体的尺寸、位置允许偏差按表5-6的规定执行。

任务5 填充墙砌体工程

本节适用于烧结空心砖、蒸压加气混凝土砌块、小砌块等填充墙砌体工程。

一、一般规定

（1）砌筑填充墙时，小砌块和蒸压加气混凝土砌块的产品龄期不应小于28 d，蒸压加气混凝土砌块的含水率宜小于30%。

（2）在烧结空心砖、蒸压加气混凝土砌块、小砌块等的运输、装卸过程中，严禁抛掷和倾倒；进场后应按品种、规格堆放整齐，堆置高度不宜超过2 m。蒸压加气混凝土砌块在运输及堆放中应防止雨淋。

（3）对于吸水率较小的小砌块及采用薄灰砌筑法施工的蒸压加气混凝土砌块，砌筑前不应浇（喷）水湿润；在天气干燥炎热的情况下，对吸水率较小的小砌块宜在砌筑前喷水湿润。

（4）采用普通砌筑砂浆砌筑填充墙时，烧结空心砖、吸水率较大的小砌块应提前1～2 d浇（喷）水湿润。蒸压加气混凝土砌块采用蒸压加气混凝土砌块砌筑砂浆或普通砌筑砂浆砌筑时，应在砌筑当天对砌块砌筑面喷水湿润。块体湿润程度应符合下列规定：

①烧结空心砖的相对含水率为60%～70%。

② 吸水率较大的小砌块、蒸压加气混凝土砌块的相对含水率为40%~50%。

（5）在厨房、卫生间、浴室等处采用小砌块、蒸压加气混凝土砌块砌筑墙体时，墙底部宜现浇混凝土坎台，其高度宜为150 mm。

（6）填充墙拉结筋处的下皮小砌块宜采用半盲孔小砌块或用混凝土灌实孔洞的小砌块；薄灰砌筑法施工蒸压加气混凝土砌块砌体，拉结筋应放置在砌块表面设置的沟槽内。

（7）小砌块、蒸压加气混凝土砌块不应与其他块体混砌，不同强度等级的同类块体也不得混砌。

注意：窗台处和因安装门窗需要，在门窗洞口处两侧填充墙上、中、下部可采用其他块体局部嵌砌；对与框架柱、梁不脱开的填充墙，填塞填充墙顶部与梁之间的缝隙可采用其他块体。

（8）填充墙砌体砌筑，应待承重主体结构检验批验收合格后进行。填充墙与承重主体结构间的空（缝）隙部位的施工，应在填充墙砌筑14 d后进行。

（9）砌体施工前，应由专人设置皮数杆，并应根据设计要求、块材规格和灰缝厚度在皮数杆上标明皮数及竖向构造的变化部位；缝厚度应用双线标明。

（10）用混凝土小型空心砌块、蒸压加气混凝土砌块等块材砌筑墙体时，必须根据预先绘制的砌块排块图进行施工。

（11）构造柱与墙体的连接处应砌成马牙槎，从每层柱脚开始，先退后进，每一马牙槎沿高度方向的尺寸不宜超过300 mm。沿墙高每500 mm设2Φ6拉结钢筋，每边伸入墙内不应小于1 m。预留伸出的拉结钢筋不得在施工中任意反复弯折，如有歪斜、弯曲，在浇灌混凝土之前，应校正到准确位置并绑扎牢固。

（12）填充墙与混凝土墙接合部的处理，应按设计要求进行；若设计无要求时，宜在该处内外两侧敷设宽度不小于200 mm的钢丝网片黏结牢固。

（13）为防止外墙面渗漏水，伸出墙面的雨篷、敞开式阳台、空调机搁板、遮阳板、窗套、外楼梯根部及凹凸装饰线脚处，应采取切实有效的止水措施。

二、质量检验与验收

（一）主控项目

（1）烧结空心砖、小砌块和砌筑砂浆的强度等级应符合设计要求。

抽检数量：烧结空心砖每10万块为一验收批，小砌块每1万块为一验收批，不足上述数量时按1批计，抽检数量为1组。砂浆试块抽检数量参考本项目任务2的相关内容执行。

检验方法：检查砖、小砌块进场复验报告和砂浆试块试验报告。

（2）填充墙砌体应与主体结构可靠连接，其连接构造应符合设计要求，未经设计同意，不得随意改变连接构造方法。每一填充墙与柱的拉结筋的位置超过一皮块体高度的数量不得多于1处。

抽检数量：每检验批抽查不应少于5处。

检验方法：观察检查。

（3）填充墙与承重墙、柱、梁的连接钢筋，当采用化学植筋的连接方式时，应进行实体检测。锚固钢筋拉拔试验的轴向受拉非破坏承载力检验值应为6.0 kN。抽检钢筋在检验值作用下应基材无裂缝、钢筋无滑移宏观裂损现象；持荷2 min期间，荷载值降低不大于5%，检验批可按表5-7、表5-8通过正常检验一次、二次抽样判定。填充墙砌体植筋锚固力检测记录可按表5-9填写。

表5-7　正常一次抽样判定

样本容量	合格判定数	不合格判定数	样本容量	合格判定数	不合格判定数
5	0	1	20	2	3
8	1	2	32	3	4
13	1	2	50	5	6

表5-8　正常二次抽样判定

抽样次数	样本容量	合格判定数	不合格判定数	抽样次数	样本容量	合格判定数	不合格判定数
(1)	5	0	2	(1)	20	1	3
(2)	10	1	2	(2)	40	3	4
(1)	8	0	2	(1)	32	2	5
(2)	16	1	2	(2)	64	6	7
(1)	13	0	3	(1)	50	3	6
(2)	26	3	4	(2)	100	9	10

注：表5-7、表5-8的应用参照《建筑结构检测技术标准》(GB/T 50344—2019)第3.3.14条文说明。

表5-9　填充墙砌体植筋锚固力检测记录

共　页　第　页

工程名称		分项工程名称		植筋日期	
施工单位		项目经理			
分包单位		施工班组组长			
检测执行标准及编号				检测日期	
试件编号	实测荷载/kN	检测部位		检测结果	
		轴线	层	完好	不符合要求情况

试件编号	实测荷载 /kN	检测部位		检测结果	
		轴线	层	完好	不符合要求情况
监理（建设）单位 验收结论					
备注	1.植筋埋置深度（设计）：_____mm； 2.设备型号：_____； 3.基材混凝土设计强度等级为（C__）； 4.锚固钢筋拉拔承载力检测值：6.0 kN。				

抽检数量：按表5-10确定。

表5-10 检验批抽检锚固钢筋样本最小容量

检验批的容量	样本最小的容量	检验批的容量	样本最小的容量
≤90	5	281 ~ 500	20
91 ~ 150	8	501 ~ 1 200	32
151 ~ 280	13	1 201 ~ 3 200	50

检验方法：原位试验检查。

（二）一般项目

（1）填充墙砌体的尺寸、位置允许偏差及检验方法应符合表5-11的规定。

表5-11　填充墙砌体的尺寸、位置允许偏差及检验方法

序　号	项　　目		允许偏差/mm	检验方法
1	轴线位移		10	用尺检查
2	垂直度（每层）	≤3 m	5	用2 m托线板或吊线、尺检查
		>3 m	10	
3	表面平整度		8	用2 m靠尺和楔形尺检查
4	门窗洞口高、宽（后塞口）		±10	用尺检查
5	外墙上、下窗口偏移		20	用经纬仪或吊线检查

抽检数量：每检验批抽查不应少于5处。

（2）填充墙砌体的砂浆饱满度及检验方法应符合表5-12的规定。

表5-12　填充墙砌体的砂浆饱满度及检验方法

砌体分类	灰缝	饱满度及要求	检验方法
空心砖砌体	水平	≥80%	采用百格网检查块体底面或侧面砂浆的黏结痕迹面积
	垂直	填满砂浆，不得有透明缝、瞎缝、假缝	
蒸压加气混凝土砌块、轻骨料混凝土小砌块砌体	水平	≥80%	
	垂直	≥80%	

抽检数量：每检验批抽查不应少于5处。

（3）填充墙留置的拉结钢筋或网片的位置应与块体皮数相符合，拉结钢筋或网片应置于灰缝中，埋置长度应符合设计要求，竖向位置偏差不应超过一皮高度。

抽检数量：每检验批抽查不应少于5处。

检验方法：观察和用尺量检查。

（4）砌筑填充墙时应错缝搭砌，蒸压加气混凝土砌块搭砌长度不应小于砌块长度的1/3；小砌块搭砌长度不应小于90 mm；竖向通缝不应大于2皮。

抽检数量：每检验批抽查不应少于5处。

检查方法：观察检查。

（5）填充墙的水平灰缝厚度和竖向灰缝宽度应正确。烧结空心砖、小砌块的砌筑体灰缝应为8～12 mm；蒸压加气混凝土砌块砌体，当采用水泥砂浆、水泥混合砂浆或蒸压加

气混凝土砌块砌筑砂浆时，水平灰缝厚度和竖向灰缝宽度不应超过15 mm；当蒸压加气混凝土砌块砌体采用蒸压加气混凝土砌块黏结砂浆时，水平灰缝厚度和竖向灰缝宽度宜为3~4 mm。

抽检数量：每检验批抽查不应少于5处。

抽检方法：水平灰缝厚度用尺量5皮小砌块高度折算；竖向灰缝宽度用尺量2 m砌体长度折算。

技能训练5

一、单项选择题

1.施工质量控制等级为A级时，砌筑工人中高级工不少于（　　）。

  A.10%　　　　　　B.20%　　　　　　C.30%　　　　　　D.40%

2.砌体施工质量控制等级应分为（　　）级。

  A.2　　　　　　B.3　　　　　　C.4　　　　　　D.5

3.在正常施工条件下，砖砌体、小砌块砌体每日砌筑高度宜控制在（　　）m。

  A.1.0　　　　　　B.1.5　　　　　　C.2.0　　　　　　D.2.5

4.砌体结构工程检验批的划分不超过（　　）m³。

  A.200　　　　　　B.250　　　　　　C.300　　　　　　D.350

5.砌体结构工程检验批验收时，其主控项目应全部符合《砌体结构工程施工质量验收规范》（GB 50300—2011）的规定，一般项目应有（　　）及以上的抽检处符合本规范的规定。

  A.50%　　　　　　B.60%　　　　　　C.70%　　　　　　D.80%

6.当在使用中对水泥质量有怀疑或水泥出厂超过（　　）个月（快硬硅酸盐水泥超过1个月）时，应进行复查试验，并按复查试验结果使用。

  A.2　　　　　　B.3　　　　　　C.4　　　　　　D.5

7.同一验收批砂浆试块抗压强度的最小一组平均值应大于或等于设计强度等级值的（　　）。

  A.70%　　　　　　B.80%　　　　　　C.85%　　　　　　D.90%

8.砌筑砂浆的验收批，同一类型、同一强度等级的砂浆试块不应少于（　　）组；同一验收批砂浆只有1组或2组试块时，每组试块抗压强度平均值应大于或等于设计强度等级值的1.10倍。

  A.2　　　　　　B.3　　　　　　C.4　　　　　　D.5

9.水泥砂浆和混合砂浆搅拌时间不得少于（　　）min。

  A.1　　　　　　B.2　　　　　　C.3　　　　　　D.4

10.水泥砂浆中的水泥用量不得少于（　　）kg/m³。

  A.150　　　　　　B.200　　　　　　C.250　　　　　　D.300

11.砌筑砂浆应随拌随用，气温低于30 ℃时，水泥砂浆应在（　　）h内使用完毕。

A.4　　　　　　B.3　　　　　　C.2　　　　　　D.1

12.砂浆强度应以（　　　），28d龄期的试块抗压强度为准。

A.同条件养护　　　B.自然养护　　　C.蒸汽养护　　　D.标准养护

13.每一生产厂家，每1万块小砌块为一验收批，不足1万块按1批计，抽检数量为1组；用于多层以上建筑基础和底层的小砌块抽检数量不应少于（　　　）组。

A.1　　　　　　B.2　　　　　　C.3　　　　　　D.4

14.小砌块砌体水平灰缝和竖向灰缝的砂浆饱满度，应按净面积计算，不得低于（　　　）。

A.70%　　　　　B.80%　　　　　C.90%　　　　　D.95%

15.砌体工作段划分时，要求相邻两工作段的高度差不得大于（　　　）m。

A.1.6　　　　　B.1.8　　　　　C.3　　　　　　D.4

16.砖砌体水平灰缝厚度用尺量（　　　）皮砖砌体高度折算；竖向灰缝宽度用尺量2m砌体长度折算。

A.3　　　　　　B.5　　　　　　C.10　　　　　D.15

17.砖砌体砌筑时，砖应提前（　　　）浇水湿润。

A.8 h　　　　　B.12 h　　　　　C.24 h　　　　　D.1～2 d

18.普通砖砌体的灰缝厚度一般宜为（　　　）mm。

A.8　　　　　　B.10　　　　　C.12　　　　　D.15

19.普通砖砌体的水平灰缝饱满度不得低于（　　　）。

A.75%　　　　　B.80%　　　　　C.85%　　　　　D.90%

20.砖进场后应进行复检，复检抽样数量为：同一生产厂家、同一品种、同一强度等级的烧结普通砖（　　　）万块应抽查一组。

A.5　　　　　　B.10　　　　　C.15　　　　　D.20

21.混水墙不得有长度大于（　　　）mm的通缝。

A.200　　　　　B.250　　　　　C.300　　　　　D.350

22.填充墙与承重墙、柱、梁的连接钢筋，当采用化学植筋的连接方式时，应进行实体检测。锚固钢筋拉拔试验的轴向受拉非破坏承载力检验值应为（　　　）kN。

A.5　　　　　　B.6　　　　　　C.7　　　　　　D.8

23.填充墙砌体砌筑，应待承重主体结构检验批验收合格后进行。填充墙与承重主体结构间的空（缝）隙部位施工，应在填充墙砌筑（　　　）d后进行。

A.5　　　　　　B.7　　　　　　C.10　　　　　D.14

24.小砌块砌筑墙体时应对孔错缝搭接，当不能对孔砌筑时，其搭接长度不得小于（　　　）mm。

A.60　　　　　　B.90　　　　　C.120　　　　　D.150

25.用专用百格网检测小砌块与砂浆黏结痕迹时，每处检测（　　　）块小砌块，取其平均值。

A.2　　　　　　B.3　　　　　　C.4　　　　　　D.5

二、多项选择题

1.下列关于砂浆机械搅拌时间规定正确的有（ ）。

    A.水泥砂浆搅拌时间不得少于 2 min

    B.混合砂浆搅拌时间不得少于 1 min

    C.掺外加剂砂浆搅拌时间不得少于 3 min

    D.水泥粉煤灰砂浆搅拌时间不得少于 3 min

    E.水泥粉煤灰砂浆搅拌时间不得少于 2 min

2.皮数杆上应标明（ ）。

    A.每层砖和灰缝厚度   B.门窗洞口竖向标高及位置

    C.门窗水平位置   D.过梁、楼板等竖向构件的位置

    E.墙体的构造柱布置

3.砌体工作段划分时，相邻工作段的分段位置宜设在（ ）处。

    A.伸缩缝   B.施工缝   C.防震缝   D.构造柱

    E.门窗洞口处

4.下列关于砖墙留直槎时的构造措施正确的有（ ）。

    A.做成凸槎   B.每 120 厚墙设 1Φ6 拉结钢筋

    C.拉结钢筋间距≤500   D.拉结钢筋长≥500 mm

    E.拉结钢筋两端做 90°弯钩

5.下列关于砖砌体灰缝的说法正确的有（ ）。

    A.砖砌体灰缝应横平竖直、厚薄均匀

    B.竖向灰缝不得出现透明缝、瞎缝

    C.水平灰缝厚度宜为 10 mm

    D.水平灰缝的砂浆饱满度不得低于 70%

    E.水平灰缝的砂浆饱满度不得低于 80%

6.砖墙砌筑时，不能留脚手眼的部位有（ ）。

    A.宽度小于 1 m 的窗间墙   B.120 mm 厚墙及独立柱

    C.240 mm 厚外墙   D.梁或梁垫下及其左右 500 mm 范围内

    E.砌体门窗洞口两侧 500 mm 范围内

7.构造柱处砖砌体正确的留槎方法有（ ）。

    A.五退五进   B.先退后进   C.设置拉接筋

    D.先进后退   E.留斜槎

8.属于砖砌体质量要求的有（ ）。

    A.横平竖直   B.砂浆饱满   C.上下错缝

    D.内外搭接   E.上下通缝

9.下列关于砖砌体轴线位置及垂直度允许偏差说法正确的有（ ）。

    A.轴线位置偏差 10 mm   B.轴线位置偏差 15 mm

C.墙面垂直度每层 10 mm　　　　　　　　　　D.墙面垂直度每层 5 mm

E.墙面垂直度全高(≤10 m)10 mm

10.填充墙的水平灰缝厚度和竖向灰缝宽度应符合（　　　）规定。

A.烧结空心砖、轻骨料混凝土小型空心砌块的砌筑体灰缝应为 8~12 mm

B.每检验批抽查不应少于 5 处

C.每检验批抽查不应少于 3 处

D.水平灰缝厚度用尺量 10 皮小砌块高度折算

E.竖向灰缝宽度用尺量 2 m 砌体长度折算

11.当施工中或验收时出现（　　　）情况时，可采用现场检验的方法对砂浆和砌体强度进行实体检测，并判定其强度。

A.砂浆试块缺乏代表性或试块数量不足

B.对砂浆试块的试验结果有怀疑或有争议

C.砂浆试块的试验结果不能满足设计要求

D.发生工程事故，需要进一步分析事故原因

E.监理工程师为保证质量

三、判断题（正确的打"√"，错误的打"×"）

1.砌筑基底标高不同时，应从高处砌起，并应由高处向低处搭砌。　　　　（　　　）

2.设计要求的洞口、沟槽、管道应于砌筑时正确留出或预埋，未经设计同意，不得打凿墙体和在墙体上开凿水平沟槽。　　　　（　　　）

3.施工质量控制等级为 B 级时，高、中级工不少于 50%。　　　　（　　　）

4.砌体结构工程检验批验收时，其主控项目应全部符合《砌体结构工程施工质量验收规范》（GB 50300—2011）的规定；一般项目应有 80% 及以上的抽检处符合本规范的规定；有允许偏差的项目，最大超差值为允许偏差值的 2 倍。　　　　（　　　）

5.砌筑砂浆不同品种的水泥，不得混合使用。　　　　（　　　）

6.按同一生产厂家、同品种、同等级、同批号连续进场的水泥，袋装水泥不超过 300 t 为 1 批，散装水泥不超过 500 t 为 1 批，每批抽样不少于 1 次。　　　　（　　　）

7.凡在砂浆中掺入有机塑化剂、早强剂、缓凝剂、防冻剂等，均应经检验和试配符合要求后，方可使用。有机塑化剂还应做砌体强度的型式检验。　　　　（　　　）

8.砂浆的分层度不得大于 50 mm。　　　　（　　　）

9.水泥混合砂浆不得用于基础、地下及潮湿环境中的砌体工作。　　　　（　　　）

10.同一验收批砂浆试块强度平均值应大于或等于设计强度等级值的 1.20 倍。　（　　　）

11.砖柱可采用先砌四周后填心的包心砌法。柱面上下皮砖的竖缝应相互错开 1/2 砖长或 1/4 砖长，使柱心无通天缝。　　　　（　　　）

12.厕浴间和有防水要求的楼面，墙底部应浇筑高度不小于 150 mm 的混凝土坎台。

（　　　）

13.砖砌体竖向灰缝不得出现透明缝、瞎缝，可出现假缝。　　　　（　　　）

14. 砖柱水平灰缝和竖向灰缝饱满度不得低于80%。 （　　）

15. 砌筑120 mm厚墙放置1Φ6拉结钢筋。 （　　）

16. 小砌块应将底面朝下砌于墙上。 （　　）

17. 小砌块砌体的芯柱在楼盖处应贯通，不得削弱芯柱截面尺寸。 （　　）

18. 填充墙烧结空心砖每10万块为1验收批，小砌块每2万块为1验收批，不足上述数量时按1批计，抽检数量为1组。灌注桩的沉渣厚度以放钢筋笼前所测沉渣为最终值。

（　　）

19. 填充墙留置的拉结钢筋或网片的位置应与块体皮数相符合，拉结钢筋或网片应置于灰缝中，埋置长度应符合设计要求，竖向位置偏差不应超过一皮砖的高度。 （　　）

20. 非抗震设防及抗震设防烈度为6度、7度地区的临时间断处，当不能留斜槎时，除转角处外，可留直槎。 （　　）

项目 6
混凝土结构工程质量控制

任务 1 模板工程

一、一般规定

（1）模板的材料宜选用钢材、胶合板、塑料等，模板的支架材料宜选用钢材等。当采用木材时，木材应符合《木结构设计规范》（GB 50005—2003）中承重结构选材标准，其材质不宜低于 Ⅲ 等级；当采用钢模板时，钢材应符合《碳素结构钢》（GB/T 700—2006）中的 Q235（3 号）钢标准；胶合板应符合《混凝土模板用胶合板》（GB/T 17656—2008）中的有关规定。

（2）模板及其支架必须符合下列规定：

① 保证工程结构和构件各部分形状、尺寸和相互位置正确。这就要求模板工程的几何尺寸、相互位置及标高满足设计图纸要求，且混凝土浇捣完毕后，在其允许偏差范围内。

② 模板及支架应根据安装、使用和拆除工况进行设计，并应满足承载力、刚度和整体稳固性要求。

③ 构造简单，拆装方便，便于钢筋的绑扎和安装以及混凝土的浇捣和养护工艺要求，做到加工容易、集中制造、提高工效、紧密配合、综合考虑。

④ 模板的拼缝不应漏浆。对于反复使用的钢模板要不断进行整修，保证其棱角顺直、平整。

（3）组合钢模板、大模板、滑升模板等的设计、制作和施工应符合国家现行有关标准的规定。

（4）模板与混凝土的接触面应涂隔离剂，不宜采用油质类隔离剂。严禁隔离剂沾污钢筋与混凝土接槎处，以免影响钢筋与混凝土的握裹力。混凝土接槎处不能有机结合，故不得在模板安装后刷隔离剂。

（5）对模板及其支架应定期维修。钢模板及支架应防止锈蚀，从而延长模板及其支架的使用寿命。

二、模板安装的质量控制要点

（1）竖向模板和支架的支承部分必须坐落在坚实的基土上，并应加设垫板，使其有足够的支承面积。

（2）一般情况下，模板自下而上安装。在安装过程中要注意模板的稳定，可设临时支撑稳住模板，待安装完毕且校正无误后可固定牢固。

（3）模板安装要考虑拆除方便，宜在不拆梁的底模和支撑的情况下，先拆除梁的侧模，以利周转使用。

（4）模板在安装过程中应多检查，注意其垂直度、中心线、标高及部位的尺寸；保证结构部分的几何尺寸和相邻位置正确。

（5）现浇钢筋混凝土梁、板，当跨度大于或等于4 m时，模板应起拱；当设计无要求时，起拱高度宜为全跨长的1/1 000～3/1 000。不准许起拱过小而造成梁、板底下垂。

（6）现浇多层房屋和构筑物支模时，采用分段分层法。下层混凝土须达到足够的强度以承受上层荷载传来的力，且上、下立柱对齐，并铺设垫板。

（7）固定在模板上的预埋件和预留洞不得遗漏，安装必须牢固，位置准确。

三、模板拆除的质量控制要点

（1）模板及其支架拆除时的混凝土强度应符合设计要求，当设计无具体要求时，应符合下列规定：

① 现浇结构侧模在混凝土强度能保证其表面及棱角不因拆除模板而受损坏后，方可拆除。

② 现浇结构底模在混凝土强度符合表6-1的规定后，方可拆除。

表6-1　底模拆除时所需的混凝土强度

结构类型	结构跨度/m	按设计的混凝土强度标准值的百分率计/%
板	≤2	≥50
	>2，≤8	≥75
	>8	≥100
梁、拱、壳	≤8	≥75
	>8	≥100
悬臂构件	—	≥100

注："设计的混凝土强度标准值"是指与设计混凝土强度等级相应的混凝土立方体抗压强度标准值。

（2）混凝土结构在模板和支架拆除后，需待混凝土强度达到设计混凝土强度等级后，方可承受全部使用荷载；当施工荷载所产生的效应比使用荷载的效应更为不利时，必须经过核算，加设临时支撑。

（3）拆模时，除了符合以上要求，还必须注意以下几点：

① 拆模时不要用力过猛、过急，拆下来的模板和支撑用料要及时运走、整理。

② 拆模顺序一般是：后支的先拆，先支的后拆，先拆非承重部分，后拆承重部分。重大复杂模板的拆除，事先要制订拆模方案。

③ 多层楼板模板支柱的拆除，应按下列要求进行：上层楼板正在浇灌混凝土时，下一层楼板的模板支柱不得拆除，再下层楼板的支柱，仅可拆除一部分；跨度4 m及以上的梁下均应保留支柱，其间距不得大于3 m。

④ 快速施工的高层建筑梁、板模板，例如：3～5 d完成一层结构，其底模及支柱的拆除时间，应对所用混凝土的强度发展情况分层进行核算，确保下层楼板及梁能完全承载。

⑤ 定型模板，特别是组合式钢模板，要加强保护，拆除后逐块传递下来，不得抛掷，拆下后清理干净，板面涂刷脱模剂，分类堆放整齐，以利再用。

四、模板安装质量检验与验收

（一）主控项目

（1）模板及支架用材料的技术指标应符合国家现行有关标准的规定。进场时应抽样检验模板及支架材料的外观、规格和尺寸。

检查数量：按国家现行有关标准的规定确定。

检验方法：检查质量证明文件；观察，尺量。

（2）现浇混凝土结构模板及支架安装质量，应符合国家现行有关标准的规定和施工方案的要求。

检查数量：按国家现行有关标准的规定确定。

检验方法：按国家现行有关标准的规定执行。

（3）后浇带处的模板及支架应独立设置。

检查数量：全数检查。

检验方法：观察。

（4）支架竖杆或竖向模板安装在土层上时，应符合下列规定：

① 土层应坚实、平整，其承载力或密实度应符合施工方案的要求；

② 应有防水、排水措施；对冻胀性土，应有预防冻融措施。

③ 支架竖杆下应有底座或垫板。

检查数量：全数检查。

检验方法：观察；检查土层密实度检测报告、土层承载力验算或现场检测报告。

（二）一般项目

（1）模板安装质量应符合下列规定：

① 模板的接缝应严密；

② 模板内不应有杂物、积水或冰雪等；

③ 模板与混凝土的接触面应平整、清洁；

④ 用作模板的地坪、胎膜等应平整、清洁，不应有影响构件质量的下沉、裂缝、起砂或起鼓；

⑤ 对清水混凝土及装饰混凝土构件，应使用能达到设计效果的模板。

检查数量：全数检查。

检验方法：观察。

（2）脱模剂的品种和涂刷方法应符合施工方案的要求。脱模剂不得影响结构性能及装饰施工；不得沾污钢筋、预应力筋、预埋件和混凝土接槎处；不得对环境造成污染。

检查数量：全数检查。

检验方法：检查质量证明文件；观察。

（3）模板的起拱应符合《混凝土结构工程施工规范》（GB 50666—2011）的规定，并应符合设计及施工方案的要求。

检查数量：在同一检验批内，对梁，跨度大于18 m时应全数检查，跨度小于等于18 m时应抽查构件数量的10%，且不应少于3件；对板，应按有代表性的自然间抽查10%，且不应少于3间；对大空间结构，板可按纵、横轴线划分检查面，抽查10%，且不应少于3面。

检验方法：用水准仪或尺量。

（4）现浇混凝土结构多层连续支模应符合施工方案的规定。上、下层模板支架的竖杆宜对准。竖杆下垫板的设置应符合施工方案的要求。

检查数量：全数检查。

检验方法：观察。

（5）固定在模板上的预埋件和预留孔洞不得遗漏，且应安装牢固。有抗渗要求的混凝土结构中的预埋件，应按设计及施工方案的要求采取防渗措施。

预埋件和预留孔洞的位置应满足设计和施工方案的要求。当设计无具体要求时，其允许偏差应符合表6-2的规定。

表6-2　预埋件和预留孔洞的允许偏差

项　目		允许偏差 /mm
预埋板中心线位置		3
预埋管、预留孔中心线位置		3
插筋	中心线位置	5
	外露长度	+10，0
预埋螺栓	中心线位置	2
	外露长度	+10，0
预留洞	中心线位置	10
	尺寸	+10，0

注：检查中心线位置时，沿纵、横两个方向量测，并取其中偏差的较大值。

检查数量：在同一检验批内，对梁、柱和独立基础，应抽查构件数量的10%，且不应少于3件；对墙和板，应按有代表性的自然间抽查10%，且不应少于3间；对大空间结构墙，可按相邻轴线间高度5 m左右划分检查面，板可按纵、横轴线划分检查面，抽查10%，且均不应少于3面。

检验方法：观察，尺量。

（6）现浇结构模板安装的允许偏差及检验方法应符合表6-3的规定。

表6-3　现浇结构模板安装的允许偏差及检验方法

项目		允许偏差/mm	检验方法
轴线位置		5	尺量检查
底模上表面标高		±5	水准仪或拉线、尺量
模板内部尺寸	基础	±10	尺量
	柱、墙、梁	±5	尺量
	楼梯相邻踏步高差	±5	尺量
垂直度	柱、墙层高≤6 m	8	经纬仪或吊线、尺量
	柱、墙层高>6 m	10	经纬仪或吊线、尺量
相邻两块模板表面高差		2	尺量
表面平整度		5	2 m靠尺和塞尺量测

注：检查轴线位置时，若有纵横两个方向，则沿纵、横两个方向量测，并取其中偏差的较大值。

检查数量：在同一检验批内，对梁、柱和独立基础，应抽查构件数量的10%，且不应少于3件；对墙和板，应按有代表性的自然间抽查10%，且不应少于3间；对大空间结构，墙可按相邻轴线间高度5 m左右划分检查面，板可按纵、横轴线划分检查面，抽查10%，且均不应少于3面。

（7）预制构件模板安装的允许偏差及检验方法应符合表6-4的规定。

表6-4　预制构件模板安装的允许偏差及检验方法

项目		允许偏差/mm	检验方法
长度	梁、板	±4	尺量两侧边，取其中较大值
	薄腹梁、桁架	±8	
	柱	0，-10	
	墙板	0，-5	
宽度	板、墙板	0，-5	尺量两端及中部，取其中较大值
	梁、薄腹梁、桁架	+2，-5	
高（厚）度	板	+2，-3	尺量两端及中部，取其中较大值
	墙板	0，-5	
	梁、薄腹梁、桁架、柱	+2，-5	
侧向弯曲	梁、板、柱	$L/1\ 000$ 且≤15	拉线、尺量最大弯曲处
	墙板、薄腹梁、桁架	$L/1\ 500$ 且≤15	
板的表面平整度		3	2 m靠尺和塞尺量测
相邻两板表面高低差		1	尺量
对角线差	板	7	尺量两对角线
	墙板	5	
翘曲	板、墙板	$L/1\ 500$	水平尺在两端量测
设计起拱	薄腹梁、桁架、梁	±3	拉线、尺量跨中

注：L为构件长度，单位为mm。

检查数量：首次使用及大修后的模板应全数检查；使用中的模板应抽查10%，且不应少于5件，不足5件时应全数检查。

任务2　钢筋工程

一、一般规定

（1）按施工现场平面图规定的位置，将钢筋堆放场地进行清理、平整。有相应的排水措施，准备好垫木，按钢筋加工、绑扎顺序分类堆放，并对锈蚀进行清理。

（2）当钢筋的品种、级别或规格需作变更时，应办理设计变更文件。在施工过程中，当施工单位缺乏设计所要求的钢筋品种、级别或规格时，可进行钢筋代换。为了保证对设计意图的理解不产生偏差，规定需要作钢筋代换时，应办理设计变更文件，以确保满足原结构设计的要求，并明确钢筋代换由设计单位负责。

（3）为了确保受力钢筋等的加工、连接和安装满足设计要求，并在结构中发挥其应有的作用，在浇筑混凝土之前，应进行钢筋隐蔽工程验收。其内容包括：

①纵向受力钢筋的品种、规格、数量、位置等。

②钢筋的连接方式、接头位置、接头数量、接头面积百分率、搭接长度、锚固方式及锚固长度等。

③箍筋、横向钢筋的牌号、规格、数量、间距、位置，箍筋弯钩的弯折角度及平直段长度；

④预埋件的规格、数量、位置；

⑤保护层厚度。

（4）钢筋、成型钢筋的进场检验，当满足下列条件之一时，其检验批容量可扩大一倍：

①获得认证的钢筋、成型钢筋；

②同一厂家、同一牌号、同一规格的钢筋，连续3批均一次检验合格；

③同一厂家、同一类型、同一钢筋来源的成型钢筋，连续3批均一次检验合格。

二、质量检验与验收

（一）材料

1.主控项目

（1）钢筋进场时，应按国家现行有关标准的规定抽取试件作屈服强度、抗拉强度、伸长率、弯曲性能和重量偏差等检验，检验结果应符合相应标准的规定。

检查数量：按进场批次和产品的抽样检验方案确定。

检验方法：检查质量证明文件和抽样检验报告。

（2）成型钢筋进场时，应抽取试件作屈服强度、抗拉强度、伸长率和重量偏差检验，检验结果应符合国家现行有关标准的规定。

对由热轧钢筋制成的成型钢筋，当有施工单位或监理单位的代表驻厂监督生产过程，并提供原材钢筋力学性能第三方检验报告时，可仅进行重量偏差检验。

检查数量：同一厂家、同一类型、同一钢筋来源的成型钢筋，不超过30 t为一批，每批中每种钢筋牌号、规格应至少抽取1个钢筋试件，总数量不应少于3个。

检验方法：检查质量证明文件和抽样检验报告。

（3）对于一、二、三级抗震等级设计的框架和斜撑构件（含梯段）中的纵向受力普通钢筋应采用 HRB335E、HRB400E、HRB500E、HRBF335E、HRBF400E 或 HRBF500E 钢筋，其强度和最大力下总伸长率的实测值应符合下列规定：

①抗拉强度实测值与屈服强度实测值的比值不应小于1.25；

②屈服强度实测值与屈服强度标准值的比值不应大于1.30；

③最大力下总伸长率不应小于9%。

检查数量：按进场批次和产品的抽样检验方案确定。

检验方法：检查抽样检验报告。

2.一般项目

（1）钢筋应平直、无损伤，表面不得有裂纹、油污、颗粒状或片状老锈。

检查数量：全数检查。

检验方法：观察。

（2）成型钢筋的外观质量和尺寸偏差应符合国家现行有关标准的规定。

检查数量：同一厂家、同一类型、同一钢筋来源的成型钢筋，不超过30 t为一批，每批随机抽取3个成型钢筋。

检验方法：观察，尺量。

（3）钢筋机械连接套筒、钢筋锚固板以及预埋件等的外观质量应符合国家现行有关标准的规定。

检查数量：按国家现行有关标准的规定确定。

检验方法：检查产品质量证明文件；观察、尺量。

（二）钢筋加工

1.主控项目

（1）钢筋弯折的弯弧内直径应符合下列规定：

① 光圆钢筋，不应小于钢筋直径的2.5倍；

② 335 MPa，400 MPa级带肋钢筋，不应小于钢筋直径的4倍；

③ 500 MPa级带肋钢筋，直径为28 mm以下时不应小于钢筋直径的6倍，当直径为28 mm及以上时不应小于钢筋直径的7倍；

④ 箍筋弯折处尚不应小于纵向受力钢筋的直径。

检查数量：同一设备加工的同一类型钢筋，每工作班抽查不应少于3件。

检验方法：尺量。

（2）纵向受力钢筋弯折后，平直长度应符合设计要求。光圆钢筋末端做180°弯钩时，弯钩平直长度不应小于钢筋直径的3倍。

检查数量：同一设备加工的同一类型钢筋，每工作班抽查不应少于3件。

检验方法：尺量。

（3）箍筋、拉筋的末端应按设计要求做弯钩，并应符合下列规定：

① 对一般结构构件、箍筋弯钩的弯折角度不应小于90°，弯折后平直长度段长度不应小于箍筋直径的5倍；对有抗震设防要求或设计有专门要求的，结构构件、箍筋弯钩的弯折角度不应小于135°，弯折后平直段长度不应小于箍筋直径的10倍；

② 圆形箍筋的搭接长度不应小于其受拉锚固长度，且两末端弯钩的弯折角度不应小于135°。弯折后平直段长度对一般结构构件不应小于箍筋直径的5倍，对有抗震设防要求的结构构件不应小于箍筋直径的10倍；

③ 梁、柱复合箍筋中的单肢箍筋两端弯钩的弯折角度均不应小于135°，弯折后平直长度应符合①对箍筋的有关规定。

检查数量：同一设备加工的同一类型钢筋，每工作班抽查不应少于3件。

检验方法：尺量。

（4）盘卷钢筋调直后应进行力学性能和重量偏差检验，其强度应符合国家现行有关标准的规定，其断后伸长率、重量偏差应符合表6-5的规定，力学性能和重量偏差检验应符合下列规定：

①应对3个试件先进行重量偏差检验，再取其中2个试件进行力学性能检验。

②重量偏差应按式（6-1）计算：

$$\Delta = \frac{W_d - W_o}{W_o} \times 100 \tag{6-1}$$

式中：Δ——重量偏差，%；

W_d——3个调直钢筋试件的实际质量之和，kg；

W_o——理论钢筋质量，kg。取每米理论质量（kg/m）与3个调直钢筋试件长度之和（m）的乘积。

③检验重量偏差时，试件切口应平滑并与长度方向垂直，其长度不应小于500 mm；长度和重量的量测精度分别不应低于1 mm和1 g。

采用无延伸功能的机械设备调直的钢筋，可不进行本条规定的检验。

检查数量：同一设备加工的同一牌号、同一规格的调直钢筋，质量不大于30 t为一批，每批见证抽取3个试件。

检验方法：检查抽样检验报告。

盘卷钢筋调直后的断后伸长率、重量偏差要求如表6-5所示。

表6-5　盘卷钢筋调直后的断后伸长率、重量偏差要求

钢筋牌号	断后伸长率 A/%	重量偏差/%	
		直径6~12 mm	直径14~16 mm
HPB300	≥21	≥-10	—
HRB400、HRBF400	≥15	≥-8	≥-6
RRB400	≥13		
HRB500、HRBF500	≥14		

注：断后伸长率A的量测标距为5倍钢筋直径。

2.一般项目

钢筋加工的形状、尺寸应符合设计要求，其允许偏差应符合表6-6的规定。

表6-6　钢筋加工的允许偏差

项　目	允许偏差/mm
受力钢筋沿长度方向的净尺寸	±10
弯起钢筋的弯折位置	±20
钢筋外廓尺寸	±5

检查数量：同一设备加工的同一类型钢筋，每工作班抽查不应少于3件。

检验方法：尺量。

（三）钢筋连接

1.主控项目

（1）钢筋的连接方式应符合设计要求。

检查数量：全数检查。

检验方法：观察。

（2）钢筋采用机械连接或焊接连接时，钢筋机械连接接头、焊接接头的力学性能、弯曲性能应符合国家现行有关标准的规定。接头试件应从观察实体中截取。

检查数量：按《钢筋机械连接技术规程》（JGJ 107—2010）和《钢筋焊接及验收规程》（JGJ 18—2012）的规定确定。

检验方法：检查质量证明文件和抽样检验报告。

（3）钢筋采用机械连接时，对于螺纹接头应检验其扭紧扭矩值，挤压接头应量测压痕直径、检验结果应符合《钢筋机械连接技术规程》（JGJ 107—2010）的相关规定。

检查数量：按《钢筋机械连接技术规程》（JGJ 107—2010）的规定确定。

检验方法：采用专用扭力扳手或专用量规检查。

2.一般项目

（1）钢筋接头的位置应符合设计和施工方案要求。在有抗震设计要求的结构中，梁端、柱端箍筋加密区范围内不应进行钢筋搭接。接头末端至钢筋弯起点的距离不应小于钢筋直径的10倍。

检查数量：全数检查。

检验方法：观察，尺量。

（2）钢筋机械连接接头、焊接接头外观质量应符合《钢筋机械连接技术规程》（JGJ 107—2010）和《钢筋焊接及验收规程》（JGJ 18—2012）的规定。

检查数量：按《钢筋机械连接技术规程》（JGJ 107—2010）和《钢筋焊接及验收规程》（JGJ 18—2012）的规定确定。

检验方法：观察，尺量。

（3）纵向受力钢筋采用机械连接接头或焊接接头时，同一连接区段内纵向受力钢筋的接头面积百分率应符合设计要求；当设计无具体要求时，应符合下列规定：

①受拉接头，不宜大于50%，受压接头，可不受限制；

②在直接承受动力荷载的结构构件中，不宜采用焊接；当采用机械连接时，不应超过50%。

检查数量：在同一检验批内，对梁、柱和独立基础，应抽查构件数量的10%，且不应少于3件；对墙和板，应按有代表性的自然间抽查10%，且不应少于3间；对大空间结构，墙可按相邻轴线间高度5 m左右划分检查面，板可按纵横轴线划分检查面，抽查10%，且均不应少于3面。

检验方法：观察，尺量。

注意：①接头连接区段是指长度为35d且不小于500 mm的区段，d为相互连接的两根钢筋的直径较小值。

②同一连接区内,纵向受力钢筋接头面积百分率为接头中点位于该连接区段内的纵向受力钢筋截面面积与全部纵向受力钢筋截面面积的比值。

（4）当纵向受力钢筋采用绑扎搭接接头时,接头的位置应符合下列规定：

①接头的横向净间距不应小于钢筋直径,且不应小于25 mm；

②同一连接区段内,纵向受拉钢筋的接头面积百分率应符合设计要求；当设计无具体要求时,应符合下列规定：

a.梁类、板类及墙内构件,不宜超过25%；基础筏板,不宜超过50%。

b.柱内构件不宜超过50%。

c.当工程中确有必要增大接头面积百分率时,对梁类构件,不应大于50%。

检查数量：在同一检验批内,对梁、柱和独立基础,应抽查构件数量的10%,且不应少于3件；对墙和板,应按有代表性的自然间抽查10%,且不应少于3间；对大空间结构,墙可按相邻轴线间高度5 m左右划分检查面,板可按纵横轴线划分检查面,抽查10%,且均不应少于3面。

检验方法：观察,尺量。

注意：①接头连接区段是指长度为1.3倍搭接长度的区段,搭接长度取相互连接的两根钢筋直径的较小值计算。

②同一连接区内,纵向受力钢筋接头面积百分率为接头中点位于该连接区段内的纵向受力钢筋截面面积与全部纵向受力钢筋截面面积的比值。

（5）梁、柱类构件的纵向受力钢筋搭接长度范围内,箍筋的设置应符合设计要求；当设计无具体要求时,应符合下列规定：

①箍筋直径不应小于搭接钢筋直径较大值的1/4；

②受拉搭接区段箍筋间距不应大于搭接钢筋直径较小值的5倍,且不应大于100 mm；

③受压搭接区段的箍筋间距不应大于搭接钢筋直径较小值的10倍,且不应大于200 mm；

④当柱中纵向受力钢筋直径大于25 mm时,应在搭接接头两个端面外100 mm范围内各设置两道箍筋,其间距宜为50 mm。

检查数量：在同一检验批内,应抽查构件数量的10%,且不应少于3件。

检验方法：观察,尺量。

（四）钢筋安装

1.主控项目

（1）钢筋安装时,受力钢筋的牌号、规格和数量必须符合设计要求。

检查数量：全数检查。

检验方法：观察,尺量。

（2）钢筋应安装牢固。受力钢筋的安装位置、锚固方式应符合设计要求。

检查数量：全数检查。

检验方法：观察,尺量。

2.一般项目

钢筋安装的允许偏差和检验方法应符合表6-7的规定。

表6-7 钢筋安装允许偏差和检验方法

项目		允许偏差/mm	检验方法
绑扎钢筋网	长、宽	±10	尺量
	网眼尺寸	±20	尺量连续三档，取最大偏差值
绑扎钢筋骨架	长	±10	尺量
	宽、高	±5	尺量
纵向受力钢筋	锚固长度	-20	尺量
	间距	±10	尺量两端、中间各一点，取最大偏差值
	排距	±5	
纵向受力钢筋、箍筋的混凝土保护层厚度	基础	±10	尺量
	柱、梁	±5	尺量
	板、墙、壳	±3	尺量
绑扎箍筋、横向钢筋间距		±20	尺量连续三档，取最大偏差值
钢筋弯起点位置		20	尺量，沿纵、横两个方向量测，并取其中偏差的较大值
预埋件	中心线位置	5	尺量
	水平高差	+3，0	塞尺量测

注：检查中心线位置时，沿纵、横两个方向量测，并取其中偏差的较大值。

梁板类构件上部受力钢筋保护层厚度的合格点率应达到90%及以上，且不得超过表6-7中数值1.5倍的尺寸偏差。

检查数量：在同一检验批内，对梁、柱和独立基础，应抽查构件数量的10%，且不少于3件；对墙和板，应按有代表性的自然间抽查10%，且不少于3间；对大空间结构，墙可按相邻轴线间高度5 m左右划分检查面，板可按纵横轴线划分检查面，抽查10%，且均不少于3面。

任务3 混凝土工程

一、一般规定

（1）混凝土强度应按《混凝土强度检验评定标准》（GB/T 50107—2010）的规定分批检验评定。划入同一检验批的混凝土，其施工持续时间不宜超过3个月。

检测混凝土强度时，应采用28 d或设计规定龄期的标准养护试件。

试件成型方法及标准养护条件应符合《普通混凝土力学性能试验方法标准》（GB/T

50081—2002）的规定。采用蒸汽养护的构件，其试件应先随构件同条件养护，然后再置入标准养护条件下继续养护至 28 d 或设计规定龄期。

（2）当采用非标准尺寸试件时，应将其抗压强度乘以尺寸折算系数，折算成边长为 150 mm 的标准尺寸试件抗压强度。尺寸折算系数应按《混凝土强度检验评定标准》（GB/T 50107—2010）采用。

（3）结构构件拆模、出池、出厂、吊装、张拉、放张及施工期间临时负荷时的混凝土强度，应根据同条件养护的标准尺寸试件的混凝土强度确定。

由于同条件养护试件具有与结构混凝土相同的原材料、配合比和养护条件，能有效代表结构混凝土的实际质量。在施工过程中，根据同条件养护的试件的强度来确定结构构件的拆模、出池、出厂、吊装、张拉、放张及施工期间的负荷时的混凝土强度，是行之有效的方法。

（4）当混凝土试件强度评定不合格时，应委托具有资质的检测机构按国家现行有关标准采用回弹法、超声回弹综合法、钻芯法、后装拔出法等推定结构的混凝土强度。应指出，通过检测得到的推定强度可作为判断结构是否需要处理的依据。

（5）混凝土有耐久性指标要求时，应按《混凝土耐久性检验评定标准》（JGJ/T 193—2009）的规定检验评定。

（6）大批量、连续生产的同一配合比混凝土，混凝土生产单位应提供基本性能试验报告。

（7）预拌混凝土的原材料质量、制备等应符合《预拌混凝土》（GB/T 14902—2012）的规定。

（8）水泥、外加剂的进场检验，当满足下列条件之一时，其检验批容量可扩大 1 倍：
① 获得认证的产品；
② 同一厂家、同一品种、同一规格的产品，连续 3 次进场检验均一次检验合格。

二、混凝土施工质量控制要点

（一）搅拌机的选用

混凝土搅拌机按搅拌原理可分为自落式和强制式两种，其搅拌原理、机型及适用范围如表 6-8 所示。

表6-8　搅拌机的搅拌原理、机型及适用范围

类别	搅拌原理	机型	适用范围
自落式搅拌机	筒身旋转，带动叶片将物料提高，在重力作用下物料自由坠下，重复进行，互相穿插、翻滚、滑动、混合	鼓形	流动性及低流动性混凝土
		锥形	流动性、低流动性及干硬性混凝土
强制式搅拌机	筒身固定、叶片旋转，对物料施加剪切、挤压、翻滚、滑动、混合	立轴	低流动性或干硬性混凝土
		卧轴	

（二）首拌混凝土的操作要求

上班第一拌混凝土，即首拌混凝土是整个操作混凝土的基础，其操作要求如下：

（1）空车运转的检查：

① 旋转方向是否与机身箭头一致。

② 空车转速约比重车快 2~3 r/min。

③ 检查时间 2~3 min。

（2）上料前应先起动，待正常运转后方可进料。

（3）为补偿黏附在机内的砂浆，第一拌减少石子约30%；或多加水泥、砂各15%。

（三）混凝土搅拌时间

搅拌混凝土的目的是让所有骨料表面都涂满水泥浆，从而使混凝土各种材料混合成匀质体。因此，必需的搅拌时间与搅拌机类型、容量及配合比有关。混凝土搅拌的最短时间可按表6-9采用。

表6-9　混凝土搅拌的最短时间

混凝土坍落度 /mm	搅拌机机型	最短时间/s		
		出料量<250 L	出料量为250~500 L	出料量>500 L
≤30	强制式	60	90	120
	自落式	90	120	150
>30	强制式	60	60	90
	自落式	90	90	120

注：1.混凝土搅拌的最短时间是指自全部材料装入搅拌筒中起，到开始卸料止的时间。

2.当掺有外加剂时，搅拌时间应适当延长。

3.全轻混凝土宜采用强制式搅拌机搅拌，砂轻混凝土可采用自落式搅拌机搅拌，但搅拌时间应延长60~90 s。

4.采用强制式搅拌机搅拌轻骨料混凝土的加料顺序是：当轻骨料在搅拌前预湿时，先加粗、细骨料和水泥搅拌30 s，再加水继续搅拌；当轻骨料在搅拌前未预湿时，先加1/2的总用水量和粗、细骨料搅拌60 s，再加水泥和剩余用水量继续搅拌。

5.当采用其他形式的搅拌设备时，搅拌的最短时间应按设备说明书的规定或经试验确定。

（四）混凝土浇捣的质量控制要点

1.混凝土浇捣前的准备

（1）对模板，支架，钢筋，预埋螺栓，预埋铁的质量、数量、位置逐一检查，并做好记录。

（2）与混凝土直接接触的模板、地基基土、未风化的岩石，应清除淤泥和杂物，用水湿润。地基基土应有排水和防水措施。模板中的缝隙和孔应堵严。

（3）混凝土自由倾落高度不宜超过2 m。

（4）根据工程需要和气候特点，应准备好抽水设备、防雨、防暑、防寒等物品。

2.混凝土浇捣过程中的质量要求

（1）分层浇捣与浇捣时间的质量要求：

①为了保证混凝土的整体性，分层浇捣原则上要求一次完成。但由于振捣机具的性能、配筋等原因，混凝土需要分层浇捣时，其浇筑层的厚度应符合表6-10的规定。

表6-10　混凝土浇筑层厚度

捣实混凝土的方法		浇筑层的厚度/mm
插入式振捣		振捣器作用部分长度的1.25倍
表面振动		200
人工捣固	在基础、无筋混凝土或配筋稀疏的结构中	250
	在梁、墙板、柱结构中	200
	在配筋密列的结构中	150

②浇捣混凝土应连续进行。当必须间歇时，其间歇时间应尽量缩短，并应在前层混凝土凝结之前，将次层混凝土浇筑完毕。前层混凝土凝结时间不得超过表6-11的规定，否则应留施工缝。

表6-11　混凝土凝结时间（从出搅拌机起计）

混凝土强度等级	混凝土凝结时间/min	
	气温不高于25 ℃	气温高于25 ℃
≤C30	210	180
>C30	180	150

（2）采用振捣器振实混凝土时，每一振点的振捣时间，应是将混凝土捣实至表面呈现浮浆和不再沉落为止。

①采用插入式振捣器振捣时，普通混凝土的移动间距，不宜大于作用半径的1.5倍，振捣器距模板的距离不应大于振捣器作用半径的1/2，并应尽量避免碰撞钢筋、模板、芯管、吊环、预埋件等。为使上、下层混凝土结合成整体，振捣器应插入下层混凝土5 cm。

②表面振动器，其移动间距应保证振动器的平板能覆盖已振实部分的混凝土边缘。对于表面积较大的平面构件，当厚度小于20 cm时，采用一般表面振动器振捣即可，但厚度大于20 cm时，最好先用插入式振捣器振捣后，再用表面振动器振实。

③采用振动台振实干硬性混凝土时，宜采用加压振实的方法，压力为1～3 kN/m²。

（3）在浇筑与柱和墙连成整体的梁与板时，应在柱和墙浇捣完毕后停歇1～1.5 h再继续浇筑。梁和板宜同时浇筑混凝土；拱和高度大于1 m的梁等结构可单独浇筑混凝土。

（4）大体积混凝土的浇筑应按施工方案合理分段、分层进行，浇筑应在室外气温较高时进行，但混凝土浇筑温度不宜超过28 ℃。

3.施工缝

（1）施工缝留置原则。混凝土施工缝不应随意留置，应在混凝土浇筑前按设计要求和施工技术方案确定。

确定施工缝位置的原则：尽可能留置在受剪力较小的部位；应便于施工。承受动力荷载的设备基础，原则上不留置施工缝；当必须留置时，应符合设计要求并按施工技术方案执行。

（2）常见的施工缝留置部位：

① 柱子：柱子混凝土施工缝为水平施工缝，宜留置在基础与柱子的交接处、框架梁的下面及上面（楼面处）、无梁楼盖柱帽的下面、吊车梁牛腿的下面、吊车梁的上面等。在框架结构中，如梁的负筋向下弯入柱内，施工缝也可留置在这些钢筋的下端，以便钢筋的绑扎。

② 梁：梁的混凝土施工缝有竖直施工缝（不得留成斜面）和水平施工缝两种。当梁长度大于 1 m 时，可按设计或施工技术方案的要求留置水平施工缝。有主次梁的楼盖结构，施工缝应留置在次梁上约 1/3 跨度处，而不应留置在主梁上。

③ 板：单向板可在平行于短边的任何位置留置混凝土施工缝，也可以在次梁施工缝位置同时留置楼板施工缝。双向板施工缝应按设计要求留置。

④ 楼梯：现浇钢筋混凝土楼梯常采用板式楼梯。楼梯施工缝可留置在 1/3 梯段的位置。也有的将楼梯施工缝留置在平台梁上。

⑤ 墙：留置在门洞口过梁 1/3 跨度处，也可以留置在纵横墙的交接处。

⑥ 大体积混凝土结构、拱、薄壳、蓄水池、多层钢架等：按设计要求留置施工缝。

（3）混凝土施工缝的处理，应按施工技术方案执行，一般应注意以下几点：

① 施工缝处继续浇筑混凝土时，应在混凝土的抗压强度不小于 1.2 MPa 后进行。

② 清理，即清理干净混凝土表面的浮浆、松动的石子、松软的混凝土层、可能存在的杂物等。

③ 湿润：用清水湿润，但不得积水。

④ 接浆（做结合层）：对竖向结构构件（墙、柱），先在底部填筑一层 50~100 mm 厚的与所浇混凝土内水泥砂浆成分相同的水泥砂浆。对梁类、板类构件，先铺水泥浆一层（水泥：水=1：0.4）或与所浇混凝土内水泥砂浆成分相同的水泥砂浆一层，厚 10~15 mm。

⑤ 振捣：要细致振捣，保证混凝土密实和结合紧密。

4.后浇带

（1）后浇带的定义。后浇带是指在现浇整体钢筋混凝土结构中，只在施工期间保留的临时性沉降收缩变形缝，并根据工程条件，保留一定的时间后，再用混凝土浇筑密实成连续整体、无沉降、无收缩缝的结构。

（2）后浇带的特点：

① 后浇带在施工期间存在，是一种特殊的、临时性的沉降缝和收缩缝。

② 后浇带的钢筋一次成型，混凝土后浇。

③ 后浇带既可以解决超大体积混凝土浇筑中的施工问题，又可以解决高低结构的沉降变形协调问题。

（3）后浇带的设置。结构设计中由于考虑沉降原因而设计的后浇带，施工中应严格按设计图纸留置。由于施工原因而需要调协后浇带时，应视工程具体情况而定，留置的位置应经设计单位认可。

（4）后浇带的保留时间。后浇带的保留时间，在设计无要求时，应不少于 40 d，在不影响施工进度的情况下，保留 60 d。在一些工程中，设计单位对后浇带的保留时间有特殊要求，应按设计要求进行保留。

（5）后浇带的保护。基础承台的后浇带留置后，应采取保护措施，防止垃圾、杂物等掉入后浇带内。保护措施：用木盖板覆盖在承台的上皮钢筋上，盖板两边应比后浇带各宽出 500 mm 以上。

地下室外墙竖向后浇带的保护措施：用砌砖保护。

（6）后浇带的封闭。后浇带无论采用何种设置，都必须在封闭前仔细地将整个混凝土表面的浮浆凿清，形成毛面；彻底清除后浇带中的垃圾、杂物等，隔夜浇水湿润。

底板及地下室外墙的后浇带的止水处理，应按设计要求及相应的施工验收规范进行。

后浇带的封闭材料应采用比设计强度等级高一级的无收缩混凝土（可在普通混凝土中掺入膨胀剂）浇筑振捣密实，并保持不少于 30 d 的保温、保湿养护。

（7）后浇带施工要求：

① 使用膨胀剂和外加剂的品种，应根据工程性质和现场施工条件选择，并事先通过试验确定配合比。

② 所有膨胀剂和外加剂必须具有出厂合格证及产品技术资料，并符合相应标准的要求。

③ 膨胀剂的掺量直接影响混凝土的质量，如超过适宜掺量，则会使混凝土产生膨胀破坏；如低于要求掺量，则会使混凝土的膨胀率达不到要求。因此，要求膨胀剂的称量由专人负责。混凝土应搅拌均匀，如搅拌不均匀则会产生局部过大的膨胀，造成工程事故，所以应适当延长掺膨胀剂的混凝土的搅拌时间。

④ 混凝土浇筑 12 h 内，应采取保温保湿条件下的养护。

⑤ 浇筑后浇带的混凝土如有抗渗要求，则应按有关规定制作抗渗试块。

（8）后浇带质量标准。后浇带施工时模板支撑应安装牢固，钢筋应进行清理整形，施工的质量应满足钢筋混凝土设计和施工验收规范的要求，以保证混凝土密实不渗水和不产生有害裂缝。

（五）混凝土养护质量控制要点

混凝土浇筑完毕后应按施工技术方案及时采取有效的养护措施，并应符合下列规定：

（1）应在浇筑完毕后的 12 h 内对混凝土加以覆盖并保湿养护。

（2）混凝土浇水养护的时间：采用硅酸盐水泥、普通硅酸盐水泥或矿渣硅酸盐水泥拌制的混凝土不得小于 7 d，掺用缓凝型外加剂或有抗渗要求的混凝土不得少于 14 d。

（3）浇水次数应能保持混凝土处于湿润状态，混凝土养护用水应与拌制用水相同。

（4）采用塑料布覆盖养护的混凝土，其敞露的全部表面应覆盖严密并应保持塑料布内有凝结水。

（5）在混凝土强度达到 1.2 N/mm² 前不得在其上踩踏或安装模板及支架。

注意：① 当日平均气温低于 5 ℃时不得浇水。

② 当采用其他品种的水泥时，混凝土的养护时间应根据所采用水泥的技术性能确定。

③ 混凝土表面不便浇水或使用塑料布时宜涂刷养护剂。

④ 对大体积混凝土的养护应根据气候条件，按施工技术方案采取控温措施。

三、质量检验与验收

（一）原材料

1.主控项目

（1）水泥进场时，应对其品种、代号、强度等级、包装或散装编号、出场日期等进行检查，并对水泥的强度、安定性和凝结时间进行检验，检验结果应符合《通用硅酸盐水泥》（GB 175—2007）的相关规定。

检查数量：按同一厂家、同一品种、同一代号、同一强度等级、同一批号且连续进场的水泥，袋装不超过200 t为一批，散装不超过500 t为一批，每批抽样数量不应少于一次。

检验方法：检验质量证明文件和抽样检验报告。

（2）混凝土外加剂进场时，应对其品种、性能、出厂日期等进行检验，并应对外加剂的相关性能指标进行检验，检验结果应符合《混凝土外加剂》（GB 8076—2008）和《混凝土外加剂应用技术规范》（GB 50119—2013）的相关规定。

检查数量：按同一厂家、同一品种、同一性能、同一批号且连续进场的混凝土外加剂，不超过50 t为一批，每批抽样数量不应少于一次。

检验方法：检查质量证明文件和抽样检验报告。

2.一般项目

（1）混凝土用矿物掺合料进场时，应对于其品种、技术指标、出厂日期等进行检查，并对矿物质掺合料的相关性能指标进行检验，检验结果应符合国家现行有关标准的规定。

检查数量：按同一厂家、同一品种、同一技术指标、同一批号且连续进场的矿物质掺合料，粉煤灰、石灰石粉、磷渣粉和钢铁渣粉不超过200 t为一批，粒化高炉矿渣粉和复合矿物掺合料不超过500 t为一批，沸石粉不超过120 t为一批，硅灰不超过30 t为一批，每批抽样数量不应少于一次。

检验方法：检查质量证明文件和抽样检验报告。

（2）混凝土原材料中的粗骨料、细骨料质量应符合《普通混凝土用砂、石质量及检验方法标准》（JGJ 52—2006）的规定；经过净化处理的海砂应符合《海砂混凝土应用技术规范》（JGJ 206—2010）的规定；再生混凝土骨料应符合《混凝土用再生粗骨料》（GB/T 25177—2010）和《混凝土和砂浆用再生细骨料》（GB/T 25176—2010）的规定。

检查数量：按《普通混凝土用砂、石质量及检验方法》（JGJ 52—2006）的规定执行。

检验方法：检查抽样检验报告。

（3）混凝土拌制及养护用水应符合《混凝土用水标准》（JGJ 63—2006）的规定。采用饮用水时，可不检验；采用中水、搅拌站清水、施工现场循环水等其他水源时，应对其成分进行检验。

检查数量：同一水源检验不应少于一次。

检验方法：检查水质检验报告。

（二）混凝土拌合物

1. 主控项目

（1）预拌混凝土进场时，其质量应符合《预拌混凝土》（GB/T 14902—2012）的规定。

检查数量：全数检查。

检验方法：检查质量证明文件。

（2）混凝土拌合物不应离析。

检查数量：全数检查。

检验方法：观察。

（3）混凝土中氯离子含量和碱总含量应符合《混凝土结构设计规范》（GB 50010—2010）的规定和设计要求。

检查数量：同一配合比的混凝土检查不应少于一次。

检验方法：检查原材料试验报告和氯离子含量、碱总含量计算书。

（4）首次使用混凝土配合比应进行开盘鉴定，其原材料、强度、凝结时间、稠度等应满足设计配合比的要求。

检查数量：同一配合比的混凝土检查不应少于一次。

检验方法：检查开盘鉴定资料和强度试验报告。

2. 一般项目

（1）混凝土拌合物稠度应满足施工方案的要求。

检查数量：对同一配合比混凝土，取样应符合下列规定：

① 每拌制100盘且不超过100 m³时，取样不得少于一次；

② 每工作班拌制不足100盘时，取样不得少于一次；

③ 连续浇筑超过1 000 m³时，每200 m³取样不得少于一次；

④ 每一楼层取样不得少于一次。

检验方法：检查稠度抽样检验记录。

（2）混凝土有耐久性指标要求时，应在施工现场随时抽取试件进行耐久性试验，其试验结果应符合国家现行有关标准的规定和设计要求。

检查数量：同一配合比的混凝土，取样不应少于一次，留置试件数量应符合《普通混凝土长期性能和耐久性能试验方法标准》（GB/T 50082—2009）和《混凝土耐久性检验评定标准》（JGJ/T 193—2009）的规定。

检验方法：检查试件耐久性试验报告。

（3）混凝土有抗冻要求时，应在施工现场进行混凝土含气量试验，其试验结果应符合国家现行有关标准的规定和设计要求。

检查数量：同一配合比的混凝土，取样不应少于一次，取样数量应符合《普通混凝土拌合物性能试验方法标准》（GB/T 50080—2002）的规定。

检验方法：检查混凝土含气量试验报告。

（三）混凝土施工

1.主控项目

混凝土的强度等级必须符合设计要求。用于检验混凝土强度的试件应在浇筑地点随时抽取。

检查数量：对同一配合比混凝土，取样与试件留置应符合下列规定：

① 每拌制100盘且不超过100 m³时，取样不得少于一次；

② 每工作班拌制不足100盘时，取样不得少于一次；

③ 连续浇筑超过1 000 m³时，每200 m³取样不得少于一次；

④ 每一楼层取样不得少于一次；

⑤ 每次取样应至少留置一组试件。

检验方法：检查施工记录及混凝土强度试验报告。

2.一般项目

（1）后浇带的留置位置应符合设计要求。后浇带和施工缝的留置及处理方法应符合施工方案要求。

检查数量：全数检查。

检验方法：观察。

（2）混凝土浇筑完毕后应及时进行养护，养护时间以及养护方法应符合施工方案要求。

检查数量：全数检查。

检验方式：观察，检查混凝土养护记录。

任务4 现浇结构工程

一、一般规定

（1）现浇结构质量验收应符合下列规定：

① 现浇结构质量验收应在拆模后、混凝土表面未做修整和装饰前进行，并应做好记录；

② 已经隐蔽的不可直接观察和量测的内容，可检查隐蔽工程验收记录；

③ 修整或返工的结构构件或部位应有实施前后的文字及图记录。

（2）现浇结构外观质量缺陷应由监理单位、施工单位等各方根据其对结构性能和使用功能影响的严重程度按表6-12确定。

表6-12 现浇结构外观质量缺陷

名称	现象	严重缺陷	一般缺陷
露筋	构件内钢筋未被混凝土包裹而外露	纵向受力钢筋有露筋	其他钢筋有少量露筋

续表

名称	现象	严重缺陷	一般缺陷
蜂窝	混凝土表面缺少水泥砂浆而形成石子外露	构件主要受力部位有蜂窝	其他部位有少量蜂窝
孔洞	混凝土中孔穴深度和长度均超过保护层厚度	构件主要受力部位有孔洞	其他部位有少量孔洞
夹渣	混凝土中夹有杂物且深度不超过保护层厚度	构件主要受力部位有夹渣	其他部位有少量夹渣
疏松	混凝土中局部不密实	构件主要受力部位有疏松	其他部位有少量疏松
裂缝	裂缝从混凝土表面延伸至混凝土内部	构件主要受力部位有影响结构性能或使用功能的裂缝	其他部位有少量不影响结构性能或使用功能的裂缝
连接部位缺陷	构件连接混凝土有缺陷或连接钢筋、连接件松动	连接部位有影响结构传力性能的缺陷	连接部位有基本不影响结构传力性能的缺陷
外形缺陷	缺棱掉角、棱角不直、翘曲不平、飞边凸肋等	清水混凝土构件有影响使用功能或装饰效果的外形缺陷	其他混凝土构件有不影响使用功能的外形缺陷
外表缺陷	构件表面麻面、掉皮、起砂、沾污等	具有重要装饰效果的清水混凝土构件有外表缺陷	其他混凝土构件有不影响使用功能的外表缺陷

（3）装配式结构现浇部分的外观质量、位置偏差、尺寸偏差验收应符合本项目要求。

二、质量检验与验收

（一）外观质量

1.主控项目

现浇结构的外观质量不应有严重缺陷。

对已经出现的严重缺陷，应由施工单位提出技术处理方案，并经监理单位认可后进行处理；对裂缝或连接部位的严重缺陷及其他影响结构安全的严重缺陷，技术处理方案尚应经设计单位认可。对经处理的部位应重新验收。

检查数量：全数检查。

检验方法：观察，检查处理记录。

2.一般项目

现浇结构的外观质量不应有一般缺陷。

对已经出现的一般缺陷，应由施工单位按技术处理方案进行处理。对经处理的部位应重新验收。

检查数量：全数检查。

检验方法：观察，检查处理记录。

（二）位置和尺寸偏差

1.主控项目

现浇结构不应有影响结构性能或使用功能的尺寸偏差；混凝土设备基础不应有影响结构性能或设备安装的尺寸偏差。

对超过尺寸允许偏差且影响结构性能或安装、使用功能的部位，应由施工单位提出技术处理方案，并经监理、设计单位认可后进行处理。对经处理的部位应重新验收。

检查数量：全数检查。

检验方法：量测，检查处理记录。

2.一般项目

（1）现浇结构的位置和尺寸允许偏差及检验方法应符合表6-13的规定。

表6-13 现浇结构位置和尺寸允许偏差及检验方法

项 目			允许偏差/mm	检验方法
轴线位置	整体基础		15	经纬仪及尺量
	独立基础		10	经纬仪及尺量
	柱、墙、梁		8	尺量
垂直度	层高	≤6 m	10	经纬仪或吊线、尺量
		>6 m	12	经纬仪或吊线、尺量
	全高（H）≤300 m		H/30 000+20	经纬仪、尺量
	全高（H）>300 m		H/10 000且≤80	经纬仪、尺量
标高	层高		±10	水准仪或拉线、尺量
	全高		±30	水准仪或拉线、尺量
截面尺寸	基础		±15，−10	尺量
	柱、梁、板、墙		±10，−5	尺量
	楼梯相邻踏步高差		6	尺量
电梯井	中心位置		10	尺量
	长、宽尺寸		±25，0	尺量
表面平整度			8	2 m靠尺和塞尺量测
预埋件中心位置	预埋板		10	尺量
	预埋螺栓		5	尺量
	预埋管		5	尺量
	其他		10	尺量
预留洞、孔中心线位置			15	尺量

注：1.检查柱轴线、中心线位置时，沿纵、横两个方向测量，并取其中偏差的较大值。

2.H为全高，单位为mm。

检查数量：按楼层、结构缝或施工段划分检验批。在同一验收批内，对梁、柱和独立基础，应抽查构件数量的10%，且不应少于3件；对墙和板，应按有代表性的自然间抽查10%，且不应少于3间；对大空间结构，墙可按相邻轴线间高度5 m左右划分检查面，板可按纵、横轴线划分检查面，抽查10%，且均不应少于3面；对电梯井，应全数检查。

（2）现浇设备基础的位置和尺寸应符合设计和设备安装的要求，其位置和尺寸允许偏差及检验方法应符合表6-14的规定。

表6-14　现浇设备基础位置和尺寸允许偏差及检验方法

项目		允许偏差/mm	检验方法
坐标位置		20	经纬仪及尺量
不同平面标高		0，−20	水准仪或拉线、尺量
平面外形尺寸		±20	尺量
凸台上平面外形尺寸		0，−20	尺量
凹槽尺寸		+20，0	尺量
平面水平度	每米	5	水平尺、塞尺量测
	全长	10	水准仪或拉线、尺量
垂直度	每米	5	经纬仪或吊线、尺量
	全高	10	经纬仪或吊线、尺量
预埋地脚螺栓	中心位置	2	尺量
	顶标高	+20，0	水准仪或拉线、尺量
	中心距	±2	尺量
	垂直度	5	吊线、尺量
预埋地脚螺栓孔	中心线位置	10	尺量
	截面尺寸	+20，0	尺量
	深度	+20，0	尺量
	垂直度	$h/100$，且≤10	吊线、尺量
预埋活动地脚螺栓锚板	中心线位置	5	尺量
	标高	+20，0	水准仪或拉线、尺量
	带槽锚板平整度	5	直尺、塞尺量测
	带螺纹孔锚板平整度	2	直尺、塞尺量测

注：1.检查坐标、中心线位置时，应沿纵、横两个方向测量，并取其中偏差的较大值。

2.h为预埋地脚螺栓孔孔深，单位为mm。

检查数量：全数检查。

技能训练6

一、单项选择题

1. 当梁或板的跨度≥4 m，设计对起拱无要求时，底模板宜按全跨长度的（　　）起拱。

 A.1/100～3/100 　　　B.5/100 　　　　　C.1/1 000～3/1 000 　　　D.5/1 000

2. 当梁或板的跨度大于或等于（　　）m时，底模板应按设计要求起拱。

 A.4 　　　　　　　B.5 　　　　　　　C.6 　　　　　　　D.8

3. 当板跨度为5 m，底模拆除时，混凝土强度不得低于设计强度的（　　）。

 A.50% 　　　　　B.75% 　　　　　C.90% 　　　　　D.100%

4. 钢筋代换，必须征得（　　）同意后才能进行。

 A.建设单位 　　　　　　　　　　B.设计单位

 C.监理单位 　　　　　　　　　　D.施工单位上级技术部门

5. 不同级别钢筋代换以（　　）为原则。

 A.等面积 　　　　　B.等强度 　　　　C.等质量 　　　　D.等直径

6. 箍筋弯钩的弯折角度，对有抗震等要求的结构应为（　　）。

 A.60° 　　　　　B.90° 　　　　　C.135° 　　　　D.180°

7. 在室内正常环境的梁柱，钢筋的保护层厚度不得小于（　　）mm。

 A.15 　　　　　B.20 　　　　　C.25 　　　　　D.35

8. 盘卷钢筋调直后应进行力学性能和（　　）检验，其强度应符合国家现行有关标准的规定。

 A.直径 　　　　　B.重量偏差 　　　　C.外观 　　　　D.圆度

9. 纵向受力钢筋的弯折后平直长度应符合设计要求。光圆钢筋末端做180°弯钩时，弯钩平直长度不应小于钢筋直径的（　　）倍。

 A.1 　　　　　B.2 　　　　　C.3 　　　　　D.4

10. 纵向受力钢筋采用绑扎搭接接头时，接头的横向净间距不应小于钢筋直径，且不应小于（　　）mm。

 A.15 　　　　　B.20 　　　　　C.25 　　　　　D.30

11. 混凝土强度应按《混凝土强度检验评定标准》（GB/T 50107—2010）的规定分批检验评定。划入同一检验批的混凝土，其施工持续时间不宜超过（　　）个月。

 A.1 　　　　　B.2 　　　　　C.3 　　　　　D.4

12. 检验混凝土强度时，应采用（　　）d或设计规定龄期的标准养护试件。

 A.15 　　　　　B.20 　　　　　C.28 　　　　　D.35

13. 混凝土入仓时，为了防止混凝土产生离析，其自由倾落高度应小于（　　）m。

 A.1 　　　　　B.2 　　　　　C.3 　　　　　D.4

14. 施工缝一般应留置在（　　）较小，且方便施工的部位。

A.弯矩   B.剪力   C.轴力   D.扭矩

15.施工缝处继续浇筑混凝土时，混凝土的抗压强度应不小于（　　）MPa。

    A.1   B.1.2   C.1.5   D.2

16.混凝土浇筑完毕后应在（　　）h以内对混凝土加以覆盖并保湿养护。

    A.6   B.12   C.18   D.24

17.对掺有缓凝型外加剂或有抗渗要求的混凝土，其养护时间不得小于（　　）d。

    A.3   B.7   C.14   D.28

18.现浇结构独立基础轴线的允许偏差为（　　）mm。

    A.5   B.8   C.10   D.20

19.按同一厂家、同一品种、同一代号、同一强度等级、同一批号且连续进场的水泥，袋装不超过（　　）t为一批，每批抽样数量不应少于一次。

    A.50   B.100   C.200   D.300

20.在支撑梁、板支架立杆底距地面（　　）mm高处，沿纵横方向按纵下横上的程序设扫地杆。

    A.100   B.200   C.300   D.400

二、多项选择题

1.对模板系统的要求有（　　）。

    A.有足够的强度、刚度和稳定性   B.结构宜复杂

    C.不得漏浆   D.能多次周转使用以降低成本

    E.有足够的强度、刚度，可不考虑稳定性

2.模板拆除顺序应按设计方案进行。无规定时，应按照（　　）顺序拆除混凝土模板。

    A.先支后拆，后支先拆   B.先拆复杂部分，后拆简单部分

    C.先拆非承重模板，后拆承重模板   D.先支先拆，后支后拆

    E.先拆侧模板，后拆底模板

3.钢筋弯折的弯弧内直径应符合的规定有（　　）。

    A.335 MPa，400 MPa级带肋钢筋，弯弧内直径不应小于钢筋直径的4倍

    B.500 MPa级带肋钢筋，直径为28 mm以下时，弯弧内直径不应小于钢筋直径的5倍

    C.500 MPa级带肋钢筋，直径为28 mm及以上时，弯弧内直径不应小于钢筋直径的7倍

    D.500 MPa级带肋钢筋，直径为28 mm及以上时，弯弧内直径不应小于钢筋直径的6倍

    E.箍筋弯折处尚不应小于纵向受力钢筋的直径

4.下列属于钢筋隐蔽验收内容的有（　　）。

    A.保护层厚度

    B.纵向受力钢筋的品种、规格、数量、位置

    C.钢筋接头的方式及接头百分率

    D.箍筋的品种、规格、数量、位置

    E.钢筋工的职业资格证

5.箍筋、拉筋的末端应按设计要求做弯钩，并应符合的规定有（　　　　）。

　　A.对一般结构构件、箍筋弯钩的弯折角度不应小于90°，弯折后平直段长度不应小于箍筋直径的5倍

　　B.对有抗震设防要求或设计有专门要求的结构构件，箍筋弯钩的弯折角度不应小于135°

　　C.对有抗震设防要求或设计有专门要求的结构构件，弯折后平直段长度不应小于箍筋直径的5倍

　　D.圆形箍筋的搭接长度不应小于其受拉锚固长度，且两末端弯钩的弯折角度不应小于135°

　　E.梁、柱复合箍筋中的单肢箍筋两端弯钩的弯折角度均不应小于135°

6.下面应采用带E的抗震钢筋的有（　　　　）。

　　A.一级抗震等级设计的框架中的纵向受力钢筋

　　B.一级抗震等级设计的框架中的箍筋

　　C.二级抗震等级设计的框架中的纵向受力钢筋

　　D.三级抗震等级设计的框架中的纵向受力钢筋

　　E.斜撑构件(含梯段)中的纵向受力钢筋

7.纵向受力钢筋采用机械连接接头或焊接接头时，同一连接区段内纵向受力钢筋的接头面积百分率应符合设计要求；当设计无具体要求时，应符合的规定有（　　　　）。

　　A.受拉接头，不宜大于25%

　　B.受压接头，可不受限制；

　　C.直接承受动力荷载的结构构件，不宜采用焊接

　　D.直接承受动力荷载的结构构件，当采用机械连接时，不应超过50%

　　E.接头连接区段是指长度为35d且不小于500 mm的区段，d为相互连接的两根钢筋的直径较小值

8.带E的抗震钢筋，其实测值应符合的规定有（　　　　）。

　　A.钢筋的抗拉强度实测值与屈服强度实测值的比值不应小于1.25

　　B.钢筋的抗拉强度实测值与屈服强度实测值的比值不应小于1.10

　　C.钢筋的屈服强度实测值与屈服强度标准值的比值不应大于1.30

　　D.钢筋的屈服强度实测值与屈服强度标准值的比值不应大于1.50

　　E.钢筋最大力下的总伸长率不应小于9%

9.钢筋、成型钢筋的进场检验，当满足下列（　　　　）条件之一时，其检验批容量可扩大一倍。

　　A.获得认证的钢筋、成型钢筋

　　B.同一厂家、同一牌号、同一规格的钢筋，连续二批均一次检验合格

　　C.同一厂家、同一牌号、同一规格的钢筋，连续三批均一次检验合格

　　D.同一厂家、同一类型、同一钢筋来源的成型钢筋，连续二批均一次检验合格

　　E.同一厂家、同一类型、不同钢筋来源的成型钢筋，连续三批均一次检验合格

10.下列关于施工缝留置位置说法正确的有（　　　　）。

A.柱子宜留在基础顶面、梁的下面

B.有主次梁的楼盖施工缝应留在次梁跨中1/3跨度范围内

C.单向板应留在平行于板短边的任何位置

D.有主次梁的楼盖施工缝应留在主梁跨中1/3跨度范围内

E.梁的施工缝留在梁的端部

11.在施工缝处继续浇筑混凝土时，正确的处理方法有（   ）。

A.除掉施工缝处的水泥浮浆和松动石子

B.用水冲洗干净

C.待已浇筑的混凝土的强度不低于1.2 MPa时才允许继续浇筑

D.在结合面应先铺抹一层水泥浆或与混凝土砂浆成分相同的砂浆

E.在结合面上铺抹混合砂浆

12.下列属于混凝土养护质量控制要点的有（   ）。

A.应在混凝土浇筑完毕后12 h内对混凝土加以覆盖并保湿养护

B.有抗渗要求的混凝土养护时间不得少于14 d

C.掺有缓凝型外加剂的混凝土养护时间不得少于7 d

D.混凝土强度应达到1.2 N/mm²以上才能在其上继续施工

E.浇水次数应能保持混凝土处于湿润状态

13.下列关于混凝土底模拆除时结构跨度与混凝土强度应达到的设计强度标准值百分率的说法正确的有（   ）。

A.板跨度≤2 m时，设计强度标准值应≥75%

B.梁跨度≤8 m时，设计强度标准值应≥75%

C.梁跨度≤4 m时，设计强度标准值应≥50%

D.梁跨度>8 m时，设计强度标准值应≥100%

E.悬臂梁均应≥100%

14.混凝土的强度等级必须符合设计要求，对同一配合比混凝土，取样与试件留置应符合的规定有（   ）。

A.每拌制100盘且不超过100 m³时，取样不得少于一次

B.每工作班拌制不足100盘时，取样不得少于一次

C.连续浇筑超过1 000 m³时，每200 m³取样不得少于一次

D.每两个楼层取样不得少于一次

E.每次取样应至少留置一组试件

三、判断题（正确的打"√"，错误的打"×"）

1.成型钢筋进场时，应抽取试件作屈服强度、抗拉强度、伸长率和重量偏差检验，检验结果应符合国家现行有关标准的规定。   （   ）

2.同一厂家、同一类型、同一钢筋来源的成型钢筋，不超过50 t为一批，每批中每种钢筋牌号、规格均应至少抽取1个钢筋试件，总数量不应少于3个。   （   ）

3.盘卷钢筋调直后应进行力学性能和重量偏差检验，应对3个试件先进行重量偏差检

验，再取其中2个试件进行力学性能检验。 （　　）

4.盘卷钢筋调直后检验重量偏差时，试件切口应平滑并与长度方向垂直，其长度不应小于500 mm；长度和质量的量测精度分别不应低于3 mm和3 g。 （　　）

5.钢筋接头的位置应符合设计和施工方案要求。在有抗震设计要求的结构中，梁端、柱端箍筋加密区范围内不应进行钢筋搭接。接头末端至钢筋弯起点的距离不应小于钢筋直径的5倍。 （　　）

6.当纵向受力钢筋采用绑扎搭接接头，且设计无具体要求时，应符合梁类、板类及墙内构件不宜超过50%的规定。 （　　）

7.梁、柱类构件的纵向受力钢筋搭接长度范围内，箍筋的设置应符合设计要求；当设计无具体要求时，箍筋直径不应小于搭接钢筋直径较大值的1/4。 （　　）

8.梁板类构件上部受力钢筋保护层厚度的合格点率应达到80%及以上。 （　　）

9.当混凝土试件强度评定不合格时，应委托具有资质的检测机构按国家现行有关标准采用回弹法、超声回弹综合法、钻芯法、后装拔出法等推定结构的混凝土强度。 （　　）

10.混凝土浇筑采用插入式振捣器振捣时，普通混凝土的移动间距不宜大于作用半径的2倍。 （　　）

11.混凝土强度达到1.2 N/mm²前不得在其上踩踏或安装模板及支架。 （　　）

12.同一厂家、同一品种、同一性能、同一批号且连续进场的混凝土外加剂，以不超过80 t为一批，每批抽样数量不应少于一次。 （　　）

13.用于检验混凝土强度的试件应在搅拌地点随时抽取。 （　　）

14.现浇结构质量验收应在拆模后、混凝土表面未做修整和装饰前进行，并应做好记录。 （　　）

15.大批量、连续生产的同一配合比混凝土，混凝土生产单位应提供基本性能试验报告。 （　　）

项目7

钢结构工程质量控制

任务1 原材料及成品进场

一、一般规定

（1）为保证采购的产品符合规定，应选择合适的供货方。

（2）对用于工程的主要材料，进场时必须具备正式的出厂合格证和材质证明书。如有不具备证明资料或证明资料有疑义的，应抽样复验，只有试验结果达到国家标准的规定和技术文件的要求才可采用。

（3）工程中所有的钢结构构件必须有出厂合格证和有关质量资料。对于运输安装中出现的构件质量问题，应进行分析研究，制订纠正措施并落实。

（4）凡标志不清或怀疑质量有问题的钢结构材料、钢结构构件或受工程重要性程度决定应进行一定比例试验的材料，需要进行追踪检验，以控制和保证其质量可靠性，对材料和钢结构构件等均应进行抽检；进口材料还应进行商检。

（5）材料质量抽样的检验方法，应符合国家现行有关标准和设计要求，要能反映该批材料的质量特性。对于重要的构件应按合同或设计规定增加采样的数量。

（6）对材料的性能、质量标准、适用范围和施工要求必须充分了解，慎重选择和使用材料，如焊条的选用应符合母材的等级，油漆应注意上、下层的用料选择。

（7）材料的代换要征得设计者的认可。

二、原材料及成品管理

（1）加强对材料的质量控制，材料进厂必须按规定的技术条件进行检验，合格后方可入库和使用。

（2）钢材应按种类、材质、炉号（批号）、规格等分类平整堆放，并做好标记。

（3）焊材必须分类堆放，并有明显标志，不得混放，焊材库必须干燥通风，严格控制库内温度和湿度。

（4）高强度螺栓存放应防潮、防雨、防粉尘，并按类型、规格、批号分类存放保管。对长期保管或保管不善而造成螺栓生锈及沾污脏物等可能改变螺栓的扭矩系数或性能的螺栓，应视情况进行清洗、除锈和润滑等处理，并对螺栓进行扭矩系数或预拉力检验，合格后方可使用。

（5）压型金属板应按材质、规格分批平整堆放，并妥善保管，防止产生擦痕、泥沙油污、明显凹凸和皱折。

（6）由于油漆和耐火涂料属于时效性物资，库存积压易过期失效，故宜先进先用，注意时效管理。对因存放过久，超过使用期限的涂料，应取样进行质量检测，检测项目按产品标准的规定或设计部门的要求进行。

（7）企业应建立严格的进料验证、入库、保管、标记、发放和回收制度，使影响产品质量的材料处于受控状态。

任务2　钢结构焊接工程

焊接技术的迅速发展，使焊接连接具有节省金属材料、减轻结构质量、简化加工和装配工序、优化接头密封性能、能承受高压、容易实现机械化和自动化生产、能缩短建设工期、提高生产效率等一系列优点。焊接连接在钢结构和高层钢结构建筑工程中所占的比例越来越高，因此，提高焊接质量成了至关重要的任务。

一、焊接准备的一般规定

（1）从事各种钢结构焊接工作的焊工，应按《钢结构焊接规范》（GB 50661—2011）的规定经考试取得合格证后，方可进行操作。

（2）在钢结构中首次采用的钢种、焊接材料、接头形式、坡口形式及工艺方法，应按《钢结构焊接规范》（GB 50661—2011）和《承压设备焊接工艺评定》（NB/T 47014—2011）的规定进行焊接工艺评定，评定结果应符合设计要求。

（3）焊接材料的选择应与母材的机械性能相匹配。对低碳钢，一般按焊接金属与母材等强度的原则选择焊接材料；对低合金高强度结构钢，一般应使焊缝金属与母材等强度或略高于母材，但不应高出 50 MPa，同时焊缝金属必须具有优良的塑性、韧性和抗裂性。当焊接不同强度等级的钢材时，宜采用与低强度钢材相适应的焊接材料。

（4）焊条、焊剂、电渣焊的熔化嘴和栓钉焊保护瓷圈，使用前应按技术说明书规定的烘焙时间进行烘焙，然后转入保温。低氢型焊条经烘焙后放入保温筒内随用随取。

（5）母材的焊接坡口及两侧 30~50 mm 范围内，在焊前必须彻底清除氧化皮、熔渣、锈、油、涂料、灰尘、水分等影响焊接质量的杂质。

（6）钢结构焊中，定位焊的长度和间距应视母材的厚度、结构形式和拘束度确定。

（7）钢结构的焊接，应视钢材的强度及所用的焊接方法来确定合适的预热温度和方法。

碳素结构钢厚度大于 50 mm，低合金高强度结构钢厚度大于 36 mm，其焊接前预热温度宜控制在 100~150 ℃。预热区在焊道两侧，其宽度各为焊件厚度的 2 倍以上，且不应小于 100 mm。

（8）因降雨、雪等使母材表面潮湿（相对湿度>80%）或大风天气，不得进行露天焊接；焊工及被焊接部分如果被充分保护且已对母材采取适当处理（如加热、去潮）时，可进行焊接。

当采用 CO_2 半自动气体保护焊时，环境风速大于 2 m/s 时原则上应停止焊接，但若采用适当的挡风措施或采用抗风式焊机时，仍允许焊接（药芯焊丝电弧焊可不受此限制）。

二、焊接施工的一般规定

（1）引弧应在焊道处进行，严禁在焊道区以外的母材上打火引弧。焊缝终端的弧坑必须填满。

（2）对接焊接：

① 不同厚度的工件对接，其厚板一侧应加工成平缓过渡形状，当板厚差超过 4 mm 时，厚板一侧应加工成 1:（2.5~1.5）的斜度，对接处与薄板等厚。

② T形接头、十字接头、角接接头等要求熔透的对接和角接组合焊缝，焊接时应增加母材厚度 1/4 以上的加强角焊缝尺寸。

（3）填角焊接：

① 等角填角焊缝的两侧焊角，不得有明显差别；对不等角填角焊缝，要注意确保焊角尺寸，并使焊趾处平滑过渡。

② 焊成凹形的角焊缝，焊缝金属与母材间应平缓过渡；加工成凹形的角焊缝表面不得有切痕。

③ 当角焊缝的端部在构件上时，转角处宜连续包角焊，起落弧点不宜在端部或棱角处，应距焊缝端部 10 mm 以上。

（4）部分熔透焊接，焊前必须检查坡口深度，以确保要求的焊缝深度。当采用手工电弧焊时，打底焊宜采用 Φ3.2 mm 或以下的小直径焊条，以确保足够的熔透深度。

（5）多层焊接宜连续施焊，每一层焊完后应及时清理检查，如发现有影响质量的缺陷，必须清除后再焊。

（6）焊接完毕，焊工应清理焊缝表面的熔渣及两侧的飞溅物，检查焊缝外观质量，合格后在工艺规定的部位打上焊工钢印。

（7）不良焊接的修补：

① 焊接同一部位的返修次数，不宜超过两次，超过两次时，必须经过焊接责任工程师核准后按返修工艺进行。

② 焊缝出现裂缝时，焊工不得擅自处理，应及时报告焊接技术负责人查清原因，确定修补措施，方可处理。

③ 对焊缝金属中的裂纹，在修补前应用无损检测方法确定裂纹的界限范围，在去除时，应自裂纹的端头算起，两端至少各加50 mm的焊缝一同去除后再进行修补。

④ 对焊接母材中的裂纹，原则上应更换母材，但在得到技术负责人认可后，可以采用局部修补措施进行处理，主要受力构件必须得到原设计单位确认。

三、质量检验与验收

钢结构焊接工程质量检验标准见表7-1。

表7-1　钢结构焊接质量检验标准

分项	序号	项目及合格质量标准	检验方法	检验数量
主控项目	1	焊接材料与母材的匹配应符合设计要求及国家现行标准的规定；焊接材料在使用前，应按其产品说明书及焊接工艺文件的规定进行烘焙和存放	检查质量证明文件和抽样检验报告	全数检查
	2	焊工必须经考试合格并取得合格证书；持证焊工必须在其考试合格项目及其认可范围内施焊	检查焊工合格证及其认可范围、有效期	全数检查
	3	施工单位应按《钢结构焊接规范》（GB 50661—2011）的规定进行焊接工艺评定，根据评定报告确定焊接工艺，编写焊接工艺规程并进行全过程质量控制	检查焊接工艺评定报告，焊接工艺规程，焊接过程参数测定、记录	全数检查

续表

分项	序号	项目及合格质量标准	检验方法	检验数量
主控项目	4	T形接头、十字接头、角接接头等要求焊透的对接和角接组合焊缝如图7-1所示，其加强焊接尺寸 h_k 不应小于 $t/4$ 且不大于 10 mm，其允许偏差为 0～4 mm 图7-1 对接和角接组合焊缝	观察检查，用焊缝量规抽查测量	资料全数检查；同类焊缝抽查10%，且不应少于3条
	5	设计要求的一、二级焊缝应进行内部缺陷的无损检测，一、二级焊缝的质量等级和检测要求应符合表7-2的规定。 焊缝内部缺陷的无损检测应符合下列规定： ①采用超声波检测时，超声波检测设备、工艺要求及缺陷评定等级应符合国家现行有关标准的规定； ②当不能采用超声波探伤或对超声波检测结果有疑义时，可采用射线检测验证，射线检测技术及缺陷评定等级应符合国家现行有关标准的规定； ③焊接球节点网架、螺栓球节点网架及圆管T、K、Y形节点焊缝的超声波探伤方法及缺陷等级分级应符合国家和行业现行有关标准的规定	检查超声波或射线探伤记录	全数检查
一般项目	1	对于需要进行预热或后热的焊缝，其预热温度或后热温度应符合国家现行有关标准的规定或通过焊接工艺评定确定	检查预热或后热施工记录和焊接工艺评定报告	全数检查
	2	焊缝外观质量应符合表7-3和表7-4的规定	观察检查或使用放大镜、焊缝量规和钢尺检查。当有疲劳验算要求时，采用渗透或磁粉探伤检查	抽样法

分项	序号	项目及合格质量标准	检验方法	检验数量
一般项目	3	焊缝外观尺寸应符合表7-5和表7-6的规定	用焊缝量规检查	抽样法
	4	焊条外观不应有药皮脱落、焊芯生锈等缺陷，焊剂不应受潮结块	观察检查	按批量抽查1%，且不应少于10包

注：采用抽样法时，承受静荷载的二级焊缝每批同类构件抽查10%，承受静荷载的一级焊缝和承受动荷载的焊缝每批同类构件抽查15%，且不应少于3件；被抽查构件中，每一类型焊缝应按条数抽查5%，且不应少于1条；每条应抽查1处，总抽查数不应少于10处。

表7-2 一级、二级焊缝质量等级和检测要求

焊缝质量等级		一级	二级
内部缺陷超声波探伤	缺陷评定等级	Ⅱ	Ⅲ
	检验等级	B级	B级
	检测比例	100%	20%
内部缺陷射线探伤	缺陷评定等级	Ⅱ	Ⅲ
	检验等级	B级	B级
	检测比例	100%	20%

注：二级焊缝检测比例的计数方法应遵循的原则有：①工厂制作焊缝按照焊缝长度计算百分比，且探伤长度应不小于200 mm；②当焊缝长度不足200 mm时，应对整条焊缝探伤；现场安装焊缝按照同一类型、同一施焊条件的焊缝条数计算百分比，且不应少于3条焊缝。

表7-3 无疲劳验算要求的钢结构焊缝外观质量要求

检验项目	焊缝质量等级		
	一级	二级	三级
裂纹	不允许	不允许	允许存在长度≤5 mm的弧坑裂纹
未焊满	不允许	≤0.2 mm+0.02t且≤1 mm，每100 mm长度焊缝内未焊满累积长度≤25 mm	≤0.2 mm+0.04t且≤2 mm，每100 mm长度焊缝内未焊满累积长度≤25 mm
根部收缩	不允许	≤0.2 mm+0.02t且≤1 mm，长度不限	≤0.2 mm+0.04t且≤2 mm，长度不限
咬边	不允许	≤0.05t且≤0.5 mm，连续长度≤100 mm，且焊缝两侧咬边总长≤10%焊缝全长	≤0.1t且≤1 mm，长度不限
电弧擦伤	不允许	不允许	允许存在个别电弧擦伤

续表

检验项目	焊缝质量等级		
	一级	二级	三级
接头不良	不允许	缺口深度≤0.05t且≤0.5 mm，每1 000 mm 长度焊缝内不得超过1处	缺口深度≤0.1t且≤1 mm，每1 000 mm 长度焊缝内不得超过1处
表面气孔	不允许	不允许	每50 mm长度焊缝内允许存在直径< 0.4t且≤3 mm的气孔2个，孔距应≥6 倍孔径
表面夹渣	不允许	不允许	深≤0.2t，长≤0.5t且≤20 mm

注：t为连接处较薄的板厚。

有疲劳验算要求的钢结构焊缝外观质量要求见表7-4。

表7-4　有疲劳验算要求的钢结构焊缝外观质量要求

检验项目	焊缝质量等级		
	一级	二级	三级
裂纹	不允许	不允许	不允许
未焊满	不允许	不允许	≤ 0.2 mm + 0.02t 且≤1 mm，每100 mm 长度焊缝内未焊满累积长度≤25 mm
根部收缩	不允许	不允许	≤0.2 mm + 0.02t且≤1 mm，长度不限
咬边	不允许	≤0.05t且≤0.3 mm，连续长度≤ 100 mm，且焊缝两侧咬边总长≤ 10%焊缝全长	≤ 0.1t且≤ 0.5 mm，长度不限
电弧擦伤	不允许	不允许	允许存在个别电弧擦伤
接头不良	不允许	不允许	缺口深度≤0.05t且≤0.5 mm，每1 000 mm 长度焊缝内不得超过1处
表面气孔	不允许	不允许	直径小于1.0 mm，每米不多于3个，间 距不小于20 mm

检验项目	焊缝质量等级		
	一级	二级	三级
表面夹渣	不允许	不允许	深≤0.2t，长 ≤0.5t且≤20 mm

注：t为接头处较薄件母材厚度。

表7-5　无疲劳验算要求的钢结构对接焊缝与角焊缝外观尺寸允许偏差

序号	项目	示意图	外观尺寸允许偏差/mm	
			一、二级	三级
1	对接焊缝余高C		$B<20$时，C为 0～3.0；$B\geqslant20$时，C为 0～4.0	$B<20$时，C为 0～3.5；$B\geqslant20$时，C为 0～5.0
2	对接焊缝错边Δ		$\Delta<0.1t$，且<2.0	$\Delta<0.15t$，且≤3.0
3	角焊缝余高C		$h_f\leqslant6$时，C为 0～1.5；$h_f>6$时，C为 0～3.0	
4	对接和角接组合焊缝余高C		$h_k\leqslant6$时，C为 0～1.5；$h_k>6$时，C为 0～3.0	

注：B为焊缝宽度；t为对接接头处较薄件母材厚度。

表7-6 有疲劳验算要求的钢结构焊缝外观尺寸允许偏差

项目	焊缝种类	外观尺寸允许偏差
焊脚尺寸	对接与角接组合焊缝 h_k	0+ 2.0 mm
	角焊缝 h_f	−1.0 mm
		+2.0 mm
	手工焊角焊缝 h_f（全长的10%）	−1.0 mm
		+3.0 mm
焊缝高低差	角焊缝	≤2.0 mm（任意25 mm范围高低差）
余高	对接焊缝	≤2.0 mm（焊缝宽 b≤20 mm）
		≤3.0 mm（b>20 mm）
余高铲磨后表面	横向对接焊缝	表面不高于母材0.5 mm
		表面不低于母材0.3 mm
		粗糙度50 μm

任务3 钢结构紧固件连接

一、普通紧固件连接

（一）一般规定

（1）螺母和螺钉的装配应符合以下要求：

① 螺母或螺钉与零件贴合的表面要光洁、平整，贴合处的表面应当经过加工，否则容易使连接件松动或使螺钉弯曲。

② 螺母或螺钉与接触面之间应保持清洁，螺孔内的脏物应当清理干净。

③ 拧紧成组的螺母时，必须按照一定的顺序进行，并做到分次序逐步拧紧，否则会使零件或螺杆松紧不一致，甚至变形。在拧紧长方形布置的成组螺母时，必须从中间开始，逐渐向两边对称地扩展；在拧紧方形或圆形布置的成组螺母时，必须对称地进行。

④ 装配时，必须按照一定的拧紧力矩来拧紧，因为拧紧力矩太大，会出现螺栓或螺钉拉长，甚至断裂和被连件变形等现象；拧紧力矩太小时，就不可能保证被连接件在工作时的可靠性和正确性。

（2）一般的螺纹连接都具有自锁性，在受静荷载和工作温度变化不大时，不会自行松脱。但在冲击、振动或变荷作用下，以及在工作温度变化很大时，这种连接有可能会自行松脱，影响工作，甚至发生事故。为了保证连接安全可靠，对螺纹连接必须采取有效的防松措施。

（二）质量检验与验收

普通紧固件连接的质量检验标准如表7-7所示。

表7-7　普通紧固件连接质量检验标准

分项	序号	项目及合格质量标准	检验方法	检验数量
主控项目	1	普通螺栓作为永久性连接螺栓时，当设计有要求或对其质量有疑义时，应进行螺栓实物最小拉力载荷复验，试验方法见《钢结构工程施工质量验收标准》（GB 50205—2020），其结果应符合《紧固件机械性能 螺栓、螺钉和螺柱》（GB 3098.1—2010）的规定	检查螺栓实物复验报告	每一个规格螺栓抽查8个
	2	连接薄钢板采用的自攻螺钉、拉铆钉、射钉等的规格尺寸应与被连接钢板相匹配，其间距、边距等应符合设计要求	观察和尺量检查	按连接节点数抽查1%，且不应少于3个
一般项目	1	永久性普通螺栓紧固应牢固、可靠，外露丝扣不应少于2扣	观察和用小锤敲击检查	按连接节点数抽查10%，且不应少于3个
	2	自攻螺钉、拉铆钉、射钉等与连接钢板应紧固密贴，外观排列整齐	观察和用小锤敲击检查	按连接节点数抽查10%，且不应少于3个

二、高强度螺栓连接

（一）一般规定

（1）高强度螺栓连接安装时，在每个节点上应穿入的临时螺栓与冲钉数量由安装时可能承担的载荷计算确定，并应符合下列规定：

① 不得小于安装孔数的1/3；

② 不得少于2个临时的螺栓；

③ 冲钉穿入数量不宜多于临时螺栓的30%，不得将连接用的高强度螺栓兼作临时螺栓。

（2）高强度螺栓的安装应顺畅穿入孔内，严禁强行敲打。如不能自由穿入，则应用铰刀铰孔修正，修正后的最大孔径应小于1.2倍螺栓直径。铰孔前应将四周的螺栓全部拧紧，使钢板密贴后再进行，不得用气割扩孔。

（3）高强度螺栓的穿入方向应以施工方便为准，并力求一致。连接副组装时，螺母带垫圈面的一侧应朝向垫圈倒角面的一侧。大六角头高强度螺栓六角头下放置的垫圈有倒角面的一侧必须朝向螺栓六角头。

（4）安装高强度螺栓时，构件的摩擦面应保持干燥，不得在雨中作业。

（5）高强度螺栓连接副的拧紧应分为初拧、终拧。对于大型节点应分初拧、复拧、终拧，复拧扭矩等于初拧扭矩。初拧、复拧、终拧应在24 h内完成。

（6）高强度螺栓连接副初拧、复拧、终拧时，一般应按由螺栓群节点中心位置顺序向外缘拧紧的方法施拧。

（7）施工所用的扭矩扳手，使用前必须矫正，使用后必须校验，其扭矩误差不得大于±5%，合格的方可使用。检查用的扭矩扳手其扭矩误差不得大于±3%。

（二）质量检验与验收

高强度螺栓连接质量检验标准如表7-8所示。

表7-8　高强度螺栓连接质量检验标准

分项	序号	项目及合格质量标准	检验方法	检验数量
主控项目	1	钢结构制作和安装单位应按《钢结构工程施工质量验收标准》（GB 50205—2020）的规定分别进行高强度螺栓连接摩擦面的抗滑移系数试验和复验，现场处理的构件摩擦面应单独进行摩擦面抗滑移系数试验，其结果应符合设计要求；涂层摩擦面钢材表面处理应达到Sa2$\frac{1}{2}$，涂层最小厚度应满足设计要求	检查摩擦面抗滑移系数试验报告和复验报告；检查涂层摩擦面钢材表面的除锈记录	检验批可按分部工程（子分部工程）所含高强度螺栓用量划分：每5万个高强度螺栓用量的钢结构为1批，不足5万个高强度螺栓用量的钢结构视为1批。选用两种及两种以上表面处理（含有涂层摩擦面）工艺时，每种处理工艺均需检验抗滑移系数，每批3组试件
	2	高强度螺栓连接副应在终拧完成1 h后、48 h内进行终拧质量检查，检查结果应符合《钢结构工程施工质量验收标准》（GB 50205—2020）附录B的规定	观察检查及按《钢结构工程施工质量验收标准》（GB 50205—2020）附录B检查	按节点数抽查10%，且不应少于10个节点，每个被抽查到的节点，按螺栓数抽查10%，且不少于2个
	3	对于扭剪型高强度螺栓连接副，除因构造原因无法使用专用扳手拧掉梅花头者外，螺栓尾部梅花头拧断为终拧结束。未在终拧中拧掉梅花头的螺栓数不应大于该节点螺栓数的5%，对所有梅花头未拧掉的扭剪型高强度螺栓连接副应采用扭矩法或转角法进行终拧并做标记，且按《钢结构工程施工质量验收标准》（GB 50205—2020）的规定进行终拧扭矩检查	观察检查及按《钢结构工程施工质量验收标准》（GB 502 05—2020）附录B检查	按节点数抽查10%，且不应小于10个节点，被抽查节点中梅花头未被拧掉的扭剪型高强度螺栓连接副全数进行终拧扭矩检查

续表

分项	序号	项目及合格质量标准	检验方法	检验数量
一般项目	1	高强度螺栓连接副的施拧顺序和初拧、终拧扭矩应满足设计要求和《钢结构高强度螺栓连接的技术规程》（JGJ 82—2011）的规定	检查扭矩扳手标定记录和螺栓施工记录	全数检查
	2	高强度螺栓连接副终拧后，螺栓丝扣外露应为2~3扣，其中允许有10%的螺栓丝扣外露1扣或4扣	观察检查	按节点数抽查5%，且不应少于10个
	3	高强度螺栓连接摩擦面应保持干燥、整洁，不应有飞边、毛刺、焊接飞溅物、焊疤、氧化铁皮、污垢等，除设计要求外摩擦面不应涂漆	观察检查	全数检查
	4	高强度螺栓应自由穿入螺栓孔。当不能自由穿入时，应用铰刀修正。修孔数量不应超过该节点螺栓数量的25%，扩孔后的孔径不应超过1.2d（d为螺栓直径）	观察检查及用卡尺检查	被扩螺栓孔全数检查
	5	螺栓球节点钢网架、网壳结构用高强度螺栓应进行表面硬度检验，检验结果应满足其产品标准的要求	用硬度计测定	按规格抽查8只
	6	热浸镀锌高强度螺栓镀层厚度应满足设计要求；当设计无要求时，镀层厚度不应小于40 μm	用点接触测厚计测定	按规格抽查8只
	7	高强度大六角头螺栓连接副、扭剪型高强度螺栓连接副应按包装箱配套供货。包装箱上应标明批号、规格、数量及生产日期。螺栓、螺母、垫圈表面不应生锈和沾染脏物，螺纹不应损伤	观察检查	按包装箱数抽查5%，且不应少于3箱

任务4　钢结构加工制作

钢结构加工制作过程是钢结构产品质量形成的过程，为了确保钢结构工程的制作质量，操作人员和质控人员应严格遵守制作工艺，执行"三检"制，质监人员对制作过程要有所了解，并应对其进行抽查。

一、钢零件及钢部件加工

（一）放样和号料质量的一般规定

1.放样

（1）放样即根据已审核过的施工详图，按构件（或部件）的实际尺寸或一定比例画出该构件的轮廓，或将曲面摊成平面，求出实际尺寸，作为制造样板、加工和装配工作的依据。放样是整个钢结构制作工艺中的第一道工序，是非常重要的一道工序。因为所有的构件、部件、零件尺寸和形状都必须先进行放样，然后根据其结果数据、图样进行加工，最后再把各个零件装配成一个整体，所以，放样的准确程度将直接影响产品的质量。

（2）放样前，放样人员必须熟悉施工图和工艺要求，核对构件及构件相互连接的几何尺寸和连接是否有不当之处。如发现施工图有遗漏或错误，以及因其他原因需要更改施工图时，必须取得原设计单位签具的设计变更文件，不得擅自修改。

（3）放样使用的钢尺，必须经计量单位检验合格且在有效期内，并与土建、安装等有关方面使用的钢尺相核对。丈量尺寸，应分段叠加，不得分段测量后相加累计全长。

（4）放样应在平整的放样台上进行。凡放大样的构件，应以1：1的比例放出实样；当构件零件较大难以制作样杆、样板时，可以绘制下料图。

（5）样杆、样板制作时，应按施工图和构件加工要求，做出各种加工符号、基准线、眼孔中心等标记，并按工艺要求预放各种加工余量，然后画上冲印等印记，用磁漆（或其他材料）在样杆、样板上写出工程、构件及零件编号、零件规格孔径、数量及标注有关符号。

（6）放样工作完成，对所放大样和样杆、样板（或下料图）进行自检，无误后报专职检验人员检验。

（7）样杆、样板应按零件号及规格分类存放，妥为保存。

2.号料

（1）号料前，号料人员应熟悉样杆、样板（或下料图）所注的各种符号及标记等的要求，核对材料牌号及规格、炉批号。

（2）凡型材端部存有倾余或板材边缘弯曲等缺陷，号料时均应去除缺陷部分或先行矫正。

（3）根据割、锯等不同切割要求进行刨、铣加工的零件，预放不同的切割及加工余量与焊接收缩量。

（4）按照样杆、样板的要求，对下料件应号出加工基准线和其他有关标记，并号上冲印等印记。

（5）下料完成，检查所下零件规程、数量等是否有误，并做下现料记录。

（二）切割质量的一般规定

钢材的切割下料应根据钢材截面形状、厚度以及切割边缘质量不同的要求分别采用剪切、冲切、锯切、气割。

1.剪切

（1）剪切或剪断的边缘，必要时应加工整光，相关接触部分不得产生歪曲。

（2）剪切材料对主要受静载荷的构件，允许材料在剪断机上剪切，无须再加工。

（3）剪切的材料对受动载荷的构件，必须将截面中存在的有害剪切边清除。

（4）剪切前必须检查核对材料规格、牌号是否符合图纸要求。

（5）剪切前，应将钢板表面的油污、铁锈等清除干净，并检查剪断机是否符合剪切材料强度要求。

（6）剪切时，必须看清断线符号，确定剪切程序。

2.气割

（1）气割原则上采用自动切割，也可使用半自动切割和手动切割，使用气体可为氧气、乙炔、丙烷、氧气—乙炔混合气等。气割工在操作时，必须检查工作场地和设备，应严格遵守安全操作规程。

（2）零件自由端火焰切割无特殊要求时的加工精度如下：

粗糙度：200 s 以下。

缺口度：1.0 mm 以下。

（3）采用气割时应控制切割工艺参数，自动、半自动气割工艺参数见表7-9。

表7-9 自动、半自动气割工艺参数

割嘴号码	板厚/mm	氧气压力/MPa	乙炔压力/MPa	气割速度/（mm·min⁻¹）
1	6~10	0.20~0.25	≥0.030	650~450
2	10~20	0.25~0.30	≥0.035	500~350
3	20~40	0.30~0.50	≥0.040	450~300
4	40~60	0.50~0.60	≥0.045	400~300
5	60~80	0.60~0.70	≥0.050	350~250
6	80~100	0.70~0.80	≥0.060	300~200

（4）气割工割完重要的构件后，在割缝两端100~200 mm处，加盖本人钢印。割缝出现超过质量要求所规定的缺陷时，应上报有关部门，进行质量分析，制订措施后方可返修。

（5）重要构件厚板切割时应作适当预热处理，或遵照工艺技术要求进行。

（三）矫正和成型质量的一般规定

钢结构（或钢材）表面上如有不平、弯曲、扭曲、尺寸精度超过允许偏差的规定时，必须对有缺陷的构件（或钢材）进行矫正，以保证钢结构构件的质量。矫正的方法很多，根据矫正时钢材的温度分冷矫正和热矫正两种。冷矫正是在常温下进行，冷矫正时会产生冷硬现象，适用于矫正塑性较好的钢材，对变形十分严重或脆性很大的钢材，如合金钢及长时间放在露天生锈的钢材等，因塑性较差不能用冷矫正；热矫正是700~1 000 ℃的高温下进行，当钢材弯曲变形大、钢材塑性差，在缺少足够动力设备的情况下才应用热矫正。另外，根据矫正时作用外力的来源与性质不同，矫正又分手工矫正、机械矫正、火焰矫正等。矫正和成型应符合以下要求：

（1）钢材的初步矫正，只对影响号料质量的钢材进行矫正，其余在各工序加工完毕后再矫正或成型。

（2）钢材的机械矫正，一般应在常温下用机械设备进行，矫正后的钢材表面不应有凹陷、凹痕及其他损伤。

（3）碳素结构钢和低合金高强度结构钢，允许加热矫正，加热温度严禁超过正火温度（900 ℃）。用火焰矫正时，对钢材牌号为Q345、Q390、35、45的焊件，不准浇水冷却，一定要在自然状态下冷却。

（4）弯曲加工分常温和高温，热弯时所有需要加热的型钢，宜加热到880~1 050 ℃，并采取必要措施使构件不致"过热"，当普通碳素结构钢温度降低到700 ℃，低合金高强度结构钢降到800 ℃时，构件不能再进行热弯，不得在蓝脆区段（200~400 ℃）进行弯曲。

（5）热弯的构件应在炉内加热或电加热，成型后有特殊要求者退火。冷弯的半径为材料厚度的2倍以上。

（四）边缘加工质量的一般规定

通常采用刨和铣对切割的零件边缘进行加工，以便提高零件尺寸精度，消除切割边缘的有害影响，加工焊接坡口，提高截面光洁度，保证截面能良好传递较大压力。边缘加工应符合以下要求：

（1）气割的零件，当需要消除有害影响区进行边缘加工时，最少加工余量为2.0 mm。

（2）机械加工边缘的深度，应能保证把表面的缺陷清除掉，但不能小于2.0 mm，加工后表面不应有损伤和裂缝，在进行砂轮加工时，磨削的痕迹应当顺着边缘。

（3）碳素结构的零件边缘，在手工切割后，其表面应作清理，不能有超过1.0 mm的不平度。

（4）构件的端部支承边要求刨平顶紧。当构件端部截面精度要求较高时，无论用什么方法切割、用何种钢材制成，都要刨边和铣边。

（5）施工图有特殊要求或规定的，焊接边缘需进行刨边，一般板材或型钢的剪切边不需刨光。

（6）刨削时，直接在工作台上用螺栓和压板夹工件时，通用工艺规则如下：

① 多件划线毛坯同时加工时，装夹中心必须按工作的加工线找正到同一平面上，以保证各工件加工尺寸一致。

② 在龙门刨床上加工重而窄的工件，需偏于一侧加工时，应尽量两件同时加工或在另一侧加配重，以使机床的两边导轨负荷平衡。

③ 在刨床工作台上装夹较高的工件时，应加辅助支承，以使装夹牢靠和防止加工中工件变形。

④ 必须合理装夹工件，工件应迎着走刀方向和进给方向的两个侧边紧靠定位装置，而另两个侧边应留适当间隙。

（7）关于铣刀和铣削量的选择，应根据工件材料和加工要求决定，合理的选择是加工质量的保证。

（五）制孔质量的一般规定

构件使用的高强度螺栓、半圆头铆钉、自攻螺钉等用孔的制作方法可有：钻孔、铣孔、冲孔、铰孔等。制孔加工过程应注意以下事项：

（1）构件制孔优先采用钻孔，当证明某些材料冲孔后不会引起质量、厚度和孔径脆性变化时允许采用冲孔。厚度在 5 mm 以下的所有普通结构钢允许采用冲孔，次要结构厚度小于 12 mm 允许采用冲孔。在冲切孔上，不得随后施焊（槽型），除非证明材料在冲切后，仍保留有相当韧性，则可焊接施工。一般情况下，在需要冲孔上再钻大时，冲孔必须比指定的直径小 3 mm。

（2）钻孔前，一是要磨好钻头，二是要合理地选择切削余量。

（3）制成的螺栓孔，应为正圆柱形，并垂直于所在位置的钢材表面，倾斜度应小于 1/20，其孔侧边应无毛刺、破裂、喇叭口或凹凸的痕迹，切屑应清除干净。

二、钢结构构件组装和预拼装

（一）组装

遵照施工图要求，把已加工完成的各零件或半成品构件，用装配的手段组合成独立成品的方法通常称为组装。根据构件的特性以及组装程度，组装可分为部件组装、组装和预总装。

部件组装是组装的最小单元的组合，它由两个或两个以上零件按施工图的要求组装成半成品的结构构件。

组装是把零件或半成品按施工图的要求组装成独立的成品构件。

预总装是根据施工图把相关的两个或两个以上成品构件，在工厂制作场地上，按其各构件空间位置总装起来。预总装的目的是客观地反映各构件装配节点，保证构件安装质量。

钢结构构件组装通常使用的方法有：地样组装、仿形复制组装、立装、卧装、胎膜组装等。

1.组装的一般规定

（1）在组装前，组装人员必须熟悉施工图、组装工艺及有关技术文件的要求，并检查组装零部件的外观、材质、规格、数量，当合格无误后方可施工。

（2）组装焊接处的连接触面及沿边缘 30 ~ 50 mm 范围内的铁锈、毛刺、污垢、冰雪等必须在组装前清除干净。

（3）板材、型材需要焊接时，应在部件或构件整体组装前进行；构件整体组装应在部件组装、焊接、矫正后进行。

（4）构件的隐蔽部位应先行涂装、焊接，经检查合格后方可组装；完全封闭的内表面可不涂装。

（5）构件组装应在适当的工作平台及装配胎膜上进行。

（6）组装焊接构件时，对构件的几何尺寸应依据焊缝等收缩变形情况，预放收缩余量；对有起拱要求的构件，必须在组装前按规定的起拱量做好起拱。

（7）胎膜或组装大样定型后须自检，自检合格后质检人员复检，经认可后方可组装。

（8）构件组装时的连接及紧固，宜使用活络夹具及活络紧固器具；对吊车梁等承受动载荷构件的受拉翼缘或设计文件规定者，不得在构件上焊接组装卡夹具或其他物件。

（9）拆取组装卡夹具时，不得损伤母材，可用气割法切割，切割后磨光残留焊疤。

2.组装的质量控制

（1）部件拼接与对接：

①钢材、钢部件拼接或对接时所采用的焊缝质量等级应满足设计要求。当设计无要求时，应采用质量等级不低于二级的熔透焊缝，对直接承受拉力的焊缝，应采用一级熔透焊缝。

②焊接H型钢的翼缘板拼接缝和腹板拼接缝错开间距不宜小于200 mm。翼缘板拼接长度不应小于2倍翼缘板宽且不小于600 mm；腹板拼接宽度不应小于300 mm，长度不应小于600 mm。

③箱形构件的侧板拼接长度不应小于600 mm，相邻两侧板拼接缝的间距不宜小于200 mm；侧板在宽度方向不宜拼接，当截面宽度超过2 400 mm确需拼接时，最小拼接宽度不宜小于板宽的1/4。

④热轧型钢可采用直口全熔透焊接拼接，其拼接长度不应小于2倍截面高度且不应小于600 mm。动载或设计有疲劳验算要求的应满足其设计要求。

⑤除采用卷制方式加工成型的钢管外，钢管接长时每个节间宜为一个接头，最短接长长度应符合下列规定：

a.当钢管直径$d \leqslant 800$ mm时，最短接长长度不小于600 mm；

b.当钢管直径$d > 800$ mm时，最短接长长度不小于1 000 mm。

⑥钢管接长时，相邻管节或管段的纵向焊缝应错开，错开的最小距离（沿弧长方向）不应小于5倍钢管壁厚。主管拼接焊缝与相贯的支管焊缝间的距离不应小于80 mm。

（2）组装：

① 钢吊车梁的下翼缘不得焊接工装夹具、定位板、连接板等临时工件。钢吊车梁和吊车桁架组装、焊接完成后在自重荷载下不允许有下挠。

② 焊接H型钢的允许偏差应符合《钢结构工程施工质量验收标准》（GB 50205—2020）的规定。

③ 焊接连接组装尺寸的允许偏差应符合《钢结构工程施工质量验收标准》（GB 50205—2020）的规定。

④ 桁架结构组装时，杆件轴线交点偏移不宜大于4.0 mm。

（3）端部铣平及顶紧接触面：

①端部铣平的允许偏差应符合表7-10的规定。

表7-10 端部铣平的允许偏差

项目	允许偏差/mm
两端铣平时构件长度	±2.0
两端铣平时零件长度	±0.5
铣平面的平面度	0.3
铣平面对轴线的垂直度	$l/1500$

注：l 为构件（杆件）长度。

②设计要求顶紧的接触面应有75%以上的面积密贴，且边缘最大间隙不应大于0.8 mm。

③外露铣平面和顶紧接触面应有防锈保护。

（4）钢构件外形尺寸：

①钢构件外形尺寸主控项目的允许偏差应符合表7-11的规定。

表7-11 钢构件外形尺寸主控项目的允许偏差

项目	允许偏差/mm
单层柱、梁、桁架受力支托（支承面）表面至第一个安装孔的距离	±1.0
多节柱铣平面至第一个安装孔的距离	±1.0
实腹梁两端最外侧安装孔的距离	±3.0
构件连接处的截面几何尺寸	±3.0
柱、梁连接处的腹板中心线偏移	2.0
受压构件（杆件）弯曲矢高	$l/1\,000$，且不应大于10.0

注：l 为构件（杆件）长度。

②钢构件外形尺寸一般项目的允许偏差应符合《钢结构工程施工质量验收标准》（GB 50205—2020）的规定。

（二）预拼装

钢结构构件工厂内预拼装，目的是在出厂前对已制作完成的各构件进行相关组合，对设计、加工，以及适用标准的规模性进行验证。

1.预拼装的一般规定

（1）预拼装组合部位的选择原则是：尽可能选用主要受力框架、节点连接结构复杂、构件允许偏差接近极限且有代表性的组合构件。

（2）预拼装应在坚实、稳固的平台式胎架上进行。

（3）预拼装中所有构件应按施工图控制尺寸，各杆件的重心线应汇交于节点中心，并完全处于自由状态，不允许有外力强制固定。单构件支承点不论柱梁、支撑，均应不少于两个支承点。

（4）预拼装构件控制基准中心线应明确标示，并与平台基线和地面基线相对一致。

（5）所有需进行预拼装的构件，制作完毕必须经专检员检验并符合质量标准。相同的单构件可互换，而不影响整体几何尺寸。

（6）在胎架上进行的预拼装全过程，不得用火焰或机械等方式对构件进行修正、切割或用重物压载、冲撞、锤击。

（7）大型框架露天预拼装的检测应定时，所用测量工具的精度应与安装单位一致。

（8）高强度螺栓连接件预拼装时，可使用冲钉定位和临时螺栓紧固。试装螺栓在一组孔内不得少于螺栓孔的30%，且不少于2只。冲钉数不得多于临时螺栓数的1/3。

2.预拼装的质量控制

（1）实体预拼装：

①高强度螺栓和普通螺栓连接的多层叠板，应采用试孔器进行检查，并应符合下列规定：

a.当采用比孔公称直径小1.0 mm的试孔器检查时，每组孔的通过率不应小于85%。

b.当采用比螺栓公称直径大0.3 mm的试孔器检查时，每组孔的通过率应为100%。

②实体预拼装时宜先使用不少于螺栓孔总数10%的冲钉定位，再使用临时螺栓紧固。临时螺栓在一组孔内不得少于螺栓孔数量的20%，且不应少于2个。

③预拼装的允许偏差应符合《钢结构工程施工质量验收标准》（GB 50205—2020）的规定。

（2）仿真模拟预拼装：

① 当采用计算机仿真模拟预拼装时，应采用正版软件，模拟构件或单元的外形尺寸应与实物几何尺寸相同。

② 仿真模拟预拼装的允许偏差应符合《钢结构工程施工质量验收标准》（GB 50205—2020）的规定。

任务5　钢结构安装与涂装工程

一、钢结构安装

1.施工准备的一般规定

（1）建筑钢结构的安装，应符合施工图的要求，并应编制安装工程施工组织设计。

（2）安装用的专用机具和工具，应满足施工要求，并应定期进行检验，保证合格。

（3）安装的主要工艺，如测量校正、高强度螺栓安装、负温度下施工及焊接工艺等，应在安装前进行工艺试验或评定，并在此基础上制订相应的施工工艺和施工方案。

（4）安装前，应对构件的外形尺寸，螺栓孔直径及位置，连接件位置及角度，焊缝、栓钉焊、高强度螺栓接头摩擦面加工质量，栓件表面的油漆等进行全面检查，在符合设计或有关标准的要求后，才能进行安装工作。

（5）安装使用的测量工具应按同一标准鉴定，并应具有相同的精度等级。

2.基础和支承面的质量控制要点

（1）建筑钢结构安装前，应对建筑物的定位轴线、平面封闭角、柱的位置线、钢筋混凝土基础的标高和混凝土强度等级等进行复查，合格后方能开始安装工作。

（2）框架柱定位轴线的控制，可采用在建筑外部或内部设辅助线的方法。每节柱的定位轴线应从地面控制线引上来，不得从下层柱的轴线引出。

（3）柱的地脚螺栓的位置应符合设计或有关标准的要求，并应有保护螺纹的措施。

（4）底层柱地脚螺栓的紧固轴力，应符合设计的规定。螺母止退可采用双螺母，或用电焊焊牢。

3.构件检查的质量控制要点

（1）构件成品出厂时，制作厂应将每个构件的质量检查记录及产品合格证交安装单位。

（2）对柱、梁、支撑等主要构件，在安装现场进行复查，其偏差大于允许偏差时，安装前应在地面进行修理。

（3）端部进行焊接的梁柱构件，其长度尺寸应按下列方法进行检查：

① 柱的长度应增加柱端焊接产生的收缩变形值和荷载使柱产生的压缩变形值。

② 梁的长度应增加梁接头焊接产生的收缩变形值。

（4）钢构件的弯曲变形、扭曲变形以及钢构件上的连接板、螺栓孔等的位置和尺寸，应以钢构件的轴线为基准进行核对，不宜用钢构件的边棱线作为检查基准线。

4.构件安装顺序的一般规定

建筑钢结构的安装应：

① 划分安装流水区段。安装流水区段可按建筑物的平面形状、结构形式、安装机械的数量、现场施工条件等因素划分。

② 确定构件安装顺序。构件安装，平面上应从中间向四周扩展，竖向应由下向上逐层安装。

③ 编制构件安装顺序表。构件的安装顺序表，应包括各构件所用的节点板、安装螺栓的规格数量等。

④ 进行构件安装，或先将构件组拼成扩大安装单元后，再行安装。

5.钢构件安装的质量控制要点

（1）柱的安装应先调整标高，再调整位移，最后调整垂直偏差，并应重复上述步骤，直到柱的标高、位移、垂直偏差符合要求。调整柱垂直度的缆风绳或支撑夹板，应在柱起吊前在地面绑扎好。

（2）当多个构件在地面组拼为扩大安装单元进行安装时，其吊点应经过计算确定。

（3）构件的零件及附件应随构件一起起吊，尺寸较大、质量较重的节点板，可以用铰链固定在构件上。

（4）安装柱、主梁、支撑等大构件时，应随即进行校正。

（5）钢构件形成空间刚度单元后，应及时对柱底板和基础顶面的空隙进行细石混凝土、灌浆料等两次浇灌。

（6）进行钢结构安装时，必须控制屋面、楼面、平台等的施工荷载和冰雪荷载等，严禁超过梁、桁架、楼面板、层面板、平台铺板等的承载能力。

（7）一节柱的各层梁安装完毕后，宜立即安装本节柱范围内的各层楼梯，并铺设各层楼面的压型钢板。

（8）安装外墙板时，应根据建筑物的平面形状对称安装。

（9）吊车梁或直接承受动力荷载的梁的受拉翼缘，以及吊车桁架或直接承受动力荷载的桁架的受拉弦杆上不得焊接悬挂物和卡具。

（10）一个流水段一节柱的全部钢构件安装完毕并验收合格后，方可进行下一流水段的安装工作。

6.安装测量校正的质量控制要点

（1）柱在安装校正时，水平偏差应校正到允许偏差以内。在安装柱与柱之间的主梁时，应根据焊缝收缩量预留焊缝变形值。

（2）结构安装时，应注意日照、焊接等温度变化引起的热影响对构件的伸缩和弯曲产生的影响，并采取相应措施。

（3）用缆风绳或支撑校正柱时，柱在缆风绳或支撑松开状态下保持垂直，才算校正完毕。

（4）在安装柱与柱之间的主梁构件时，应对柱的垂直度进行监测。除监测一根梁两端子的垂直度变化外，还应监测相邻各柱因梁连接而产生的垂直度变化。

（5）安装压型钢板前，应在梁上标出压型钢板铺放的位置线。铺放压型钢板时，相邻两排压型钢板端头的波形槽口应对准。

（6）栓钉施工前应标出栓钉焊接的位置。若钢梁或压型钢板在栓钉位置有锈污或镀锌层，应用角向砂轮打磨干净。栓钉焊接时应按位置线排列整齐。

二、钢结构防腐涂装

钢结构构件在使用中，经常与环境中的介质接触，由于环境介质的作用，钢材中的铁与介质发生化学反应，导致钢材被腐蚀，亦称为锈蚀。钢材受腐蚀的原因很多，可根据其与环境介质作用分为化学腐蚀和电化学腐蚀两大类。

为了防止钢构件的腐蚀以及由此造成的经济损失，要对钢构件进行防腐蚀处理。目前，我国防止钢结构构件腐蚀最主要的手段之一是采用涂装防护。涂装防护是利用涂料的涂层使被涂物与环境隔离，从而起到防腐蚀的作用，达到延长被涂物件使用寿命的目的。

1.涂装施工准备工作的一般规定

（1）涂装之前的钢结构构件表面处理，称为"除锈"。它不仅指除去构件表面的污垢、油脂、铁锈、氧化皮、焊渣或已失效的旧漆膜后的清洁程度，还包括除锈后钢材表面所形成的合适的"粗糙度"。除锈方法主要有喷射或抛射除锈、动力工具除锈、手工工具除锈、酸洗（化学）除锈和火焰除锈。

（2）在使用前，必须将桶内油漆和沉淀物全部搅拌均匀。

（3）双组分的涂料必须严格按照说明书所规定的比例来混合。一旦混合后，就必须在规定的时间内用完。

（4）施工时，应对选用的稀释剂牌号及用量进行控制，否则就会造成涂料报废或性能下降影响质量。

2.施工环境条件一般规定

（1）涂装工作尽可能在车间内进行，并应保持环境清洁和干燥，以防已经过处理的涂料表面和已涂装好的表面被灰尘、水滴、油脂、焊接飞溅物或其他脏物沾污而影响质量。

（2）涂装时的环境温度和相对湿度应符合涂料产品说明书的要求，当说明书无要求时，环境温度以5~38℃为宜，相对湿度不应大于85%。

（3）涂后4h内严禁雨淋；当风力超过5级时，不宜使用无气喷涂。

3.涂装施工的质量控制要点

（1）涂装方法有浸涂、手刷、滚刷和喷漆等。涂刷时，应自上而下、从左到右、先里后外、先难后易、纵横交错地进行。

（2）对于边、角、焊缝、切痕等部位，在喷涂之前应先涂刷一道，然后再进行大面积涂装，以保证凸出部位的漆膜厚度。

（3）喷（抛）射磨料进行表面处理后，一般应在4~6h内涂第一道底漆。涂装前钢材表面不允许再有锈蚀，否则应重新除锈，然后才可涂装。

（4）构件需焊接部位应留出规定宽度暂不涂装。

（5）涂装前构件表面的处理情况和涂装工作每一个工序完成后，都需检查，并做好工作记录。内容包括：涂件周围工作环境、相对湿度、表面清洁度、各层涂刷（喷）遍数、涂料种类、配料、湿/干膜厚度等。

（6）损伤涂膜应根据损伤的情况，砂、磨、铲后重新按层涂刷，仍按原工艺要求修补。

（7）包浇、埋入混凝土部位均可不做涂刷油漆。

4.防腐涂装质量检验与验收

（1）涂装前钢材表面除锈应符合设计要求和国家现行有关标准的规定。处理后的钢材表面不应有焊渣、焊疤、灰尘、油污、水和毛刺等。

（2）当设计要求或施工单位首次采用某涂料和涂装工艺时，应按《钢结构工程施工质量验收标准》（GB 50205—2020）的规定进行涂装工艺评定，评定结果应满足设计要求并符合国家现行标准的规定。

（3）涂料、涂装遍数、涂层厚度均应符合设计要求。当设计对涂层厚度无要求时，涂层干漆膜总厚度应为：室外150 μm，室内125 μm，其允许偏差为-25 μm。

（4）金属热喷涂涂层厚度应满足设计要求。

（5）金属热喷涂涂层结合强度应符合现行国家标准《热喷涂　金属和其他无机覆盖层锌、铝及其合金》（GB/T 9793—2012）的有关规定。

（6）当钢结构处于有腐蚀介质环境或外露且设计有要求时，应进行涂层附着力测试。在检测范围内，当涂层完整程度达到70%以上时，涂层附着力达到质量合格的标准。

（7）涂层应均匀，无明显皱皮、流坠、针眼和气泡等。

（8）金属热喷涂涂层的外观应均匀一致，涂层不得有气孔、裸露母材的斑点、附着不牢的金属熔融颗粒、裂纹或影响使用寿命的其他缺陷。

（9）涂装完成后，构件的标志、标记和编号应清晰完整。

三、钢结构防火涂装

钢材在高温下，会改变自己的性能而使结构降低强度，当温度达到600 ℃时，其承载能力几乎完全丧失，可见钢结构是不耐火的。因此钢结构的防火涂装是防止建筑钢结构在火灾中倒塌，避免经济损失和环境破坏，保障人民生命与财产安全的有效办法。

1.一般规定

（1）为了保证防火涂层和钢结构一面有足够的黏结力，在喷涂前，应清除构件表面的铁锈。必要时，除锈后应涂一层防锈底漆，且注意防锈底漆不得与防火涂料发生化学反应。

（2）在喷涂前，应将构件间的缝隙用防火涂料或其他防火材料填平，以避免产生防火薄弱环节。

（3）当风速在5 m/s以上时，不宜施工。喷完后宜在环境温度为5~38 ℃，相对湿度不大于85%，通风条件良好的情况下干燥固化。

（4）防火涂料的喷涂施工应由专业施工单位负责，并由设计单位、施工单位和材料生产厂共同商讨确定施工方案。

（5）喷涂场地要求、构件表面处理、接缝填补、涂料配制、喷涂遍数等，均应符合《钢结构防火涂料应用技术规范》（CECS24：90）的规定。

2.质量控制要点

（1）防火涂料涂装前，钢材表面防腐涂装质量应满足设计要求并符合《钢结构防火涂料》（GB 14907—2018）的规定。

（2）防火涂料黏结强度、抗压强度应符合《钢结构防火涂料》（GB 14907—2018）的规定。

（3）膨胀型（超薄型、薄涂型）防火涂料、厚涂型防火涂料的涂层厚度及隔热性能应满足国家现行标准有关耐火极限的要求，且不应小于-200 μm。当采用厚涂型防火涂料涂装时，80%及以上涂层面积应满足国家现行标准有关耐火极限的要求，且最薄处厚度不应低于设计要求的85%。

（4）超薄型防火涂料涂层表面不应出现裂纹；薄涂型防火涂料涂层表面裂纹宽度不应大于0.5 mm；厚涂型防火涂料涂层表面裂纹宽度不应大于1.0 mm。

（5）防火涂料涂装基层不应有油污、灰尘和泥沙等污垢。

（6）防火涂料不应有误涂、漏涂，涂层应闭合，无脱层、空鼓、明显凹陷、粉化松散和浮浆、乳突等缺陷。

技能训练7

一、单项选择题

1.不同厚度的钢构件对接焊接时，当板厚差超过（ ）mm时，厚板一侧应做成1∶1.5~2.5的斜度，以保证平缓过渡。

A.2 　　　　　B.4 　　　　　C.6 　　　　　D.8

2.低合金钢的焊缝探伤检验应在完成焊接后（　　　）h后进行。

A.8 　　　　　B.12 　　　　　C.24 　　　　　D.36

3.对工厂制作焊缝，应按每条焊缝计算百分比，且探伤长度应不小于（　　　）mm。

A.50 　　　　　B.100 　　　　　C.200 　　　　　D.250

4.一级焊缝内部缺陷超声波探伤比例为（　　　）。

A.20% 　　　　B.50% 　　　　C.80% 　　　　D.100%

5.焊缝表面不得有裂纹、焊瘤等缺陷。有疲劳验算要求的钢结构二级焊缝允许的缺陷是（　　　）。

A.咬边 　　　　B.表面气孔 　　　　C.裂纹 　　　　D.电弧擦伤

6.用铆接机冷铆时，铆钉最大直径不得超过（　　　）mm。

A.8 　　　　　B.12 　　　　　C.25 　　　　　D.32

7.胎膜或组装大样需自检合格后，再由（　　　）复检，并经认可后方可组装。

A.质检人员 　　B.监理工程师 　　C.设计代表 　　D.业主代表

8.桁架结构组装时，杆件轴线交点偏移不宜大于（　　　）mm。

A.2 　　　　　B.3 　　　　　C.4 　　　　　D.10

9.高强度螺栓初拧、复拧、终拧应在（　　　）h内完成。

A.12 　　　　　B.24 　　　　　C.36 　　　　　D.48

10.永久性普通螺栓紧固应牢固、可靠，外露丝扣不应少于（　　　）扣。

A.1 　　　　　B.2 　　　　　C.3 　　　　　D.4

11.高强度大六角头螺栓连接副终拧完成（　　　）应进行终拧扭矩检查，检查结果符合《钢结构工程施工质量验收标准》（GB 50205—2020）的规定。

A.后立即 　　　　　　　　　　B.1 h后,24 h内

C.1 h后,48 h内 　　　　　　　D.3 h后,48 h内

12.高强度螺栓连接件预拼装时，使用的临时紧固冲钉和螺栓不得少于螺栓孔的（　　　），且不得少于2只。

A.20% 　　　　B.30% 　　　　C.40% 　　　　D.50%

13.扭剪型高强度螺栓连接副终拧后，除因构造原因无法使用专用扳手终拧掉梅花头者外，未在终拧中拧掉梅花头的螺栓数不应大于该节点螺栓数的（　　　）。

A.3% 　　　　B.5% 　　　　C.8% 　　　　D.10%

14.螺栓球节点网架总拼完成后，高强度螺栓与球节点应紧固连接，高强度螺栓拧入螺栓内的螺纹长度不应小于（　　　）d（d为螺栓直径），连接处不应出现有间隙、松动等未拧紧情况。

A.1.0 　　　　B.2.0 　　　　C.3.0 　　　　D.5.0

15.框架柱定位轴线的控制，可采用在建筑外部或内部设辅助线的方法。每节柱的定位轴线应从（　　　）引上来。

A.下层柱轴线 　　B.旁柱轴线 　　C.地面控制线 　　D.屋架轴线

16.钢结构安装中，构件在平面上的安装顺序一般应（　　　）。

    A.从左到右　　　　　　　　　　　　B.从前到后

    C.从后到前　　　　　　　　　　　　D.从中间向四周扩展

17.下列关于钢柱安装质量控制顺序的说法正确的是（　　　）。

    A.先控制标高　　　　B.先调整位移　　　　C.先调整垂直度　　　　D.无所谓

18.安装外墙板时，其安装顺序应根据建筑物的形状（　　　）安装。

    A.从左向右　　　　B.从右向左　　　　C.从中间向两端　　　　D.对称

19.厚型防火涂料，最薄处的厚度不应小于设计厚度的（　　　）。

    A.75%　　　　　　B.80%　　　　　　C.85%　　　　　　D.90%

20.放样使用的钢尺，必须经（　　　）检验合格，并与土建、安装等有关方面使用的钢尺相核对。

    A.建设单位　　　　B.计量单位　　　　C.质量单位　　　　D.设计单位

二、多项选择题

1.钢结构紧固件的连接方法主要有（　　　）。

    A.焊接连接　　　　　　B.铆钉连接　　　　　　C.普通螺栓连接

    D.高强度螺栓连接　　　　E.绑扎连接

2.高强度螺栓连接安装时，每个节点上应穿入的临时螺栓与冲钉数量由安装时可能承担的载荷计算确定，且（　　　）。

    A.不得少于安装孔数的1/4

    B.不得少于安装孔数的1/3

    C.不得少于2个临时螺栓

    D.冲钉穿入数量不宜多于临时螺栓的30%，不得将连接用的高强度螺栓兼作临时螺栓

    E.冲钉穿入数量不宜多于临时螺栓的30%，可将连接用的高强度螺栓兼作临时螺栓

3.下列关于高强度螺栓安装的正确说法有（　　　）

    A.高强度螺栓的安装应顺畅穿入孔内，严禁强行敲打。

    B.螺栓孔不得用气割扩孔

    C.安装高强度螺栓时，构件的摩擦面应保持干燥，不得在雨中作业

    D.高强度螺栓初拧、复拧、终拧应在12 h内完成

    E.高强度螺栓连接副初拧、复拧、终拧时，一般应按从螺栓群节点中心位置顺序向外缘拧紧的方法施拧

4.高强度螺栓的连接方法主要有（　　　）。

    A.焊接连接　　　　　　B.摩擦连接　　　　　　C.张拉连接

    D.承压连接　　　　　　E.铆接

5.高强度螺栓质量检验时，（　　　）应分别以钢结构制造批为单位进行抗滑移系数试验。

    A.建设单位　　　　　　B.制造厂　　　　　　C.安装单位

    D.监理单位　　　　　　E.质量监督站

6.有疲劳验算要求的钢结构二级焊缝不得有（　　）等缺陷，且一级焊缝不得有咬边、未焊满、根部收缩等缺陷。

  A.表面气孔   B.夹渣   C.接头不良

  D.电弧擦伤   E.根部收缩

7.钢结构边缘加工应符合的要求有（　　）。

  A.气割的零件，当需要消除有害影响而进行边缘加工时，最少加工余量为2.0 mm

  B.机械加工边缘的深度，应能保证把表面的缺陷清除掉，但不能小于4.0 mm

  C.加工后表面不应有损伤和裂缝，在进行砂轮加工时，磨削的痕迹应当顺着边缘

  D.碳素结构的零件边缘，在手工切割后，其表面应作清理，不能有超过1.0 mm的不平度

  E.构件的端部支承边要求刨平顶紧；当构件端部截面精度要求较高时，无论用什么方法切割、用何种钢材制成，都要刨边和铣边。

8.钢柱安装的质量控制要点有（　　）。

  A.控制标高   B.调整位移   C.调整垂直度

  D.调整水平度   E.截面尺寸

9.下列属于钢结构安装流水区段划分应考虑的因素有（　　）。

  A.建筑物的平面形状   B.结构形式

  C.安装机械的数量   D.施工条件

  E.施工人员

10.下列关于钢结构构件工厂内预拼装一般规定说法正确的有（　　）

  A.预拼装组合部位的选择原则是：尽可能选用主要受力框架、节点连接结构复杂、构件允许偏差接近极限且具有代表性的组合构件

  B.预拼装应在坚实、稳固的平台式胎架上进行

  C.预拼装中所有构件应按施工图控制尺寸，各杆件的重心线应汇交于节点中心

  D.单构件支承点不论柱梁、支撑，应不少于一个支承点

  E.预拼装构件控制基准中心线应明确标示，并与平台基线和地面基线相对一致

三、判断题（正确的打"√"，错误的打"×"）

1.对用于工程的主要材料，进场时必须具备正式的出厂合格证和材质证明书。如有不具备或证明资料有疑义的，应抽样复验。   （　　）

2.T形接头、十字接头、角接接头等要求熔透的对接和角接组合焊缝，焊接时应增加母材厚度1/6以上的加强角焊缝尺寸。   （　　）

3.焊条、焊丝、焊剂、电渣焊熔嘴等焊接材料可不与母材匹配。   （　　）

4.设计要求全焊透的一级、二级焊缝应采用超声波探伤进行内部缺陷的检验，当不能采用超声波探伤或对超声波检测结果有疑义时，可采用射线检测验证。 （　　）

5.对于需要进行焊前预热或焊后热处理的焊缝，其预热温度或后热温度应符合国家现行有关标准的规定或通过工艺试验确定。预热区在焊道两侧，每侧宽度均应大于焊件厚度的1.5倍以上，且不应小于50 mm。   （　　）

6.高强度螺栓的安装应顺畅穿入孔内，严禁强行敲打。如不能自由穿入时，应用铰刀铰孔修正，修正后的最大孔径应小于1.5倍螺栓直径。 （　　　）

7.高强度螺栓应自由穿入螺栓孔，高强度螺栓孔可采用气割扩孔。（　　　）

8.钢结构放样应在平整的放样台上进行。凡放大样的构件，应以1∶1的比例放出实样。 （　　　）

9.热矫正在将钢材加热至700~1 000 ℃的高温下进行，在钢材弯曲变形小、钢材塑性好、缺少足够动力设备的情况下才应用热矫正。 （　　　）

10.气割的零件，当需要消除有害影响而进行边缘加工时，最小加工余量为1.0 mm。
 （　　　）

11.高强度螺栓和普通螺栓连接的多层叠板，应采用试孔器进行检查。 （　　　）

12.高强度螺栓连接副终拧后，螺栓丝扣外露应为2~3扣，其中允许有10%的螺栓丝扣外露1扣或4扣。 （　　　）

13.螺栓球节点网架总拼完成后，高强度螺栓与球节点应紧固连接，高强度螺栓拧入螺栓内的螺纹长度不应小于0.5d（d为螺栓直径），连接处不应出现有间隙、松动等未拧紧情况。 （　　　）

14.为了保证防火涂层和钢结构一面有足够的黏结力，在喷涂前，应清除构件表面的铁锈，必要时，除锈后应涂一层防锈底漆，且注意防锈底漆不得与防火涂料发生化学反应。 （　　　）

项目8

屋面工程质量控制

任务1 屋面工程施工过程

一、施工准备

（1）屋面工程应根据建筑物性质、重要程度、使用功能要求，按不同屋面防水等级进行设防，屋面防水等级和设防要求应符合国家标准《屋面工程技术规范》（GB 50345—2012）的有关规定。

（2）施工（分包）单位应取得建筑防水和保温工程相应等级的资质证书，作业人员应持证上岗。

（3）施工单位应建立、健全施工质量检验制度，严格工序管理，做好隐蔽工程的质量检查与记录。

（4）屋面工程施工前应通过图纸会审，施工单位应掌握施工图中的细部构造及有关技术要求；施工单位应编制屋面工程专项施工方案，应经监理单位或建设单位审查确认后执行。

（5）对屋面工程采用的新技术，应按有关规定经过科技成果鉴定、评估或新产品、新技术鉴定。施工单位应对新的或首次采用的新技术进行工艺评价，并应制定相应的技术质量标准。

（6）屋面工程所用的防水、保温材料应有产品合格证书或性能检测报告，材料的品种、规格、性能等必须符合现行产品标准和设计要求。产品质量应由经过省级以上建设行政主管部门认可的、质量技术监督部门认证的质量检测单位进行检测。

（7）防水、保温材料进场验收应符合下列规定：

① 应根据设计要求对材料的质量证明文件进行检查，并应经监理工程师或建设单位代表确认，纳入工程技术档案。

② 应对材料的品种、规格、包装、外观和尺寸进行检查验收，并应经监理工程师或建设单位代表确认，形成相应验收记录。

③ 防水、保温材料进场检验项目及材料标准应符合《屋面工程质量验收规范》（GB 50207—2012）附录 A 和附录 B 的规定。材料进场检验应执行见证取样送检制度，并应提供进场检验报告。

④ 进场检验报告的全部项目指标均达到技术标准规定为合格；不合格材料不得在工程中使用。

（8）屋面工程使用的材料应符合国家现行有关标准对材料有害物质限量的规定，不得对周围环境造成污染。

（9）屋面工程各构造层的组成材料，应分别与相邻层的材料相容。

二、施工过程

（1）屋面工程施工时，应建立各道工序的自检、交接检和专职人员检查的"三检"制度，并应有完整的检查记录，每道工序施工完成后，应经监理单位或建设单位检查验收，并应在合格后再进行下道工序的施工。

（2）当进行下道工序或相邻工程施工时，应对屋面已完成的部分采取保护措施。伸出屋面的管道、设备或预埋件等，应在保温层和防水层施工前安设完毕。屋面保温层和防水层完工后，不得进行凿孔、打洞或重物冲击等有损屋面的作业。

三、质量验收

（1）屋面防水工程完工后，应进行观感质量检查和雨后观察或淋水、蓄水试验，不得有渗漏和积水现象。

（2）屋面工程各分项工程宜按屋面面积每 500 ~ 1 000 m² 划分为一个检验批，不足 500 m² 应按一个检验批计量，每个检验批的抽检数量按相关规定执行。

任务2　基层与保护工程

一、一般规定

（1）屋面找坡应满足设计排水坡度要求。平屋面采用结构找坡不应小于3%，采用材料找坡宜为2%；天沟、檐沟纵向找坡不应小于1%，沟底水落差不得超过20 mm。

（2）基层与保护工程各分项工程每个检验批的抽检数量，应按屋面面积每100 m²抽查1处，每处应为10 m²，且不得少于3处。

二、找坡层与找平层

（一）质量控制要点

1.基本要求

（1）装配式钢筋混凝土板的板缝嵌填施工，应符合下列要求：

①嵌填混凝土时板缝内应清理干净，并应保持湿润。

②板缝宽度大于40 mm或上窄下宽时，板缝内应按设计要求配置钢筋。

③嵌填细石混凝土灌缝强度等级不应低于C20，嵌填深度宜低于板面10～20 mm，且应振捣密实和浇水养护。

④板端缝应按设计要求增加防裂的构造措施。

（2）基层与突出屋面结构（女儿墙、山墙、大窗壁、变形缝、烟囱等）的交接处和基层转角处，找平层均应做成圆弧形，圆弧半径应符合表8-1的要求。内部排水的水落口周围，找平层应做成略低的凹坑。

表8-1　转角处圆弧半径

卷材种类	圆弧半径/mm
沥青防水卷材	100～150
高聚物改性沥青防水卷材	50
合成高分子防水卷材	20

2.基层处理

（1）水泥砂浆、细石混凝土找平层的基层，施工前必须先清理干净和浇水湿润。

（2）沥青砂浆找平层的基层，施工前必须干净、干燥。满涂冷底子油1～2道，要求薄而均匀，不得有气泡和空白。

3.分格缝留设

（1）找平层宜设分格缝，并嵌填密封材料。分格缝应留设在板端缝处，其纵横间距不大于6 m，分格缝宽度宜为5～20 mm。

（2）按照设计要求，应先在基层上弹线标出分格缝位置。若基层为预制屋面板，则分格缝应与板缝对齐。

（3）安设分格缝的木条应平直、连续，其高度与找平厚度一致，宽度应符合设计要求，断面为上宽下窄，便于取出。

4.找平层施工

（1）水泥砂浆找平层表面应压实，无脱皮、起砂等缺陷；沥青砂浆找平层的铺设，是在干燥的基层上满涂冷底子油1～2道，干燥后再设沥青砂浆，滚压后表面应平整、密实、无蜂窝、无压痕。

（2）水泥砂浆、细石混凝土找平，在收水后，应作二次压光，确保表面坚固密实和平整。终凝后应采取浇水、覆盖浇水、喷养护剂等养护措施，保证水泥充分水化，确保找平层质量。同时严禁过早堆物、上人和操作。特别注意：在气温低于0℃或终凝前可能下雨的情况下，不宜进行施工。

（3）沥青砂浆找平层施工，应在冷底子油干燥后开始铺设。虚铺厚度一般应按1.3～1.4倍压实厚度的要求控制。对沥青砂浆在拌制、铺设、滚压过程中的温度，必须按规定准确控制，常温下沥青砂浆的拌制温度为140～170℃，铺设温度为90～120℃。待沥青砂浆铺设于屋面并刮平后，应立即用火滚子进行滚压（夏天温度较高时，滚筒可不生火），直到表面平整、密实、无蜂窝和压痕为止，滚压后的温度为60℃。火滚子压不到的地方，可用烙铁烫压。施工缝应留斜槎，继续施工时，接槎处应刷热沥青一道，然后再铺设。

（4）内部排水的水落口杯应牢固地固定在承重结构上，均应预先清除铁锈，并涂上专用底漆（锌磺类或磷化底漆等）。水落口杯与竖管承口的连接处，应用沥青与纤维材料拌制的填料或油膏填塞。

（二）质量检验与验收

1.主控项目

（1）找平层的材料质量及配合比，应符合设计要求。

检验方法：检查出厂的合格证、质量检验报告和计量措施。

（2）找坡层和找平层的排水坡度，应符合设计要求。

检验方法：坡度尺检查。

2.一般项目

（1）土找平层应抹平、压光，不得有酥松、起砂、起皮现象。

检验方法：观察检查。

（2）卷材防水层的基层与突出屋面结构的交接处，以及基层的转角处，找平层应做成圆弧形，且整齐平顺。

检验方法：观察检查。

（3）找平层分格缝的宽度和间距，应符合设计要求。

检验方法：观察和尺量检查。

（4）找坡层表面平整度的允许偏差为7 mm，找平层表面平整度的允许偏差为5 mm。

检验方法：2 m靠尺和塞尺检查。

三、保护层

（一）一般规定

（1）防水层上的保护层施工，应待卷材铺贴完成或涂料固化成膜，并经检验合格后进行。

（2）用块体材料做保护层时，宜设置分格缝，分格缝纵横向间距不应大于10 m，分格缝宽度宜为20 mm。

（3）用水泥砂浆做保护层时，表面应抹平压光，并应设表面分格缝，分格面积宜为1 m^2。

（4）用细石混凝土做保护层时，混凝土应振捣密实，表面应抹平压光，分格缝纵横向间距不应大于6 m。分格缝的宽度宜为10~20 mm。

（5）块体材料、水泥砂浆或细石混凝土保护层与女儿墙和山墙之间，应预留宽度为30 mm的缝隙，缝内宜填塞聚苯乙烯泡沫塑料，并应用密封材料嵌填密实。

（二）质量检验与验收

1.主控项目

（1）保护层所用材料的质量及配合比，应符合设计要求。

检验方法：检查出厂合格证、质量检验报告和计量措施。

（2）块体材料、水泥砂浆或细石混凝土保护层的强度等级，应符合设计要求。

检验方法：检查块体材料、水泥砂浆或混凝土抗压强度试验报告。

（3）保护层的排水坡度，应符合设计要求。

检验方法：坡度尺检查。

2.一般项目

（1）块体材料保护层表面应干净，接缝应平整，周边应顺直，镶嵌应正确，应无空鼓现象。

检验方法：小锤轻击和观察检查。

（2）水泥砂浆、细石混凝土保护层不得有裂纹、脱皮、麻面和起砂等现象。

检验方法：观察检查。

（3）浅色涂料应与防水层黏结牢固，厚薄应均匀，不得漏涂。

检验方法：观察检查。

（4）保护层的允许偏差和检验方法应符合表8-2的规定。

表8-2 保护层的允许偏差和检验方法

项目	允许偏差/mm			检验方法
	块体材料	水泥砂浆	细石混凝土	
表面平整度	4.0	4.0	5.0	2 m靠尺和塞尺检查
缝格平直	3.0	3.0	3.0	拉线和尺量检查
接缝高低差	1.5	—	—	直尺和塞尺检查

续表

项目	允许偏差/mm			检验方法
	块体材料	水泥砂浆	细石混凝土	
板块间隙宽度	2.0	—	—	尺量检查
保护层厚度	设计厚度的10%，且不得大于5 mm			钢针插入和尺量检查

任务3　保温与隔热工程

一、质量的一般规定

（1）铺设保温层时，基层应平整、干燥和干净。

（2）保温材料在施工过程中应采取防潮、防火和防水措施。

（3）保温与隔热工程的构造及选用的材料应符合设计要求。

（4）保温与隔热工程质量验收还应符合《建筑节能工程施工质量验收标准》（GB 50411—2019）的有关规定。

（5）保温材料使用时的含水率，应相当于该材料在当地自然风干状态下的平衡含水率。

（6）保温材料的导热系数、表观密度或干密度、抗压强度或压缩强度、燃烧性能，必须符合设计要求。

（7）种植、架空、蓄水隔热层施工前，防水层均应验收合格。

（8）保温与隔热工程各分项工程每个检验批的抽检数量，应按屋面面积每100 m² 抽查1处，每处10 m²，且不得少于3处。

二、常见保温与隔热工程质量控制

（一）板状材料保温层

1.一般规定

（1）板状材料保温层采用干铺法施工时，板状保温材料应紧靠在基层表面上，应铺平垫稳；分层铺设的板块上下层接缝应相互错开，板面缝隙应采用同类材料的碎屑嵌填密实。

（2）板状材料保温层采用粘贴法施工时，胶黏剂应与保温材料的材性相容，并应贴严、粘牢；板状材料保温层的平面接缝应挤紧拼严，不得在板块侧面涂抹胶黏剂，超过2 mm的缝隙应采用相同材料板条或片填塞严实。

（3）板状保温材料采用机械固定法施工时，应选择专用螺钉和垫片；固定件与结构层之间应连接牢固。

2.质量检验与验收

（1）主控项目：

①板状保温材料的质量，应符合设计要求。

检验方法：检查出厂合格证、质量检验报告和进场检验报告。

②板状材料保温层的厚度应符合设计要求，其正偏差应不限，负偏差应为5%，且不得大于4 mm。

检验方法：钢针插入和尺量检查。

③屋面热桥部位处理应符合设计要求。

检验方法：观察检查。

（2）一般项目：

①板状保温材料铺设应紧贴基层，铺平垫稳，拼缝应严密，粘贴应牢固。

检验方法：观察检查。

②固定件的规格、数量和位置均应符合设计要求；垫片应与保温表面齐平。

检验方法：观察检查。

③板状材料保温层表面平整度的允许偏差为5 mm。

检验方法：2 m靠尺和塞尺检查。

④板状材料保温层接缝高低差的允许偏差为2 mm。

检验方法：直尺和塞尺检查。

（二）现浇泡沫混凝土保温层

1.一般规定

（1）在浇筑泡沫混凝土前，应将基层上的杂物和油污清理干净；基层应浇水湿润，但不得有积水。

（2）保温层施工前应对设备进行调试，并应制备试样进行泡沫混凝土的性能检测。

（3）泡沫混凝土的配合比应准确计量，制备好的泡沫加入水泥料浆中应搅拌均匀。

（4）浇筑过程中，应随时检查泡沫混凝土的湿密度。

2.质量检验与验收

（1）主控项目：

①现浇泡沫混凝土所用原材料的质量及配合比，应符合设计要求。

检验方法：检查原材料出厂合格证、质量检验报告和计量措施。

②现浇泡沫混凝土保温层的厚度应符合设计要求，其正负偏差应为5%，且不得大于5 mm。

检验方法：钢针插入和尺量检查。

③屋面热桥部位处理应符合设计要求。

检验方法：观察检查。

（2）一般项目：

①现浇泡沫混凝土应分层施工，黏结应牢固，表面应平整，找坡应正确。

检验方法：观察检查。

②现浇泡沫混凝土不得有贯通性裂缝，以及酥松、起砂、起皮现象。

检验方法：观察检查。

③现浇泡沫混凝土保温层表面平整度的允许偏差为5 mm。

检验方法：2 m靠尺和塞尺检查。

（三）种植隔热层

1.一般规定

（1）种植隔热层与防水层之间宜设细石混凝土保护层。

（2）种植隔热层的屋面坡度大于20%时，其排水层、种植土层应采取防滑措施。

（3）排水层施工应符合下列要求：

① 陶粒的粒径不应小于25 mm，大粒径应在下，小粒径应在上。

② 凹凸形排水板宜采用搭接法施工，网状交织排水板宜采用对接法施工。

③ 排水层上应铺设过滤层土工布。

④ 排墙或挡板的下部应设泄水孔，孔周围应放置疏水粗细骨料。

（4）过滤层土工布应沿种植土周边向上铺设至种植土高度，并应与挡墙或挡板粘牢：土工布搭接宽度不应小于100 mm，接缝宜采用黏合或缝合。

（5）种植土厚度及自重应符合设计要求。种植土表面应低于挡墙高度100 mm。

2.质量检验与验收

（1）主控项目：

①种植隔热层所用材料的质量，应符合设计要求。

检验方法：检查出厂合格证和质量检验报告。

②排水层应与排水系统连通。

检验方法：观察检查。

③挡墙或挡板泄水孔的留设应符合设计要求，并不得堵塞。

检验方法：观察和尺量检查。

（2）一般项目

①陶粒应铺设平整、均匀，厚度应符合设计要求。

检验方法：观察和尺量检查。

②排水板应铺设平整，接缝方法应符合国家现行有关标准的规定。

检验方法：观察和尺量检查。

③过滤层土工布应铺设平整，接缝严密，其搭接宽度的允许偏差为–10 mm。

检验方法：观察和尺量检查。

④种植土应铺设平整、均匀，其厚度允许偏差为±5 mm，且不得大于30 mm。

检验方法：尺量检查。

任务4 防水与密封工程

一、一般规定

（1）防水层施工前，基层应坚实、平整、干净、干燥。

（2）基层处理剂应配比准确，并应搅拌均匀；喷涂或涂刷基层处理剂应均匀一致，待其干燥后应及时进行卷材、涂膜防水层和接缝密封防水施工。

（3）防水层完工并经验收合格后，应及时做好成品保护。

（4）防水与密封工程各分项工程每个检验批的抽检数量，防水层应按屋面面积每100 m²抽查1处，每处应为10 m²，且不得少于3处；接缝密封防水应按50 m抽查1处，每处应为5 m，且不得少于3处。

二、防水与密封工程质量控制

（一）卷材防水层

1.一般规定

（1）卷材防水层所选用的基层处理剂、接缝胶黏剂、密封材料等配套材料应与铺贴的卷材材性相容。

（2）屋面坡度大于25%时，卷材应采取满粘钉压固定措施，固定点应密封严密。

（3）卷材铺贴方向应符合下列规定：

①卷材宜平行于屋脊铺贴；

②上下层卷材不得相互垂直铺贴。

（4）卷材搭接缝应符合下列规定：

①平行于屋脊的卷材搭接缝应顺流水方向，卷材搭接宽度应符合表8-3的规定。

表8-3 卷材搭接宽度

卷材类别		搭接宽度/mm
合成高分子防水卷材	胶黏剂	80
	胶黏带	50
	单缝焊	60，有效焊缝宽度不小于25
	双缝焊	80，有效焊接宽度10×2+空腔室
高聚物改性沥青防水卷材	胶黏剂	100
	自粘	80

②相邻两幅卷材短边搭接缝应错开，且不得小于500 mm。

③上下卷材长边搭接缝应错开，且不得小于幅宽的1/3。

（5）冷粘法铺贴卷材应符合下列规定：

① 胶黏剂涂刷应均匀、不露底、不堆积；

② 应控制胶黏剂涂刷与卷材铺贴的间隔时间；

③ 卷材下面的空气应排尽，并辊压粘贴牢固；

④ 铺贴材应平整顺直，搭接尺寸准确，不得扭曲、皱折；

⑤ 接缝口应用密封材料封严，宽度不应小于 10 mm。

（6）热粘法铺贴卷材应符合下列规定：

① 熔化热熔型改性沥青胶结料时，宜采用专用导热油炉加热，加热温度不应高于 200 ℃，使用温度不宜低于 180 ℃；

② 粘贴卷材的热熔型改性沥青胶结料厚度宜为 1.0 ~ 1.5 mm；

③ 采用热熔型改性沥青胶结料粘贴卷材时，应随刮随铺，并应展平压实。

（7）热熔法铺贴卷材应符合下列规定：

① 火焰加热器加热卷材应均匀，不得加热不足或烧穿卷材；

② 卷材表面热熔后应立即滚铺卷材，卷材下面空气应排尽，并辊压黏结牢固；

③ 卷材接缝部位应溢出热熔的改性沥青胶，溢出的改性沥青胶宽度宜为 8 mm；

④ 铺贴材应平整、顺直，搭接尺寸准确，不得扭曲、皱折；

⑤ 厚度小于 3 mm 的高聚物改性沥青防水卷材，严禁采用热熔法施工。

（8）自粘法铺贴卷材应符合下列规定：

① 铺贴卷材时，应将自粘胶底面的隔离纸全部撕净。

② 卷材下面的空气应排尽，并辊压粘贴牢固。

③ 铺贴的卷材应平整顺直，搭接尺寸准确，不得扭曲、皱折。搭接部位宜采用热风加热，随即粘贴牢固。

④ 接缝口应用密封材料封严，宽度不应小于 10 mm。

⑤ 低温施工时，接缝部位宜采用热风加热，并应随即粘贴牢固。

（9）焊接法铺贴卷材应符合下列规定：

① 焊接前卷材的铺设应平整、顺直，搭接尺寸准确，不得扭曲、皱折；

② 卷材焊接缝的结合面应干净、干燥，不得有水滴、油污及附着物；

③ 焊接时应先焊长边搭接缝，后焊短边搭接缝；

④ 控制加热时温度和时间，焊接缝不得有漏焊、跳焊、焊焦或焊接不牢现象。

⑤ 焊接时不得损害非焊接部位的卷材。

（10）机械固定法铺贴卷材应符合下列规定：

① 卷材应用专用固定件进行机械固定；

② 固定件应设置在卷材搭接缝内，外露固定件应用卷材封严；

③ 固定件应垂直钉入结构层有效固定，固定件数量和位置应符合设计要求；

④ 卷材搭接缝应黏结或焊接牢固，密封应严密；

⑤ 卷材周边 800 mm 范围内应满粘。

2.质量检验与验收

（1）主控项目：

①防水卷材及其配套材料的质量，应符合设计要求。

检验方法：检查出厂合格证、质量检验报告和进场检验报告。

②卷材防水层不得有渗漏或积水现象。

检验方法：雨后观察或淋水、蓄水试验。

③卷材防水层在檐口、檐沟、天沟、水落口、泛水、变形缝和伸出屋面管道的防水构造，应符合设计要求。

检验方法：观察检查。

（2）一般项目：

①卷材的搭接缝应黏结或焊接牢固，密封严密，不得扭曲、皱折和翘边。

检验方法：观察检查。

②卷材防水层的收头应与基层黏结，钉压应牢固，密封应严密。

检验方法：观察检查。

③卷材防水层的铺贴方向应正确，卷材搭接宽度的允许偏差为–10 mm。

检验方法：观察和尺量检查。

④屋面排气构造的排气道应纵横贯通，不得堵塞。排气管应安装牢固，位置应正确，密封应严密。

检验方法：观察检查。

（二）涂膜防水层

1.一般规定

（1）防水涂料应多遍涂布，并应待前一遍涂布的涂料干燥成膜后，再涂布后一遍涂料，且前后两遍涂料的涂布方向应相互垂直。

（2）铺设胎体增强材料应符合下列规定：

① 胎体增强材料宜采用聚酯无纺布或化纤无纺布；

② 胎体增强材料长边搭接宽度不应小于50 mm，短边搭接宽度不应小于70 mm；

③ 上下层胎体增强材料的长边搭接缝应错开，且不得小于幅宽的1/3。

④ 上下层胎体增强材料不得相互垂直铺设。

（3）多组分防水涂料应按配合比准确计量，搅拌应均匀，并应根据有效时间确定每次配制的数量。

（4）天沟、檐沟、泛水和立面涂膜防水层的收头，应用防水涂料多遍涂刷或用密封材料封严。

2.质量检验与验收

（1）主控项目：

①防水涂料和胎体增强材料的质量，应符合设计要求。

检验方法：检查出厂合格证、质量检验报告和进场检验报告。

②涂膜水层不得有渗漏和积水现象。

检验方法：雨后观察或淋水、蓄水试验。

③涂膜防水层在檐口、檐沟、天沟、水落口、泛水、变形缝和伸出屋面管道的防水构造，应符合设计要求。

检验方法：观察检查。

④涂膜防水层的平均厚度应符合设计要求，且最小厚度不得小于设计厚度的80%。

检验方法：针测法或取样量测。

（2）一般项目：

①涂膜防水层与基层应黏结牢固，表面应平整，涂刷应均匀，不得有流淌、皱折、起泡、露胎体等缺陷。

检验方法：观察检查。

②涂膜防水层的收头应用防水涂料多遍涂刷。

检验方法：观察检查。

③铺贴胎体增强材料应平整、顺直，搭接尺寸应准确，应排除气泡，并应与涂料黏结牢固；胎体增强材料搭接宽度的允许偏差为−10 mm。

（三）接缝密封防水

1.一般规定

（1）密封防水部位的基层应符合下列要求：

① 基层应牢固，表面应平整、密实，不得有裂缝、蜂窝、麻面、起皮和起砂现象；

② 基层应清洁、干燥，并应无油污、灰尘；

③ 嵌入的背衬材料与接缝壁间不得留有空隙；

④ 密封防水部位的基层宜涂刷基层处理剂，涂刷应均匀，不得漏涂。

（2）多组分密封材料应按配合比准确计量，搅拌应均匀，并应根据有效时间确定每次配制的数量。

2.质量检验与验收

（1）主控项目：

①密封材料及其配套材料的质量，应符合设计要求。

检验方法：检查出厂合格证、质量检验报告和进场检验报告。

②密封材料嵌填应密实、连续、饱满，黏结牢固，不得有气泡、开裂、脱落等缺陷。

检验方法：观察检查。

（2）一般项目：

①密封防水部位的基层应符合"一般规定"的（1）条。

检验方法：观察检查。

②接缝宽度和密封材料的嵌填深度应符合设计要求，接缝宽度的允许偏差为±10%。

检验方法：尺量检查。

③嵌填的密封材料表面应平滑，缝边应顺直，应无明显不平或周边污染现象。

检验方法：观察检查。

技能训练8

一、单项选择题

1.屋面工程应根据建筑物性质、重要程度、使用功能要求，按不同屋面防水等级进行设防，屋面防水等级共分为（ ）个等级。

A.2　　　　　　　　B.3　　　　　　　　C.4　　　　　　　　D.5

2.屋面找坡应满足排水坡度要求。平屋面采用结构找坡不应小于（ ），采用材料找坡宜为2%；天沟、檐沟纵向找坡不应小于1%，沟底水落差不得超过20 mm。

A.1%　　　　　　　B.2%　　　　　　　C.3%　　　　　　　D.4%

3.屋面工程使用的材料应符合国家现行有关标准对（ ）的规定，不得对周围环境造成污染。

A.材料重量　　　　　　　　　　　　B.材料透水性

C.材料体积　　　　　　　　　　　　D.材料有害物质限量

4.进行蓄水试验的屋面，其蓄水时间不得少于（ ）h。

A.12　　　　　　　B.24　　　　　　　C.36　　　　　　　D.48

5.基层与保护工程各分项工程每个检验批的抽检数量，应按屋面面积每（ ）m²抽查1处，每处应为10 m²，且不得少于3处。

A.50　　　　　　　B.100　　　　　　　C.150　　　　　　　D.200

6.找平层宜设分格缝，并嵌填密封材料。分格缝应留设在板端缝处，其纵横间距不大于（ ）m，分格缝宽度宜为20 mm。

A.4　　　　　　　B.6　　　　　　　C.8　　　　　　　D.10

7.用水泥砂浆做保护层时，表面应抹平压光，并应设表面分格缝，分格面积宜为（ ）m²。

A.1　　　　　　　B.2　　　　　　　C.3　　　　　　　D.4

8.现浇泡沫混凝土保温层的厚度应符合设计要求，其正负偏差应为5%，且不得大于5 mm。检验方法为（ ）。

A.扫描检测　　　　　　　　　　　　B.锤击检测

C.钻芯测量　　　　　　　　　　　　D.钢针插入和尺量检查

9.种植隔热层的屋面坡度大于（ ）时，其排水层、种植土层应采取防滑措施。

A.5%　　　　　　　B.10%　　　　　　　C.20%　　　　　　　D.25%

10.屋面坡度大于（ ）时，卷材应采取满粘钉压固定措施，固定点应密封严密。

A.5%　　　　　　　B.10%　　　　　　　C.20%　　　　　　　D.25%

11.保温材料使用时的含水率，应（ ）。

A.相当于该材料在当地自然风干状态下的平衡含水率

B.小于该材料在当地自然风干状态下的平衡含水率

C.大于该材料在当地自然风干状态下的平衡含水率

D.小于10%

12.机械固定法铺贴卷材,卷材周边( ) mm范围内应满粘。

A.500　　　　　B.700　　　　　C.800　　　　　D.900

13.涂膜防水层的平均厚度应符合设计要求,且最小厚度不得小于设计厚度的( )。

A.50%　　　　　B.60%　　　　　C.70%　　　　　D.80%

14.铺贴卷材应采用搭接方法,上、下两层卷材的铺贴方向应( )。

A.相互垂直　　　　　　　　　B.相互成45°斜交

C.相互平行　　　　　　　　　D.相互成60°斜交

E.相互成30°斜交

二、多项选择题

1.屋面工程应根据( ),按不同屋面防水等级进行设防。

A.建筑物性质　　B.建筑面积　　　C.结构跨度　　　D.重要程度

E.使用功能要求

2.防水、保温材料进场验收应符合的规定有( )。

A.应根据设计要求对材料的质量证明文件进行检查,并应经监理工程师或建设单位代表确认,纳入工程技术档案

B.应对材料的品种、规格、包装、外观和尺寸进行检查验收,并应经监理工程师或建设单位代表确认,形成相应验收记录

C.防水材料应抽样进行防火性能检测,检测合格后方可使用

D.进场检验报告的全部项目指标均达到技术标准规定为合格;不合格材料不得在工程中使用

E.防水、保温料检进场材验项目及材料标准应符合《屋面工程质量验收规范》(GB 50207—2012)附录A和附录B的规定。材料进场检验应执行见证取样送检制度,并应提供进场检验报告

3.装配式钢筋混凝土板的板缝嵌填施工,应符合的要求有( )。

A.嵌填混凝土时板缝内应清理干净,并应保持湿润

B.板缝宽度大于40 mm,板缝内应按设计要求配置钢筋

C.板缝下窄上宽时,板缝内应按设计要求配置钢筋

D.嵌填细石混凝土灌缝强度等级不应低于C20,嵌填深度宜低于板面10~20 mm,且应振捣密实和浇水养护

E.板端缝应按设计要求增加防裂的构造措施

4.保温材料的( )必须符合设计要求。

A.导热系数　　B.表观密度或干密度　　C.抗压强度或压缩强度

D.抗拉强度　　E.燃烧性能

5.下列关于板状材料保温层的说法正确的有 (   )。

  A.板状材料保温层采用干铺法施工时,板状保温材料应紧靠在基层表面上,应铺平垫稳

  B.分层铺设的板块上下层接缝应对齐,板面缝隙应采用同类材料的碎屑嵌填密实

  C.板状材料保温层的厚度应符合设计要求,其正偏差应不限,负偏差应为5%,且不得大于4 mm

  D.板状材料保温层表面平整度的允许偏差为5 mm

  E.板状材料保温层接缝高低差的允许偏差为4 mm

6.种植隔热层排水层施工应符合的要求有 (   )。

  A.陶粒的粒径不应小于25 mm

  B.陶粒的大粒径应在上,小粒径应在下

  C.凹凸形排水板宜采用搭接法施工,网状交织排水板宜采用对接法施工

  D.排水层上应铺设过滤层土工布

  E.排墙或挡板的下部应设泄水孔,孔周围应放置疏水粗细骨料

7.以下关于卷材防水层说法正确的是 (   )。

  A.卷材宜平行于屋脊铺贴

  B.上下层卷材可以相互垂直铺贴

  C.平行于屋脊的卷材搭接缝应顺流水方向

  D.相邻两幅卷材短边搭接缝应错开,且不得小于500 mm

  E.上下卷材长边搭接缝应错开,且不得小于幅宽的1/4

8.自粘法铺贴卷材应符合的规定有 (   )。

  A.铺贴卷材时,应将自粘胶底面的隔离纸全部撕净

  B.卷材下面的空气应排尽,并辊压粘贴牢固

  C.铺贴的卷材应平整顺直,搭接尺寸应准确,不得扭曲、皱折。搭接部位宜采用热风加热,随即粘贴牢固

  D.接缝口应用密封材料封严,宽度不应小于5 mm

  E.低温施工时,接缝部位宜采用热风加热,并应随即粘贴牢固

9.热粘法铺贴卷材应符合的规定有 (   )。

  A.火焰加热器加热卷材时,加热应均匀,不得加热不足或烧穿卷材

  B.卷材表面热熔后应立即滚铺卷材,卷材下面空气应排尽,并辊压黏结牢固

  C.卷材接缝部位应溢出热熔的改性沥青胶,溢出的改性沥青胶宽度宜为5 mm

  D.铺贴卷材应平整顺直,搭接尺寸应准确,不得扭曲、皱折

  E.厚度小于5 mm的高聚物改性沥青防水卷材,严禁采用热熔法施工

10.涂膜防水层铺设胎体增强材料应符合的规定有 (   )。

  A.胎体增强材料宜采用聚酯无纺布或化纤无纺布

  B.胎体增强材料长边搭接宽度不应小于30 mm,短边搭接宽度不应小于50 mm

  C.上下层胎体增强材料的长边搭接缝应错开,且不得小于幅宽的1/3

  D.上下层胎体增强材料不得相互垂直铺设

  E.上下层胎体增强材料可以相互垂直铺设

11.以下防水属于柔性防水的有（　　　）。

    A.卷材防水　　　　　B.水泥砂浆防水层　　　C.改性沥青卷材防水

    D.细石混凝土防水层　　　　　　　　　E.涂膜防水

三、判断题（正确的打"√"，错误的打"×"）

1.屋面工程各构造层的组成材料，应分别与相邻层的材料相容。　　　　（　　　）

2.屋面工程各分项工程宜按屋面面积每500~1 000 m²划分为1个检验批，不足800 m²应按1个检验批计量。　　　　（　　　）

3.屋面找坡应满足设计排水坡度要求。平屋面采用结构找坡不应小于2%。　　（　　　）

4.基层与突出屋面结构（女儿墙、山墙、大窗壁、变形缝、烟囱等）的交接处和基层转角处，找平层均应做成圆弧形。　　　　（　　　）

5.找坡层表面平整度的允许偏差为7 mm，找平层表面平整度的允许偏差为6 mm。

    （　　　）

6.块体材料、水泥砂浆或细石混凝土保护层与女儿墙和山墙之间，应预留宽度为30 mm的缝隙，缝内宜填塞聚苯乙烯泡沫塑料，并应用密封材料嵌填密实。　　（　　　）

7.保温与隔热工程各分项工程每个检验批的抽检数量，应按屋面面积每100 m²抽查1处，每处5 m²，且不得少于3处。　　　　（　　　）

8.现浇泡沫混凝土保温层浇筑过程中，应随时检查泡沫混凝土的干密度。　（　　　）

9.现浇泡沫混凝土保温层表面平整度的允许偏差为5 mm。　　　　（　　　）

10.种植土厚度及自重应符合设计要求。种植土表面应低于挡墙高度100 mm。

    （　　　）

11.屋面坡度大于20%时，卷材应采取满粘钉压固定措施，固定点应密封严密。

    （　　　）

12.热粘法铺贴卷材采用熔化热熔型改性沥青胶结料时，宜采用专用导热油炉加热，加热温度不应高于200 ℃，使用温度不宜低于180 ℃。　　　　（　　　）

13.焊接法铺贴卷材，焊接时应先焊短边搭接缝，后焊长边搭接缝。　　（　　　）

14.卷材防水层的铺贴方向应正确，卷材搭接宽度的允许偏差为−10 mm。　（　　　）

15.接缝密封防水接缝宽度和密封材料的嵌填深度应符合设计要求，接缝宽度的允许偏差为±10%。　　　　（　　　）

项目9

建筑装饰装修工程质量控制

任务1　抹灰工程

一、一般抹灰工程

（一）一般规定

（1）一般抹灰应在基体或基层的质量检查合格后进行。

（2）各分项工程的检验批应按下列规定划分：

① 相同材料、工艺和施工条件的室外抹灰工程每1 000 m²应划分为1个检验批，不足1 000 m²按1个检验批划分。

② 相同材料、工艺和施工条件的室内抹灰工程每50个自然间划分为1个检验批，不足50间按1个检验批划分，大面积房间和走廊可以抹灰面积30 m²为1间。

③ 检查数量应符合下列规定：

a.室内每个检验批应至少抽查10%，并不得少于3间，不足3间时应全数检查。

b.室外每个检验批每100 m²应至少抽查1处，每处不得小于10 m²。

（3）一般抹灰工程施工顺序通常为：先室外后室内，先上面后下面，先顶棚后地面。

高层建设采取措施后，也可分段进行。

（4）一般抹灰工程的施工环境温度：高级抹灰不应低于5 ℃，中级和普通抹灰应在8 ℃度以上。

（5）抹灰前，砖石、混凝土等基体表面的灰尘、污垢和油渍等应清除干净，砌块的空壳要凿掉，光滑的混凝土表面要进行凿毛处理，并洒水润湿或进行界面处理。

（6）抹灰前，应纵横拉通线，用与抹灰层相同的砂浆设置标志或标筋。

（7）各种砂浆的抹灰层，凝结前，应防止快干、水冲、撞击和振动；凝结后，应采取措施防止沾污和损坏。

（8）水泥砂浆抹灰层应在湿润条件下养护。

（9）抹灰的面层应在踢脚板、门窗贴脸板和挂镜线等木制品安装前进行涂抹。

（10）抹灰线用的模子，其线型、棱角等应符合设计要求，并按墙面、柱面找平后的水平线确定灰线位置。

（11）抹灰用的石膏的熟化期不应少于15 d；罩面用的磨细石灰粉的熟化期不应少于3 d。

（12）室内外墙面、柱面和门洞口的阳角做法应符合设计要求，设计无要求时，应采用1：2水泥砂浆做暗护角，其高度不应低于2 m，每侧宽度不应小于50 mm。

（13）当要求抹灰层具有防水、防潮功能时，应采用防水砂浆。

（14）外墙抹灰工程施工前应先安装钢木门窗框、护栏等，并应将墙上的施工孔洞堵塞密实，并对基层进行处理。

（15）外墙窗台、窗楣、雨篷、阳台、压顶和突出腰线等，上面应做流水坡度，下面应做滴水线或滴水槽，滴水槽的深度和宽度均不应小于10 mm，并应整齐一致。窗洞、外窗台应在窗框安装验收合格、框与墙体间的缝隙填嵌密实符合要求后进行。

（二）质量检验与验收

1.主控项目

主控项目见表9-1。

表9-1 主控项目

序号	项目	合格质量标准	检验方法	检查数量
1	基层表面	抹灰前，基层表面的尘土、污垢、油渍等应清除干净，并应洒水润湿	检查施工记录	（1）室内每个检验批应至少抽查10%，并不得少于3间；不足3间时应全数检查；
2	材料品种性能	一般抹灰所用材料的品种和性能应符合设计要求。水泥的凝结时间和安定性复验应合格。砂浆的配合比应符合设计要求	检查产品合格证书、进场验收记录、复验报告和施工记录	（2）室外每个检验批每100 m²应至少抽查1处，每处不得小于10 m²

续表

序号	项目	合格质量标准	检验方法	检查数量
3	操作要求	抹灰工程应分层进行。当抹灰总厚度大于或等于 35 mm 时，应采取加强措施；不同材料基体交接处表面的抹灰，应采取防止开裂的加强措施，当采用加强网时，加强网与各基体的搭接宽度应不小于 100 mm	检查隐蔽工程验收记录和施工记录	（1）室内每个检验批应至少抽查10%，并不得少于3间；不足3间时应全数检查；（2）室外每个检验批每100 m²应至少抽查1处，每处不得小于10 m²
4	层黏结及层质量	抹灰层与基层之间及各抹灰层之间必须黏结牢固，抹灰层应无脱层、空鼓，面层应无爆灰和裂缝	观察；用小锤轻击检查；检查施工记录	

2.一般项目

一般项目见表9-2。

表9-2 一般项目

序号	项目	合格质量标准	检验方法	检查数量
1	表面质量	一般抹灰工程的表面质量应符合下列规定： （1）普通抹灰表面应光滑、洁净、接槎平整，分格缝应清晰； （2）高级抹灰表面应光滑、洁净、颜色均匀、无抹纹，分格缝和灰线应清晰美观	观察；手摸检查	同主控项目
2	细部质量	护角、孔洞、槽、盒周围的抹灰表面应整齐、光滑，管道后面的抹灰表面应平整	观察	
3	层总厚度及层间材料	抹灰层的总厚度应符合设计要求；水泥砂浆不得抹在石灰砂浆层上；罩面石膏灰不得抹在水泥砂浆层上	检查施工记录	
4	分格缝	抹灰分格缝的设置应符合设计要求，宽度和深度应均匀，表面应光滑，棱角应整齐	观察；尺量检查	
5	滴水线（槽）	有排水要求的部位做滴水线（槽）。滴水线（槽）应整齐、顺直，滴水线应内高外低，滴水槽的宽度和深度均应不小于10 mm	观察；尺量检查	
6	允许偏差	一般抹灰工程质量的允许偏差和检验方法应符合表9-3的规定	见表9-3	

一般抹灰的允许偏差和检验方法见表9-3。

表9-3　一般抹灰的允许偏差和检验方法

项次	项目	允许偏差/mm		检验方法
		普通抹灰	高级抹灰	
1	立面垂直度	4	3	用2 m垂直检测尺检查
2	表面平整度	4	3	用2 m靠尺和塞尺检查
3	阴阳角方正	4	3	用200 mm直角检测尺检查
4	分格条（缝）直线度	4	3	拉5 m线，不足5 m拉通线，用钢直尺检查
5	墙裙、勒脚上口直线度	4	3	拉5 m线，不足5 m拉通线，用钢直尺检查

注：1.普通抹灰，本表第3项"阴阳角方正"可不检查。
　　2.顶棚抹灰，本表第2项"表面平整度"可不检查，但应平顺。

二、装饰抹灰工程

（一）一般规定

（1）装饰抹灰工程在基体与基层质量检验合格后方可进行。基层表面的尘土、污垢和油渍等应清理干净，并洒水润湿或进行界面处理，使抹灰层与基层黏结牢固。

（2）装配式混凝土外墙板，其外墙面和接缝不平处以及缺棱掉角处，用水泥砂浆修补后，可直接进行喷涂、滚涂、弹涂。

（3）装饰抹灰面层应做在已硬化的、粗糙而平整的中层砂浆面上，涂抹前应洒水湿润。

（4）装饰抹灰面层的施工缝，应留在分格缝、墙面阴角，水落管背后或独立装饰组成部分的边缘处。每个分块必须连续作业，不显接槎。

（5）喷涂、弹涂等工艺在雨天或天气预报下雨时不得施工；干粘石等工艺在大风天气不宜施工。

（6）装饰抹灰周围的墙面、窗口等部位，应采取有效措施，进行遮挡，以防污染。

（7）装饰抹灰的材料、配合比、面层颜色和图案要符合设计要求，以达到理想的装饰效果，为此，应预先做出样板（一个样品或标准间），经建设、设计、施工、监理四方共同鉴定合格后，方可大面积施工。

（二）质量检验与验收

1.主控项目
主控项目见表9-4。

表9-4 主控项目

序号	项目	合格质量标准	检验方法	检查数量
1	基层表面	抹灰前，基层表面的尘土、污垢、油渍等应清除干净，并应洒水润湿	检查施工记录	(1)室内每个检验批应至少抽查10%，并不得少于3间，不足3间时应全数检查；(2)室外每个检验批每100 m²应至少抽查1处，每处不得小于10 m²
2	材料品种和性能	装饰抹灰工程所用材料的品种和性能应符合设计要求；水泥的凝结时间和安定性复验应合格；砂浆的配合比符合设计要求	检查产品合格证书、进场验收记录、复验报告和施工记录	
3	操作要求	抹灰工程应分层进行。当抹灰总厚度大于或等于35 mm时，应采取加强措施。不同材料基体交接处表面的抹灰，应采取防止开裂的加强措施，当采用加强网时，加强网与各基体的搭接宽度应不小于100 mm	检查隐蔽工程验收记录和施工记录	
4	层黏结及面层质量	各抹灰层之间及抹灰与基体之间必须粘黏结牢固，抹灰层应无脱层、空鼓和裂缝	观察；用小锤轻击检查；检查施工记录	

2.一般项目

一般项目见表9-5。

表9-5 一般项目

序号	项目	合格质量标准	检验方法	检查数量
1	表面质量	装饰抹灰工程的表面质量应符合下列规定： (1)水刷石表面应石粒清晰、分布均匀、紧密平整、色泽一致，应无掉粒和接槎痕迹； (2)斩假石表面剁纹应均匀顺直、深浅一致，无漏剁处；阳角处应横剁并留出宽窄一致的不剁边条，棱角应无损坏； (3)干粘石表面应色泽一致、不露浆、不漏粘，石粒应黏结牢固、分布均匀，阳角处应无明显黑边； (4)假面砖表面应平整、沟纹清晰、留缝整齐、色泽一致，应无掉角、脱皮、起砂等缺陷	观察；手摸检查	(1)室内每个检验批应至少抽查10%，并不得少于3间；不足3间时应全数检查；(2)室外每个检验批每100 m²应至少抽查1处，每处不得小于10 m²

续表

序号	项目	合格质量标准	检验方法	检查数量
2	分格条（缝）	装饰抹灰分格条（缝）的设置应符合设计要求，宽度和深度应均匀，表面应平整光滑，棱角应整齐	观察	（1）室内每个检验批应至少抽查10%，并不得少于3间；不足3间时应全数检查；（2）室外每个检验批每100 m²应至少抽查1处，每处不得小于10 m²
3	滴水线（槽）	有排水要求的部位应做滴水线（槽）。滴水线（槽）应整齐顺直，滴水线应内高外低，滴水槽的宽度和深度均应不小于10 mm	观察；尺量检查	
4	允许偏差	装饰抹灰工程质量的允许偏差和检验方法应符合表9-6的规定	见表9-6	

装饰抹灰的允许偏差和检验方法见表9-6。

表9-6　装饰抹灰的允许偏差和检验方法

项次	项目	允许偏差/mm				检验方法
		水刷石	斩假石	干粘石	假面砖	
1	立面垂直度	5	4	5	5	用2 m垂直检测尺检查
2	表面平整度	3	3	5	4	用2 m靠尺和塞尺检查
3	阳角方正	3	3	4	4	用直角检测尺检查
4	分格条（缝）直线度	3	3	3	3	拉5 m线，不足5 m拉通线，用钢直尺检查
5	墙裙、勒脚上口直线度	3	3	—	—	拉5 m线，不足5 m拉通线，用钢直尺检查

任务2　门窗工程

一、木门窗制作和安装工程

（一）一般规定

（1）按设计要求配料，木材品种、材质等级、含水率和防腐、防虫、防水处理均应符合设计要求和规范的规定。

（2）设计未规定材质等级时，所用木材的质量应符合表9-7和表9-8的规定。

表9-7 普通木门窗用木材的质量要求

木材缺陷		门窗扇的立挺、冒头，中冒头	窗棂、压条、门窗及气窗的线脚、通风窗立挺	门心板	门窗框
活节	不计个数，直径/mm	<15	<5	<5	<5
	计算个数，直径	≤材宽的1/3	≤材宽的1/3	≤30 mm	≤材宽的1/3
	任一延米个数	≤3	≤2	≤3	≤5
死节		允许，计入活节总数	不允许	允许，计入活节总数	
髓心		不露出表面的，允许	不允许	不露出表面的，允许	
裂缝		深度及长度<厚度及材长的1/5	不允许	允许可见裂缝	深度及长度<厚度及材长的1/4
斜纹的斜率/%		≤7	≤5	不限	≤12
油眼		非正面，允许			
其他		浪形纹理、圆纹理、偏心及化学变色，允许			

表9-8 高级木门窗用木材的质量要求

木材缺陷		门窗扇的立挺、冒头，中冒头	窗棂、压条、门窗及气窗的线脚、通风窗立挺	门心板	门窗框
活节	不计个数，直径/mm	<10	<5	<10	<10
	计算个数，直径	≤材宽的1/4	≤材宽的1/4	≤20 mm	≤材宽的1/3
	每一延米个数	≤2	≤0	≤2	≤3
死节		允许，包括在活节总数中	不允许	允许，包括在活节总数中	不允许
髓心		不露出表面的，允许	不允许	不露出表面的，允许	

续表

木材缺陷	门窗扇的立挺、冒头，中冒头	窗棂、压条、门窗及气窗的线脚、通风窗立挺	门心板	门窗框
裂缝	深度及长度<厚度及材长的1/6	不允许	允许可见裂缝	深度及长度<厚度及材长的1/5
斜纹的斜率/%	≤6	≤4	≤15	≤10
油眼	非正面，允许			
其他	浪形纹理、圆纹理、偏心及化学变色，允许			

（3）木门窗及门窗五金从生产厂运到工地，必须做验收，按图纸检查框扇型号，检查产品防锈红丹无漏涂、薄刷现象，不符合质量要求者坚决退回。

（4）门窗框、扇进场后，框靠墙、靠地的一面应刷防腐涂料，其他各面应刷清油一道。刷油后分类码放平整，底层应垫平、垫高，每层框间衬木板条通风，防止日晒雨淋。

（5）门窗框安装应安排在地面，墙面湿作业完成之后；窗扇安装应在室内抹灰施工前进行；门窗安装应在室内抹灰完成和水泥地面达到强度以后进行。

（6）木门窗安装宜采用预留洞口的方法施工，如果采用先安装后砌口的方法施工时，则应注意避免门窗框在施工中受损、受挤压变形或受到污染。

（7）木门窗与砖石砌体、混凝土或抹灰层接触处应进行防腐处理并设置防潮层；埋入砌体或混凝土中的木砖应进行防腐处理。

（8）同一品种、类型和规格的木门窗及门窗玻璃每100樘划分为1个检验批，不足100樘按1个检验批划分。

（二）木门窗安装质量的检验与验收

1.主控项目

主控项目如表9-9所示。

表9-9　主控项目

序号	项目	合格质量标准	检验方法	检查数量
1	木门窗品种、规格、安装方向位置	木门窗的品种、类型、规格、开启方向、安装位置及连接方式应符合设计要求	观察；尺量检查；检查成品门的产品合格证书、性能检验报告、进场验收记录和复验报告；检查隐蔽工程验收记录	每个检验批应至少抽查5%，并不得少于3樘，不足3樘时应全数检查；高层建筑外窗，每个检验批应至少抽查10%，并不得少于6樘，不足6樘时应全数检查

续表

序号	项目	合格质量标准	检验方法	检查数量
2	木门窗安装牢固	木门窗框的安装必须牢固。预埋木砖的防腐处理、木门窗框固定点的数量、位置及固定方法应符合设计要求	观察；手扳检查；检查隐蔽工程验收记录和施工记录	每个检验批应至少抽查5%，并不得少于3樘，不足3樘时应全数检查；高层建筑外窗，每个检验批应至少抽查10%，并不得少于6樘，不足6樘时应全数检查
3	木门窗扇安装	木门窗扇必须安装牢固，并应开关灵活，关闭严密，无倒翘	观察；开启和关闭检查；手扳检查	
4	木门窗配件安装	木门窗配件的型号、规格、数量应符合设计要求，安装应牢固，位置应正确，功能应满足使用要求	观察；开启和关闭检查；手扳检查	

2.一般项目

一般项目如表9-10所示。

表9-10 一般项目

序号	项目	合格质量标准	检验方法	检查数量
1	缝隙嵌填材料	木门窗与墙体间缝隙的填嵌材料应符合设计要求，填嵌应饱满。寒冷地区外门窗（或门窗框）与砌体间的空隙应填充保温材料	轻敲门窗框检查；检查隐蔽工程验收记录和施工记录	同主控项目
2	批水、盖口条等细部	木门窗批水、盖口条、压缝条、密封条的安装应顺直，与门窗结合牢固、严密	观察；手扳检查	
3	安装留缝限值及允许偏差	木门窗安装的留缝限值、允许偏差和检验方法应符合表9-11的规定	见表9-11	

平开木门窗安装的留缝限值、允许偏差和检验方法见表9-11。

表9-11　平开木门窗安装的留缝限值、允许偏差和检验方法

项次	项目		留缝限值/mm	允许偏差/mm	检验方法
1	门窗框的正、侧面垂直高度		—	2	用1 m垂直检测尺检查
2	框与扇接缝高低差		—	1	用塞尺检查
	扇与扇接缝高低差		—	1	
3	门窗扇对口缝		1~4	—	用塞尺检查
4	工业厂房、围墙双扇大门对口缝		2~7	—	
5	门窗扇与上框间留缝		1~3	—	
6	门窗扇与合页侧框间留缝		1~3	—	
7	室外门扇与锁侧框间留缝		1~3	—	
8	门扇与下框间留缝		3~5	—	用塞尺检查
9	窗扇与下框间留缝		1~3	—	
10	双层门窗内外框间距		—	4	用钢直尺检查
11	无下框时门扇与地面间留缝	室外门	4~7	—	用钢直尺或塞尺检查
		室内门	4~8	—	
		卫生间门		—	
		厂房大门	10~20	—	
		围墙大门		—	
12	框与扇搭接宽度	门	—	2	用钢直尺检查
		窗	—	1	用钢直尺检查

二、金属门窗安装工程

（一）一般规定

（1）金属门窗安装应采用预留洞口的方法施工，不得采用边安装边砌口或先安装后砌口的方法施工。

（2）金属门窗安装前，墙体预留门洞尺寸符合设计要求，铁脚洞孔或预埋铁件的位置正确并已清扫干净。

（3）钢门窗安装前，应在离地、楼面500 mm高的墙面上弹一条水平控制线，再根据门窗的安装标高、尺寸和开启方向，在墙体预留洞口四周围弹出门窗落位线。

（4）门窗安装就位后应暂时用木楔固定，木楔固定钢门窗的位置，应设置于门窗四角和框挺端部，否则易产生变形。

（5）门窗附件安装，必须在墙面、顶棚等抹灰完成后，玻璃安装前进行，且应检查门窗扇质量，对附件安装有影响的应先校正，再安装。

（6）同一品种、类型和规格的金属门窗及门窗玻璃每100樘划分为1个检查批，不足100樘按1个检验批划分。

（7）金属门窗推拉门窗扇开关力不应大于50 N。

（二）质量检验与验收

1.主控项目

主控项目见表9-12。

表9-12 主控项目

序号	项目	合格质量标准	检验方法	检查数量
1	门窗质量	金属门窗的品种、类型、规格、尺寸、性能、开启方向、安装位置、连接方式及门窗的型材壁厚应符合设计要求及国家现行标准的有关规定。金属门窗的防雷、防腐处理及填嵌、密封处理应符合设计要计	观察；尺量检查；检查产品合格证书、性能检验报告、进场验收记录和复验报告；检查隐蔽工程验收记录	
2	框和副框安装及预埋件	金属门窗框和附框的安装牢固。预埋件及锚固件的数量、位置、埋设方式、与框的连接方式必须符合设计要求	手板检查；检查隐蔽工程验收记录	每个检验批应至少抽查5%，并不得少于3樘，不足3樘时应全数检查；高层建筑的外窗，每个检验批应至少抽查10%，并不得少于6樘，不足6樘时应全数检查
3	门窗扇安装	金属门窗扇必须安装牢固，并应开关灵活、关闭严密、无倒翘。推拉门窗扇必须有防脱落措施	观察；开启和关闭检查；手板检查	
4	配件质量及安装	金属门窗配件的型号、规格、数量应符合设计要求，安装应牢固，位置应正确，功能应满足使用要求	观察；开启和关闭检查；手扳检查	

2.一般项目

一般项目见表9-13。

表9-13　一般项目

序号	项目	合格质量标准	检验方法	检查数量
1	表面质量	金属门窗表面应洁净、平整、光滑、色泽一致，无锈蚀、擦伤、划痕和碰伤。漆膜或保护层应连续。型材的表面处理符应合设计要求及国家现行有关标准的规定	观察	同主控项目
2	框与墙体间缝隙	金属门窗框与墙体之间的缝隙应填嵌饱满，并采用密封胶密封；密封胶表面应光滑、顺直、无裂纹	观察；轻敲门窗框检查；检查隐蔽工程验收记录	
3	扇密封胶条或毛毡密封条	金属门窗扇的密封胶条和密封毛条装配应平整、完好，不得脱槽，交角处应平顺	观察；开启和关门检查	
4	排水孔	有排水孔的金属门窗，排水孔应畅通，位置和数量应符合设计要求	观察	
5	留缝限值和允许偏差	金属门窗安装的留缝限值、允许偏差和检验方法应符合表9-14、表9-15和表9-16的规定	见表9-14、表9-15和表9-16	

钢门窗安装的留缝限值、允许偏差和检验方法见表9-14。

表9-14　钢门窗安装的留缝限值、允许偏差和检验方法

序号	项目		留缝限值/mm	允许偏差/mm	检验方法
1	门窗槽口宽度、高度	≤1 500 mm	—	2	用钢卷尺检查
		>1 500 mm	—	3	
2	门窗槽口对角线长度差	≤2 000 mm	—	3	
		>2 000 mm	—	4	
3	门窗框的正、侧面垂直度		—	3	用1 m垂直检测尺检查
4	门窗横框的水平度		—	3	用1 m水平尺和塞尺检查
5	门窗横框标高		—	5	用钢卷尺检查
6	门窗竖向偏离中心		—	4	
7	双层门窗内外框间距		—	5	
8	门窗框、扇配合间缝		≤2	—	用塞尺检查

续表

序号	项目		留缝限值/mm	允许偏差/mm	检验方法
9	平开门窗框、扇搭接宽度	门	≥6	—	用钢卷尺检查
		窗	≥4	—	用钢卷尺检查
	推拉门窗框、扇搭接宽度		≥6	—	用钢卷尺检查
10	无下框时门扇与地面间留缝		4~8	—	用塞尺检查

铝合金门窗安装的允许偏差和检验方法如表9-15所示。

表9-15 铝合金门窗安装的允许偏差和检验方法

序号	项目		允许偏差/mm	检验方法
1	门窗槽口宽度、高度	≤2 000 mm	2	用钢卷尺检查
		>2 000 mm	3	
2	门窗槽口对角线长度差	≤2 500 mm	4	用钢卷尺检查
		>2500 mm	5	
3	门窗框的正、侧面垂直度		2	用1 m垂直检测尺检查
4	门窗横框水平度		2	用1 m水平尺和塞尺检查
5	门窗横框标高		5	用钢卷尺检查
6	门窗竖向偏离中心		5	用钢卷尺检查
7	双层门窗内外框间距		4	用钢卷尺检查
8	推拉门窗扇与框搭接宽度	门	2	用钢卷尺检查
		窗	1	

涂色镀锌钢板门窗安装的允许偏差和检验方法如表9-16所示。

表9-16 涂色镀锌钢板门窗安装的允许偏差和检验方法

序号	项目		允许偏差/mm	检验方法
1	门窗槽口宽度、高度	≤1 500 mm	2	用钢卷尺检查
		>1 500 mm	3	
2	门窗槽口对角线长度差	≤2 000 mm	4	用钢卷尺检查
		>2 000 mm	5	
3	门窗框的正、侧面垂直度		3	用1 m垂直检测尺检查

续表

序号	项目	允许偏差/mm	检验方法
4	门窗横框的水平度	3	用1 m水平尺和塞尺检查
5	门窗横框标高	5	用钢卷尺检查
6	门窗竖向偏离中心	5	用钢卷尺检查
7	双层门窗内外框间距	4	用钢卷尺检查
8	推拉门窗扇与框搭接量	2	用钢卷尺检查

注：本表摘自《建筑装饰装修工程质量验收规范》（GB 50210—2018）。

任务3　饰面板（砖）工程

一、饰面板安装工程

（一）一般规定

1.石材饰面板安装

（1）石材饰面板安装前，应按厂牌、品种、规格和颜色进行分类选配，并将其侧面和背面清扫干净，修边打眼，每块板的上、下边打眼数量不得少于2个，并用防锈金属丝穿入孔内，以作系固之用。

（2）石材饰面板安装时，接缝宽度可垫木楔调整，并确保外表面平整、垂直及板的上沿平顺。

（3）灌筑砂浆时，应先在竖缝内塞15～20 mm深的麻丝或泡沫塑料条，以防漏浆，并将石材饰面板背面和基体表面湿润。砂浆灌筑应分层进行，每层灌筑高度为100～150 mm。待砂浆硬化后，将填缝材料清除。

（4）室内安装天然石光面和镜面的饰面板，接缝应干接，接缝处宜用与饰面板相同颜色的水泥浆填抹；室外安装天然石光面和镜面饰面板，接缝可干接或用水泥细砂浆勾缝，干接缝应用与饰面板相同颜色的水泥浆填平。安装天然石粗磨面、麻面、条纹面、天然面饰面板的接缝和勾缝应用水泥砂浆。

（5）安装人造石饰面板，接缝宜用与饰面板相同颜色的水泥浆或水泥砂浆抹勾严密。

（6）饰面板完工后，表面应清洗干净。光面和镜面饰面板经清洗晾干后，方可打蜡擦亮。

（7）石材饰面板的接缝宽度，应符合表9-17的规定。

表9-17 饰面板的接缝宽度

序号	名称		接缝宽度/mm
1	天然石	光面、镜面	1
2		粗磨面、麻面、条纹面	5
3		天然面	10
4	人造石	水磨石	2
5		水刷石	10
6		大理石、花岗石	1

2.瓷板饰面施工

（1）瓷板装饰应在主体结构、穿过墙体的所有管道、线路等施工完毕且验收合格后进行。

（2）进场材料，按有关规定送检合格，并按不同品种、规格分类堆放在室内，若堆放在室外时，应采取有效防雨、防潮措施。吊运及施工过程，严禁随意碰撞板材，不得划花、污损板材光泽面。

3.干挂瓷板饰面施工

（1）干挂瓷板的安装顺序宜由下往上进行，避免交叉作业。

（2）瓷板编号、开槽或钻孔，胀锚螺栓、窗墙螺栓安装，挂件安装应满足设计及《建筑瓷板装饰工程技术规程》（CECS 101：98）的规定。

（3）瓷板安装前应修补施工中损坏的外墙防水层。

（4）瓷板的拼缝应符合设计要求，瓷板的槽（孔）内及挂件表面的灰粉应清除。

（5）扣齿板的长度应符合设计要求，当设计未做规定时，不锈钢扣齿板与瓷板支承边等长，铝合金和齿板比瓷板支承边短20~50 mm。

（6）扣齿或销钉插入瓷板深度应符合设计要求。

（7）当为不锈钢挂件时，应将环氧树脂浆液抹入槽（孔）内，与瓷接合部位的挂件应满涂，然后插入扣齿或销钉。

（8）瓷板中部加强点的连接件与基面连接应可靠，其位置及面积应符合设计要求。

（9）灌缝的密封胶应符合设计要求，其颜色应与瓷板色彩相配，灌缝应饱满、平直，宽窄一致，不得在潮湿时灌密封胶。灌缝时不得污损瓷板面。

（10）底板的拼缝有排水孔设置要求时，其排水通道不得阻塞。

4.挂贴瓷板饰面施工

（1）瓷板应按作业流水编号，瓷板拉结点的竖孔应钻在板厚中心线上，孔径为3.2~3.5 mm，深度为20~30 mm，板背模孔应与竖孔连通；用防锈金属丝穿孔固定，金属丝直径大于瓷板拼缝宽度时，应凿槽埋置。

（2）瓷板挂贴由下而上进行，出墙面勒脚的瓷板，应待上层饰面完成后进行。楼梯栏杆、栏板及墙裙的瓷板应在楼梯踏步、地面面层完成后进行。

（3）当基层用拉结钢网时，钢筋网应与锚固点焊接牢固。锚固点为螺栓时，其紧固力矩应取40~45 N·m。

（4）挂装的瓷板，同幅墙的瓷板色彩应一致（特殊要求除外）。

（5）瓷板挂装时，应找正吊直后用金属丝绑牢在拉结结钢筋网上，挂装时可用木楔调整，瓷板的拼缝宽度应符合设计要求，并不宜大于1 mm。

（6）灌筑填缝砂浆前，应将墙体及瓷板背面浇水润湿，并用石膏灰临时封闭瓷板竖缝，以防漏浆。用稠度100～150 mm的1∶2.5～1∶3水泥砂浆（体积比）分层灌筑，每层高度为150～200 mm，插捣应密实，待初凝后，应检查板面位置，合格后方可灌筑上层砂浆，否则应拆除重装，施工缝应留在瓷板水平接缝以下50～100 mm处，待填缝砂浆初凝后，方可拆除石膏及临时固定物。

（7）瓷板的拼缝处理应符合设计要求，当设计无要求时，用与瓷板颜色相配的水泥浆抹匀严密。

（8）冬期施工应采取相应措施保护砂浆，以免受冻。

5.金属饰面板安装

（1）金属饰面板安装，当设计无要求时，宜采用抽芯铝铆钉，中间必须垫橡胶垫圈。抽芯铝铆钉间距控制在100～150 mm。

（2）板材安装时严禁采用对接，搭接长度应符合设计要求，不得有透缝现象。

（3）阴阳角宜采用预制角装饰板安装，角板与大面搭接方向应与主导风向一致，严禁逆向安装。

6.塑料板饰面安装

（1）水泥砂浆基体必须垂直，要坚硬、平整、不起壳，不应过光，也不宜过毛，应洁净，如有麻面，宜用乳胶腻子修补平整，再刷一遍乳胶水溶液，以前增加黏结力。

（2）粘贴前，在基层上分块弹线预排。

（3）胶黏剂一般宜用脲醛树脂、聚酯酸乙酯、环氧树脂或氯丁胶黏剂。

（4）调制胶黏剂不宜太稀或太稠，应在基层表面和罩面板背面同时均匀涂刷胶黏剂；待用手触试已涂胶液，感到黏性较大时，即可进行粘贴。

（5）粘贴后应采取临时措施固定，同时及时清除板缝中多余的胶液，否则会污染板面。

（6）硬聚氯乙烯装饰板，用木螺钉和垫圈或金属压条固定，金属压条时，应先用钉将装饰板临时固定，然后加盖金属压条。

（7）储运时，应防止损坏板材。严禁暴晒或高温、撞击。凡缺棱少角或有裂缝者不宜使用。

（8）完成后的产品，应及时做好产品保护工作。

（二）质量检验与验收

1.主控项目

主控项目见表9-18。

表9-18 主控项目

序号	项目	合格质量标准	检验方法	检查数量
1	材料质量	塑料板的品种、规格、颜色和性能应符合设计要求，塑料饰面板的燃烧性能等级应符合设计要求	观察；检查产品合格证书、进场验收记录和性能检测报告	室内每个检验批应至少抽查10%，并不得少于3间；不足3间时应全数检查；室外每个检验批每100 m²应至少抽查1处，每处不得小于10 m²
2	塑料板安装	塑料板安装工程的龙骨、连接件的数量、规格、连接方法和防腐处理必须符合设计要求；塑料板安装必须牢固	手板检查；检查进场验收记录、隐蔽工程验收记录和施工记录	

2. 一般项目

一般项目见表9-19。

表9-19 一般项目

序号	项目	合格质量标准	检验方法	检查数量
1	饰面板表面质量	塑料板表面应平整、洁净，色泽应一致，无缺损	观察	同主控项目
2	饰面板嵌缝	塑料板嵌缝应平直，宽度应符合设计要求	观察；尺量检查	
3	饰面板孔洞套割	塑料板上的孔洞应套割吻合，边缘应整齐	观察	
4	安装允许偏差	塑料板安装的允许偏差和检验方法应符合表9-21的规定	见表9-20	

饰面板安装的允许偏差和检验方法见表9-20。

表9-20 饰面板安装的允许偏差和检验方法

序号	项目	允许偏差/mm	检验方法
1	立面垂直度	2	用2 m垂直检测尺检查
2	表面平整度	3	用2 m靠尺和塞尺检查
3	阴阳角方正	3	用200 mm直角检测尺检查
4	接缝直线度	2	拉5 m线，不足5 m拉通线，用钢直尺检查
5	墙裙、勒脚上口直线度	2	
6	接缝高低差	1	用钢直尺和塞尺检查
7	接缝宽度	1	用钢直尺检查

二、饰面砖粘贴工程

（一）一般规定

1. 质量一般要求

（1）饰面砖粘贴应预排，使接缝顺直、均匀。同一墙面上的横竖排列，不得有一项以上的非整砖。非整砖应排在次要部位或阴角处。

（2）基层表面如有管线、灯具、卫生设备等突出物，周围的砖应用整砖套割吻合，不得用非整砖拼凑镶贴。

（3）粘贴饰面砖横竖须按弹线标志进行。表面应平整，不显接槎，接缝平直，宽度一致。

（4）饰面砖的品种、规格、图案、颜色和性能应符合设计要求。进场后应派人进行挑选，并分类堆放备用。使用前，应在清水中浸泡 2h 以上，晾干后方可使用。

（5）饰面砖粘贴宜采用 1:2（体积比）水泥砂浆或在水泥砂浆中掺入≤15%的石灰膏或纸筋灰，以改善砂浆的和易性；也可用聚合物水泥砂浆粘贴，黏结层可减薄到 2~3 mm，108 胶的掺入量以水泥用量的 3% 为好。

2. 粘贴室内面砖

（1）粘贴室内面砖时一般由下往上逐层粘贴，从阳角起贴，先贴大面，后贴阴阳角、凹槽等难度较大的部位。

（2）每皮砖上口平齐成一线，竖缝应单边按墙上控制线齐直，砖缝应横平竖直。

（3）粘贴室内面砖时，如设计无要求，接缝宽度应为 1~1.5 mm。

（4）墙裙、浴盆、水池等处和阴阳角处应使用配件砖。

（5）粘贴室内面砖的房间，阴阳角须找方，要防止地面沿墙边出现宽窄不一的现象。

（6）如设计无特殊要求，砖缝应用白水泥擦缝。

3. 粘贴室外面砖

（1）粘贴室外面砖时，水平缝用嵌缝条控制（应根据设计要求排砖确定的缝宽做嵌缝木条），使用前木条应先捆扎后用水浸泡，以保证缝格均匀。施工中每次重复使用木条前都应及时清除余灰。

（2）粘贴室外面砖的竖缝用竖向弹线控制，其弹线密度可根据操作工人水平确定，可每块弹一垂线，也可 5~10 块弹一垂线，操作时，面砖下面坐在嵌条上，一边与弹线齐平。然后依次向上粘贴。

（3）外墙面砖不应并缝粘贴，完成后的外墙面砖，应用 1:1 水泥砂浆勾缝，先勾横缝，后勾竖缝，缝深宜凹进面砖 2~3 mm，宜用方板平底缝，不宜勾圆弧底缝，完成后用布或纱头擦净面砖。必要时可用浓度为 10% 的稀盐酸刷洗，但必须随即用水冲洗干净。

（4）外墙饰面粘贴前和施工过程中，均应在相同基层上做样板件，并对样板件的饰面砖黏结强度进行检验。每 300 m² 同类墙体取 1 组试样，每组 3 个，每楼层不得少于 1 组；不足 300 m² 每两楼层取 1 组。每组试样的平均黏结强度不应小于 0.4 MPa；每组可有 1 个试样的黏结强度小于 0.44 MPa，但不应小于 0.3 MPa。

（5）饰面板（砖）工程的抗震缝、伸缩缝、沉降缝等部位的处理应保证缝的使用功能和饰面的完整性。

4.粘贴陶瓷锦砖

（1）外墙粘贴陶瓷锦砖时，整幢房屋宜从上往下进行，但如上下分段施工，亦可从下往上进行粘贴，整间或独立部位应一次完成。

（2）陶瓷锦砖宜采用水泥浆或聚合物水泥浆粘贴。在粘贴之前基层应湿润，并刷水泥浆一遍，同时将每联陶瓷锦砖铺在木垫板上（底面朝上），清扫干净，缝中灌1:2干水泥砂。用软毛刷刷净底面砂，涂上2~3 mm厚的一层水泥浆（1:0.3=水泥：石灰膏），然后进行粘贴。

（3）在陶瓷锦砖粘贴完后20~30 min，将纸面用水润湿，揭去纸面，再拨缝使达到横平竖直，应仔细拍实、拍平，用水泥浆揭缝后擦净面层。

（二）质量检验与验收

1.主控项目

主控项目如表9-21所示。

表9-21　主控项目

序号	项目	合格质量标准	检验方法	检查数量
1	饰面砖质量	饰面砖的品种、规格、图案、颜色和性能应符合设计要求及国家现行标准的有关规定	观察；检查产品合格证书、进场验收记录、性能检测报告和复验报告	室内每个检验批应至少抽查10%，并不得少于3间；不足3间时全数检查；室外每个检验批每100 m²应至少抽查1处，每处不得小于10 m²
2	饰面砖粘贴材料	饰面砖粘贴工程的找平、防水、黏结和填缝材料及施工方法应符合设计要求及国家现行标准的有关规定	检查产品合格证书、复验报告和隐蔽工程验收记录	
3	饰面砖粘贴	饰面砖粘贴必须牢固	手拍检查，检查施工记录	
4	满粘法施工	满粘法施工的饰面砖工程应无裂缝，大面和阳角应无空鼓	观察；用小锤轻击检查	

2.一般项目

一般项目如表9-22所示。

表9-22　一般项目

序号	项目	合格质量标准	检验方法	检查数量
1	饰面砖表面质量	饰面砖表面应平整、洁净、色泽一致，无裂痕和缺损	观察	同主控项目

续表

序号	项目	合格质量标准	检验方法	检查数量
2	墙面突出物	墙面突出物周围的饰面砖应整砖套割吻合，边缘应整齐。墙裙、贴脸突出墙面的厚度应一致	观察；尺量检查	同主控项目
3	允许偏差	饰面砖粘贴的允许偏差和检验方法应符合表9-23的规定	见表9-23	

饰面砖粘贴的允许偏差和检验方法如表9-23所示。

表9-23　饰面砖粘贴的允许偏差和检验方法

序号	项目	允许偏差/mm	检验方法
1	立面垂直度	2	用2 m垂直检测尺检查
2	表面平整度	3	用2 m靠尺和塞尺检查
3	阴阳角方正	3	用200 mm直角检测尺检查
4	接缝直线度	2	拉5 m线，不足5 m拉通线，用钢直尺检查
5	接缝高低差	1	用钢直尺和塞尺检查
6	接缝宽度	1	用钢直尺检查

任务4　涂饰工程

一、水性涂料涂饰工程

（一）一般规定

（1）水性涂料涂饰工程应当在抹灰工程、地面工程、木装修工程、水暖电气安装工程等全部完成后，并在清洁干净的环境下施工。

（2）水性涂料涂饰工程的施工环境温度应为5~35 ℃。冬期施工，室内涂饰应在采暖条件下进行，保持均衡室温，防止浆膜受冻。

（3）水性涂料涂饰工程施工前，应根据设计要求做样板间，经有关部门同意认可后，才准大面积施工。

（4）基层表面必须干净、平整。表面麻面等缺陷应用腻子填平并用砂纸磨平、磨光。

（5）涂饰工程的基层处理应符合下列要求：

①新建筑物的混凝土或抹灰基层应在涂饰涂料前涂刷抗碱封闭底漆。

②旧墙面在涂饰涂料前应清除疏松的旧装修层，并涂刷界面剂。

③涂刷乳液型涂料时，含水率不得大于10%，木材基层的含水率不得大于12%。

④基层腻子应平整、坚实、牢固、无粉化、起皮和裂缝；内墙腻子的黏结强度应符合《建筑室内用腻子》（JG/T 298—2016）的规定。

⑤厨房、卫生间墙面必须使用耐水腻子。

（6）现场配制的涂饰涂料，应经试验确定，必须保证浆膜不脱落、不掉粉。

（7）涂刷要做到颜色均匀、分色整齐、不漏刷、不透底，每个房间要先刷顶棚，后由上而下一次做完。浆膜干燥前，应防止尘土沾污，完成后的产品应加以保护，不得损坏。

（8）湿度较大的房间刷浆，应采用具有防潮性能的腻子和涂料。

（9）机械喷浆可不受喷涂遍数的限制，以达到质量要求为准。门窗、玻璃不需要刷浆的部位应遮盖，以防沾污。

（10）室内涂饰，一面墙每遍必须一次完成，涂饰上部时，溅到下部的浆点，要用铲除掉，以免妨碍平整美观。

（11）顶棚与墙面分色处，应弹浅色分色线。用排笔刷浆时笔路长短要齐、要均匀一致，干后不许有明显的接头痕迹。

（12）涂层与其他装修材料和设备衔接处应吻合，界面应清晰。

（13）室外涂饰，同一墙面应用相同的材料和配合比。涂料在施工时，应经常搅拌，每遍涂层不应过厚，涂刷应均匀。若分段施工，其施工缝应留在分格缝处、墙的阴阳角处或水落管后。

（14）涂饰工程应在涂层养护期满后进行质量验收。

（二）质量检验与验收

1.主控项目

主控项目如表9-24所示。

表9-24　主控项目

序号	项目	合格质量标准	检验方法	检查数不清量
1	材料质量	水性涂料涂饰工程所用涂料的品种、型号和性能应符合设计要求及国家现行标准的有关规定	检查产品合格证书、性能检测报告、有害物质限量检验报告和进场验收记录	室外涂饰工程每100 m²应至少抽查1处，每处不得小于10 m²；室内涂饰工程每个检验批应至少抽查10%，并不得少于3间；不足3间时应全数检查
2	涂饰颜色和图案	水性涂料涂饰工程的颜色、光泽、图案应符合设计要求	观察	
3	涂饰综合质量	水性涂料涂饰工程应涂饰均匀、黏结牢固，不得漏涂、透底、起皮和掉粉	观察；手摸检查	
4	基层处理的要求	水性涂料涂饰工程的基层处理应符合基层处理要求	观察；手摸检查；检查施工记录	

2. 一般项目

一般项目如表9-25所示。

表9-25　一般项目

序号	项目	合格质量标准	检验方法	检查数量
1	与其他材料和设备衔接处	涂层与其他装修材料和设备衔接处应吻合，界面应清晰	观察	同主控项目
2	薄涂料涂饰质量允许偏差	薄涂料的涂饰质量和检验方法符合表9-26的规定	见表9-26	
3	厚涂料涂饰质量允许偏差	厚涂料的涂饰质量和检验方法应符合表9-27的规定	见表9-27	
4	复层涂料涂饰质量允许偏差	复层涂料的涂饰质量和检验方法应符合表9-28的规定	见表9-28	

薄涂料的涂饰质量和检验方法如表9-26所示。

表9-26　薄涂料的涂饰质量和检验方法

序号	项目	普通涂饰	高级涂饰	检验方法
1	颜色	均匀一致	均匀一致	观察
2	光泽、光滑	光泽基本均匀，光滑无挡手感	光泽均匀一致，光滑	
3	泛碱、咬色	允许少量轻微	不允许	
4	流坠、疙瘩	允许少量轻微	不允许	
5	砂眼、刷纹	允许少量轻微砂眼，刷纹通顺	无砂眼，无刷纹	

厚涂料的涂饰质量和检验方法如表9-27所示。

表9-27　厚涂料的涂饰质量和检验方法

序号	项目	普通涂饰	高级涂饰	检验方法
1	颜色	均匀一致	均匀一致	观察
2	光泽	光泽基本均匀	光泽均匀一致	
3	泛碱、咬色	允许少量轻微	不允许	
4	点状分布	—	疏密均匀	

复层涂料的涂饰质量和检验方法如表9-28所示。

表9-28　复层涂料的涂饰质量和检验方法

序号	项目	质量要求	检验方法
1	颜色	均匀一致	观察

续表

序号	项目	质量要求	检验方法
2	光泽	光泽基本均匀	
3	泛碱、咬色	不允许	观察
4	喷点疏密程度	均匀，不允许连片	

二、溶剂型涂料涂饰工程

（一）一般规定

（1）一般溶剂型涂料涂饰工程施工时的环境温度不宜低于 10 ℃，相对湿度不宜大于 60%。遇有大风、雨、雾等情况时，不宜施工（特别是面层涂饰，更不宜施工）。

（2）冬期施工室内溶剂型涂料涂饰工程时，应在采暖条件下进行，室温保持均衡。

（3）溶剂型涂料涂饰的工程施工前，应根据设计要求做样板件或样板间。经有关部同意认可后，才准大面积施工。

（4）木材表面涂饰溶剂型混色涂料应符合下列要求：

① 刷底涂料时，木料表面、橱柜、门窗等玻璃口四周必须涂刷到位，不可遗漏。

② 木料表面的缝隙、毛刺棱角和脂囊修整后，应用腻子多次填补，并用砂纸磨光。较大的缝隙应用木纹相同的材料用胶镶嵌。

③ 抹腻子时，对于宽缝、深洞要填入压实，抹平刮光。

④ 打磨砂纸要光滑，不能磨穿油底，不可磨损棱角。

⑤ 橱柜、门窗扇的上冒头顶面和下冒头底面不得漏刷涂料。

⑥ 涂刷涂料时应横平竖直、纵横交错、均匀一致。涂刷顺序应先上后下，先内后外，先浅色后深色，并按木纹方向理平、理直。

⑦ 每遍涂料应涂刷均匀，各层必须结合牢固。每遍涂料施工时，应待前一遍涂料干燥后进行。

（5）金属表面涂饰溶剂型涂料应符合下列要求：

① 涂饰前，金属面上的油污、鳞皮、锈斑、焊渣、毛刺、浮砂、尘土等，必须清除干净。

② 防锈涂料不得遗漏，且涂刷要均匀。

③ 防锈涂料和第一遍银粉涂料，应在设备、管道安装就位前涂刷，最后一遍银粉涂料应在刷浆工程完工后涂刷。

④ 薄钢屋面、檐沟、水落管、泛水等涂料时，可不刮腻子，但涂刷防锈涂料不应少于2遍。

⑤ 金属构件和半成品安装前，应检查防锈有无损坏，损坏处应补刷。

⑥ 薄钢板制作的屋脊、檐沟和天沟等咬口处，应用防锈油腻子填抹密实。

⑦ 金属表面除锈后，应在8 h内（湿度大时为4 h内）尽快刷底涂料，待底充分干燥后再涂刷后层涂料，其间隔时间视具体条件而定，一般不应少于48 h。一度和二度防锈涂

料涂刷间隔时间不应超过7 d。

⑧ 高级涂料做磨退时，应用醇酸磁漆涂刷，并根据涂膜厚度增加1~2遍涂料和磨退、打砂蜡、打油蜡、擦亮的工作。

⑨ 金属构件在组装前应先涂刷一遍底子油（干性油、防锈涂料），安装后再涂刷涂料。

（6）混凝土表面和抹灰表面涂饰溶剂型涂料应符合下列要求：

① 在涂饰前，基层应充分干燥洁净，不得有起皮、松散等缺陷。粗糙面应磨光，缝隙、小洞及不平处应用油腻子补平。外墙在涂饰前先刷一遍封闭涂层，然后再刷底子油涂料、中间层和面层。

② 涂刷乳胶漆时，稀释后的乳胶漆应在规定时间内用完，并不得加入催干剂，外墙表面的缝隙、孔洞和磨面，不得用大白纤维素等低强度的腻子填补，应用水泥乳胶腻子填补。

③ 外墙面油漆应选用有防水性能的涂料。

（7）木材表面涂饰清漆应符合下列要求：

① 应当注意色调均匀，拼色相互一致，表面不得显露节疤。

② 在涂刷清漆、上蜡时，要做到均匀一致，理平、理光，不可显露刷纹。

③ 对修拼色必须十分重视。修色后，要求在1 m距离内看不见修色痕迹。对颜色明显不一致的木材，要通过拼色达到颜色基本一致。

④ 有打蜡出光要求的工程，应当将砂蜡打匀，擦油蜡时要薄而匀、赶光一致。

（二）质量检验与验收

1. 主控项目

主控项目如表9-29所示。

表9-29　主控项目

序号	项目	合格质量标准	检验方法	检查数量
1	涂料质量	溶剂型涂料涂饰工程所选涂料的品种、型号和性能应符合设计要求及国家现行标准的有关规定	检查产品合格证书、性能检测报告、有害物质限量检验报告和进场验收记录	室外涂饰工程每100 m² 应至少检查1处，每处不得小于10 m³；室内涂饰工程每个检验批应至少抽查10%，并不得少于3间，不足3间时应全数检查
2	颜色、光泽、图案	溶剂型涂料涂饰工程的颜色、光泽、图案应符合设计要求	观察	
3	涂饰综合质量	溶剂型涂料涂饰工程应涂饰均匀、黏结牢固，不得漏涂、透底、起皮和反锈	观察；手摸检查	

续表

序号	项目	合格质量标准	检验方法	检查数量
4	基层处理	溶剂型涂料涂饰工程的基层处理应符合以下要求： （1）新建筑物的混凝土或抹灰基层在涂饰涂料前应涂刷抗碱封闭底漆； （2）旧墙在涂饰涂料前应清除疏松的旧装修层，并涂刷界面剂； （3）混凝土或抹灰基层涂刷溶剂型涂料时，含水率不得大于8%；涂刷乳液型涂料时，含水率不得大于10%；木材基层的含水率不得大于12%； （4）基层腻子应平整、坚实、牢固，无粉化、起皮和裂缝；内墙腻子的黏结强度应符合《建筑室内用腻子》（JG/T 298—2010）的规定； （5）厨房、卫生间墙面必须使耐水腻子	观察；手摸检查；检查施工记录	室外涂饰工程每100 m²应至少检查1处，每处不得小于10 m³；室内涂饰工程每个检验批应至少抽查10%，并不得少于3间，不足3间时应全数检查

2. 一般项目

一般项目如表9-30所示。

表9-30 一般项目

序号	项目	合格质量标准	检验方法	检查数量
1	与其他材料、设备衔接	涂层与其他装修材料和设备衔接处应吻合，界面应清晰	观察	同主控项目
2	色漆涂饰质量	色漆的涂饰质量和检验方法应符合表9-31的规定	见表9-31	
3	清漆涂饰质量	清漆的涂饰质量和检验方法应符合表9-32的规定	见表9-32	

色漆的涂饰质量和检验方法如表9-31所示。

表9-31 色漆的涂饰质量和检验方法

序号	项目	普通涂饰	高级涂饰	检验方法
1	颜色	基本一致	均匀一致	观察
2	光泽、光滑	光泽基本均匀，光滑无挡手感	光泽均匀一致，光滑	观察、手摸检查

续表

序号	项目	普通涂饰	高级涂饰	检验方法
3	刷纹	刷纹通顺	无刷纹	观察
4	裹棱、流坠、皱皮	明显处不允许	不允许	

注：无光色漆不检查光泽。

清漆的涂饰质量和检验方法如表9-32所示。

表9-32　清漆的涂饰质量和检验方法

序号	项目	普通涂饰	高级涂饰	检验方法
1	颜色	基本一致	均匀一致	观察
2	木纹	棕眼刮平、木纹清楚	棕眼刮平、木纹清楚	
3	光泽、光滑	光泽基本均匀，光滑无挡手感	光泽均匀一致，光滑	观察、手摸检查
4	刷纹	无刷纹	无刷纹	观察
5	裹棱、流坠、皱皮	明显处不允许	不允许	

三、美术涂饰工程

（一）一般规定

（1）滚花：先在完成的涂饰表面弹垂直粉线，然后沿粉线自上而下滚涂，滚筒的轴必须垂直于粉线，不得歪斜。滚花完成后，周边应画色线或做边线、方格线。

（2）仿木纹、仿石纹：应在第一遍涂料表面上进行。待模仿纹理或油色拍丝等完成后，表面应涂刷一遍罩面清漆。

（3）鸡皮皱：在油漆中需掺入20%～30%的大白粉（质量比），用松节油进行稀释。涂刷厚度一般为2 mm，表面拍打起粒应均匀、大小一致。

（4）拉毛：在油漆中需掺入石膏粉或滑石粉，其掺量和涂刷厚度，应根据波纹大小由试验确定。面层干燥后，宜用砂纸磨去毛尖。

（5）套色漏花：刻制花饰图套漏板，宜用喷印方法进行，并按分色顺序进行喷印，前一套漏板喷印完，应待涂料稍干后，进行下一套漏板的喷印。

（二）质量检查与验收

1.主控项目
主控项目如表9-33所示。

表9-33　主控项目

序号	项目	合格质量标准	检验方法	检验数量
1	材料质量	美术涂饰所用材料的品种、型号和性能应符合设计要求及国家现行标准的有关规定	观察；检查产品合格证书、性能检测报告、有害物质限量检验报告和进场验收记录	室外涂饰工程每100 m²应至少检查1处，每处不得小于10 m²；室内涂饰工程每个检验批应至少抽查10%，并不得小于3间，不足3间时应全数检查
2	涂饰综合质量	美术涂饰工程应涂饰均匀、黏结牢固，不得漏涂、透底、起皮、掉粉和反锈	观察：手摸检查	
3	基层处理	美术涂饰工程的基层处理应符合以下要求： （1）新建筑物的混凝土或抹灰基层在涂饰涂料前应涂刷抗碱封闭底漆； （2）旧墙面在涂饰涂料前应清除疏松的旧装修层，并涂刷界面剂； （3）混凝土或抹灰基层涂刷溶剂型涂料时，含水率不得大于8%；涂刷乳液型涂料时，含水率不得大于10%；木材基层的含水率不得大于12%； （4）基层腻子应平整、坚实、牢固，无粉化、起皮和裂缝；内墙腻子的黏结强度应符合《建筑室内用腻子》（JG/T 298—2010）的规定； （5）厨房、卫生间墙面必须使用耐水腻子	观察；手摸检查；检查施工记录	
4	套色、花纹、图案	美术涂饰的套色、花纹和图案应符合设计要求	观察	

2. 一般项目

一般项目如表9-34所示。

表9-34　一般项目

序号	项目	合格质量标准	检验方法	检验数量
1	表面质量	美术涂饰表面应洁净，不得有流坠现象	观察	同主控项目
2	仿花纹理涂饰表面质量	仿花涂饰的饰面应具有被模仿材料的纹理		
3	套色涂饰图案	套色漆饰的图案不得移位，纹理和轮廓应清晰		

技能训练9

一、单项选择题

1.一般抹灰工程施工的环境温度，高级抹灰不应低于（　　）℃。

  A.0　　　　　　　　B.5　　　　　　　　C.8　　　　　　　　D.10

2.室内一般抹灰每个检验批的抽查数量不得少于（　　），且不得少于3间。

  A.5%　　　　　　　　B.8%　　　　　　　　C.10%　　　　　　　　D.15%

3.为控制抹灰平整度和垂直度应（　　）。

  A.挂线　　　　　　　B.弹线　　　　　　　C.做灰饼、冲筋　　　　D.分层抹灰

4.抹灰用石灰膏的熟化期应不得少于（　　）d。

  A.3　　　　　　　　B.7　　　　　　　　C.10　　　　　　　　D.15

5.抹灰罩面用磨细石灰粉的熟化期应不得少于（　　）d。

  A.3　　　　　　　　B.7　　　　　　　　C.10　　　　　　　　D.15

6.高级抹灰立面垂直度允许偏差为（　　）mm。

  A.2　　　　　　　　B.3　　　　　　　　C.4　　　　　　　　D.5

7.室内外墙面、柱面和门洞口的阳角做法应符合设计要求，设计无要求时，应采用（　　）水泥砂浆做暗护角，其高度不应低于2 m，每侧宽度不应小于50 mm。

  A.1:2　　　　　　　B.1:3　　　　　　　C.1:4　　　　　　　D.1:5

8.当要求抹灰层具有防水、防潮功能时，应采用（　　）。

  A.石灰砂浆　　　　B.混合砂浆　　　　　C.防水砂浆　　　　　D.水泥砂浆

9.抹灰层与基层之间及各抹灰层之间（　　）黏结牢固。

  A.不须　　　　　　B.宜　　　　　　　　C.应　　　　　　　　D.必须

10.检查抹灰层是否空鼓用（　　）检查。

  A.超声波　　　　　B.针刺　　　　　　　C.小锤轻击　　　　　D.手摸

11.不同材料基体交接处表面的抹灰，应采取防止开裂的加强措施，当采用加强网时，加强网与各基体的搭接宽度应不小于（　　）mm。

  A.50　　　　　　　B.80　　　　　　　　C.100　　　　　　　　D.120

12.抹灰工程应分层进行，当抹灰总厚度大于或等于（　　）mm时，应采取加强

措施。

    A.20   B.30   C.35   D.40

13.同品种、类型和规格的木门窗及门窗玻璃每（   ）樘为1个检验批。

    A.50   B.100   C.150   D.200

14.光面石材饰面板安装的表面平整度允许偏差为（   ）mm。

    A.2   B.3   C.4   D.5

15.当设计对室内面砖的接缝宽度无要求时，一般应为（   ）mm。

    A.<1   B.1 ~ 1.5   C.1.5 ~ 2   D.>2

16.外墙饰面砖粘贴立面垂直度允许偏差为（   ）mm。

    A.2   B.3   C.4   D.5

17.外墙饰面粘贴前和施工过程中，均应在相同基层上做样板件，并对样板件的饰面砖黏结强度进行检验，每（   ）m²同类墙体取1组试样，每组3个，每楼层不得少于1组。

    A.200   B.300   C.400   D.500

18.下列不属于水性涂料涂饰工程质量检验与检查的主控项目的是（   ）。

    A.基础处理   B.材料质量   C.允许偏差   D.涂饰质量

19.水性涂料涂饰的施工环境温度不宜低于（   ）℃，也不宜高于35 ℃。

    A.0   B.3   C.5   D.8

20.一般溶剂型涂料涂饰的施工环境温度不宜低于（   ）℃。

    A.0   B.5   C.8   D.10

二、多项选择题

1.一般抹灰质量检验与检查的主控项目有（   ）。

    A.基础表面   B.材料品种性能   C.分隔缝

    D.操作要求   E.层黏结及层质量

2.木门窗安装质量检验与检查的主控项目有（   ）。

    A.木门窗品种、规格、安装方向位置   B.木门窗安装牢固

    C.木门窗扇安装   D.木门窗配件安装   E.缝隙嵌填材料

3.金属门窗安装质量检验与检查的主控项目有（   ）。

    A.金属门窗质量   B.框和副框安装及预埋件

    C.门窗扇安装   D.配件质量及安装   E.缝隙嵌填材料

4.以下关于室内面砖粘贴顺序正确的有（   ）。

    A.由下往上粘贴   B.由上往下粘贴

    C.先贴大面,后贴难度较大的部位   D.从阳角起贴

    E.从阴角起贴

5.一般抹灰所用材料的品种和性能应符合设计要求，水泥的（   ）复验应合格。（   ）。

    A.凝结时间   B.细度   C.安定性

D.SO₃   E.稠度

三、判断题（正确的打"√"，错误的打"×"）

1.相同材料、工艺和施工条件的室外抹灰工程每500~1 000 m²应划分为1个检验批，不足500 m²按1个检验批划分。（　　）

2.相同材料、工艺和施工条件的室内抹灰工程每100个自然间（大面积房间和走廊按抹灰面积30 m²为1间）应划分为1个检验批，不足100间按1个检验批划分。（　　）

3.水泥砂浆可以抹在石灰砂浆层上。（　　）

4.室内外墙面、柱面和门洞口的阳角做法应符合设计要求；设计无要求时，应采用1:2水泥砂浆做暗护角，其高度不应低于1 m，每侧宽度不应小于30 mm。（　　）

5.外墙窗台、窗楣、雨篷、阳台、压顶和突出腰线等，上面应做流水坡度，下面应做滴水线或滴水槽，滴水槽的深度和宽度均不应小于5 mm。（　　）

6.装饰抹灰分格缝（条）的设置应符合设计要求，宽度和深度应均匀，表面应平整光滑，棱角应整齐。（　　）

7.木门窗中窗棂、压条、门窗及气窗的线脚、通风窗立挺允许有死节。（　　）

8.钢门窗框与墙体之间的缝隙应填嵌饱满，并采用密封胶密封。密封胶表面应光滑、顺直，可以有裂纹。（　　）

9.外墙面砖不应并缝粘贴，完成后的外墙面砖，应用1:1水泥砂浆勾缝，先勾横缝，后勾竖缝，缝深宜凹进面砖2~3 mm。（　　）

10.一般溶剂型涂料涂饰工程施工时的环境温度不宜低于10 ℃，相对湿度不宜大于60%。（　　）

项目 10

建筑节能工程质量控制

任务1　建筑节能工程基本规定

建筑节能工程是当前和今后国家提倡和发展的重点，较为重要。《建筑节能工程施工质量验收标准》（GB 50411—2019）规定：单位工程竣工验收应在建筑节能分部工程验收合格后进行。即根据国家规定，建设工程必须节能，节能达不到要求的建筑工程不得验收交付使用。建筑节能验收是单位工程验收的先决条件，具有"一票否决权"。

一、建筑节能工程施工技术与管理

（1）承担建筑节能工程的施工企业应具备相应的资质；施工现场应建立相应的质量管理体系、施工质量控制和检验制度，具有相应的施工技术标准。

（2）设计变更不得降低建筑节能效果，且不得低于国家现行有关标准的规定。当设计变更涉及建筑节能效果时，应经原施工图设计文件审查机构重新审查，出具书面审查文件，并按变更后的要求进行施工和验收。在实施前应办理设计变更手续，并需获得原设计单位、建设单位、监理单位、施工单位的确认。

本条规定有三层含义：第一，任何有关节能的设计变更，均须在施工前办理设计变更手续；第二，有关节能的设计变更不应降低节能效果；第三，有关节能的设计变更，还应报原节能设计审查机构审查。节能设计变更应首先由设计单位计算校核，并报原施工图设计文件审查机构重新审查，出具书面审查文件。根据国家现行有关规定，设计变更须经设计单位、建设单位、监理单位、施工单位确认后方可实施。

（3）建筑节能工程采用的新技术、新设备、新材料、新工艺，通常称为"四新"技术。"四新"技术由于"新"，尚无标准可依。对于"四新"技术的应用，应以积极、慎重的态度对待。国家鼓励建筑节能工程在施工中采用"四新"技术，但为了防止不成熟的技术或材料被应用到工程上，国家同时还规定对于"四新"技术，要采取科技成果鉴定、技术评审等措施进行评审、鉴定及备案。

（4）每个工程的施工组织设计均应包括建筑节能工程施工内容。建筑节能工程施工前，施工单位应编制建筑节能工程施工方案并经监理单位审查批准。施工单位应对从事建筑节能工程施工作业的人员进行技术交底和必要的实际操作培训。

（5）建筑节能工程的质量检测，应由具备相应资质的检测机构承担。但外墙节能构造的现场实体检验应在监理工程师（建设单位代表）见证下委托有资质的检测机构实施，或由施工单位实施。

二、建筑节能工程施工材料与设备的基本规定

（1）建筑节能工程使用的材料、设备等，必须符合设计要求及国家有关标准的规定。严禁使用国家明令禁止与淘汰的材料与设备。

（2）材料和设备进场验收应遵守下列规定：

① 对材料和设备的品种、规格、包装、外观和尺寸等进行检查验收，并应经监理工程师（建设单位代表）确认，形成相应的验收记录。

② 对材料和设备的质量证明文件进行核查，并应经监理工程师（建设单位代表）确认，纳入工程技术档案。进入施工现场用于节能工程的材料和设备均应具有出厂合格证、中文说明书及相关性能检测报告；定型产品和预制构件应有型式检验报告，进口材料和设备应按规定进行出入境商品检验。

③ 对材料和设备应按照表10-1的规定在施工现场抽样复验。复验应为见证取样送检。

表10-1　建筑节能工程进场材料和设备的复验项目

序号	分项工程	复验项目
1	墙体节能工程	(1) 保温材料的导热系数或热阻、密度、压缩强度或抗压强度、垂直于板面方向的抗拉强度、吸水率、燃烧性能（不燃材料除外）； (2) 复合保温板等墙体节能定型产品的传热系数或热阻、单位面积质量、拉伸黏结强度、燃烧性能（不燃材料除外）； (3) 保温砌块（砖）砌体、构件等定型产品的传热系数或热阻、抗压强度、吸水率； (4) 反射隔热涂料的太阳光反射比、半球发射率； (5) 黏结材料的拉伸黏结强度； (6) 抹面材料的拉伸黏结强度、压折比； (7) 增强网的力学性能、抗腐蚀性能
2	幕墙节能工程	(1) 保温材料：导热系数或热阻、密度、吸水率、有机材料的燃烧性能； (2) 玻璃系统：可见光透射比、传热系数、遮阳系数及中空玻璃密封性能； (3) 隔热型材：抗拉强度、抗剪强度； (4) 透光、半透光遮阳材料的太阳光透射比、太阳光反射比
3	门窗节能工程	(1) 严寒、寒冷地区：门窗的传热系数、气密性能； (2) 夏热冬冷地区：门窗的传热系数、气密性能、玻璃遮阳系数、可见光透射比； (3) 夏热冬暖地区：门窗的气密性、玻璃遮阳系数、可见光透射比； (4) 严寒、寒冷、夏热冬冷和夏热冬暖地区：透光、部分透光遮阳材料的太阳光透射比、太阳光反射比，中空玻璃的密封性能
4	屋面节能工程	(1) 保温隔热材料的导热系数或热阻、密度、吸水率、抗压强度或压缩强度、燃烧性能（不燃材料除外）； (2) 反射隔热材料的太阳光反射比、半球发射率
5	地面节能工程	保温材料的导热系数、密度、抗压强度或压缩强度、吸水率、燃烧性能（不燃材料除外）
6	采暖节能工程	(1) 散热器的单位散热量、金属热强度； (2) 保温材料的导热系数或热阻、密度、吸水率
7	通风与空调节能工程	(1) 风机盘管机组的供冷量、供热量、风量、水阻力、噪声及功率； (2) 绝热材料的导热系数或热阻、密度、吸水率
8	空调与采暖系统冷、热源及管网节能工程	绝热材料的导热系数或热阻、密度、吸水率
9	配电与照明节能工程	(1) 照明光源初始光效； (2) 照明灯具镇流器能效值； (3) 照明灯具效率； (4) 照明设备功率、功率因数和谐波含量值

（3）建筑节能工程使用材料的燃烧性能等级和阻燃处理，应符合设计要求和国家标准《建筑设计防火规范》（GB 50016—2014）和《建筑内部装修设计防火规范》（GB 50222—2017）的规定。

（4）建筑节能工程使用的材料应符合国家现行有关标准对材料有害物质限量的规定，不得对室内外环境造成污染。

（5）现场配制的材料如保温浆料、聚合物砂浆等，应按设计要求或试验室给出的配合比配制。当设计未给出要求时，应按照施工方案和产品说明书配制。

（6）节能保温材料在施工使用时的含水率应符合设计要求、施工工艺及施工技术方案要求。当无上述要求时，节能保温材料在施工使用时的含水率不应大于正常施工环境湿度下的自然含水率，否则应采取降低含水率的措施。

三、建筑节能工程施工与控制

（1）建筑节能工程应按照经审查合格的设计文件和经审查批准的专项施工方案施工。

（2）建筑节能工程施工前，对于采用相同建筑节能设计的房间和构造做法，应在现场采用相同材料和工艺制作样板间或样板件，经有关各方确认后方可进行施工。

（3）建筑节能工程的施工作业环境和条件，应满足相关标准和施工工艺的要求。节能保温材料不宜在雨雪天气中露天施工。

四、建筑节能工程施工质量验收

建筑节能工程为单位建筑工程的一个分部工程。其子分部工程和分项工程的划分，应符合下列规定：

（1）建筑节能子分部应按表10-2划分。

表10-2　建筑节能分项工程划分

序号	分项工程	主要验收内容
1	墙体节能工程	主体结构基层；保温隔热构造；抹面层；饰面层；保温隔热砌体等
2	幕墙节能工程	保温隔热构造；隔汽层；幕墙玻璃；单元式幕墙板块；通风换气系统；遮阳设施；冷凝水收集排放系统；幕墙与周边墙体和屋面间的接缝等
3	门窗节能工程	门；窗；天窗；玻璃；遮阳设施；通风器；门窗与洞口间隙等
4	屋面节能工程	主体结构基层；保温隔热构造；保护层；隔汽层、防水层、面层等
5	地面节能工程	主体　结构基层；保温隔热构造；保护层；面层等
6	采暖节能工程	系统形式；散热器；自控阀门与仪表；热力入口装置；保温隔热构造；调试等
7	通风与空调调节节能工程	系统形式；通风与空调设备；自控阀门与仪表；绝热构造；调试等
8	空调与采暖系统的冷热源及管网节能工程	系统形式；冷热源设备；辅助设备；管网；自控阀门与仪表；绝热构造；调试等

序号	分项工程	主要验收内容
9	配电与照明节能工程	低压配电电源；照明光源、灯具；附属装置；控制功能；调试等
10	监控与控制节能工程	冷、热源系统的监测控制系统；供暖与空调的监测控制系统；监测与计量装置；供配电的监测控制系统；照明控制系统；调试等
11	地源热泵换热系统节能工程	岩土热响应试验；钻孔数量、位置及深度；管材、管件；热源井数量、井位分布、出水量及回灌量；换热设备；自控阀门与仪表；绝热材料；调试等
12	太阳能光热系统节能工程	太阳能集热器；储热设备；控制系统；管路系统；调试等
13	太阳能光伏节能工程	光伏组件；逆变器；配电系统；储能蓄电池；充放电控制器；调试等

（2）建筑节能工程应按照分项工程进行验收。当建筑节能分项工程的工程量较大时，可以将分项工程划分为若干个检验批进行验收。

（3）当建筑节能工程无法按照上述要求划分分项工程或检验批时，可由建设、监理、施工等各方协商划分。但验收项目、验收内容、验收标准和验收记录应符合《建筑节能工程施工质量验收规范》（GB 50411—2019）的规定。

（4）建筑节能分项工程和检验批的验收应单独填写验收记录，节能验收资料应单独组卷。

任务2　墙体节能工程

本任务适用于采用板材、浆料、块材及预制复合墙板等墙体保温材料或构件的建筑墙体节能工程施工质量验收。

一、一般规定

（1）主体结构完成后进行施工的墙体节能工程，应在基层质量验收合格后施工，施工过程中应及时进行质量检查、隐蔽工程验收和检验批验收，施工完成后应进行墙体节能分项工程验收。与主体结构同时施工的墙体节能，应与主体结构一同验收。

（2）墙体节能工程应对下列部位或内容进行隐蔽工程验收，并应有详细的文字记录和必要的图像资料：

① 保温层附着的基层及其表面处理；

② 保温板黏结或固定；

③ 被封闭的保温材料厚度；

④ 锚固件及锚固节点做法；

⑤ 增强网铺设；

⑥ 抹灰面厚度；

⑦ 墙体热桥部位处理；

⑧ 保温装饰板、预制保温板或预制保温墙板的位置、界面处理、板缝、构造节点及固定方式。

（3）墙体节能工程的保温隔热材料在运输、储存和施工过程中应采取防潮、防水、防火等保护措施。

（4）墙体节能工程验收的检验批划分应符合下列规定：

① 采用相同材料、工艺和施工做法的墙面，扣除门窗洞口后的保温墙面面积每1 000 m² 划分1个检验批。

② 检验批的划分也可根据与施工流程一致且方便施工与验收的原则，由施工单位与监理单位协商确定。

二、质量检验与验收

墙体节能工程的检验标准和检验方法见表10-3。

表10-3　墙体节能工程的检验标准和检验方法

分项	序号	项目	合格质量标准	检验方法	检验数量
主控项目	1	材料、构件等的品种、规格	符合设计要求和国家现行有关标准的规定	观察、尺量检查；核查质量证明文件	按进场批次，每批随机抽查3个试样；质量证明文件应按照其出厂检验批进行核查
	2	保温隔热材料的导热系数或热阻、密度、抗压强度或压缩强度、垂直于板面方向的抗拉强度、燃烧性能（不燃材料除外）	符合设计要求	核查质量证明文件、随机抽样检验及进场复验报告	全数检查

分项	序号	项目	合格质量标准	检验方法	检验数量
主控项目	3	保温材料、黏结材料应进场复验： (1) 保温材料的导热系数或热阻、单位面积质量、拉伸黏结强度、燃烧性能（不燃材料除外）； (2) 保温砌块等墙体节能定型产品的传热系数或热阻、抗压强度、吸水率； (3) 反射隔热材料的太阳光反射比、半球发射率； (4) 黏结材料的拉伸黏结强度； (5) 抹面材料的拉伸黏结强度、压折比； (6) 增强网的力学性能、抗腐蚀性能	符合设计要求和国家现行有关标准的规定	核查质量证明文件、随机抽样检验及进场复验报告	同厂家、同品种产品，按照扣除门窗洞口后的保温墙面面积所使用的材料用量，在5 000 m²以内的应复验1次；面积每增加5 000 m²应增加复验1次。同工程项目、同施工单位且同期施工的多个单位工程，可合并计算抽检面积
	4	严寒和寒冷地区外保温使用的抹面材料的冻融试验	符合该地区最低气温环境的使用要求	核查质量证明文件	全数检查
	5	基层处理	符合保温层设计要求和专项施工方案的要求	观察；核查隐蔽工程验收记录	全数检查

续表

分项	序号	项目	合格质量标准	检验方法	检验数量
主控项目	6	各层构造做法	符合设计要求和专项施工方案的要求	观察;核查隐蔽工程验收记录	全数检查
	7	(1) 保温隔热材料厚度; (2) 保温板材与基层及各构造层间的黏结; (3) 保温浆料做外保温时,厚度大于20 mm的保温浆料应分层施工; (4) 预埋锚固件数量、位置、锚固深度、胶结材料性能和锚固力应符合设计和施工方案的要求	(1) 不得低于设计要求; (2) 拉伸黏结强度、连接方式和黏结面积比应符合设计要求; (3) 不应脱层、空鼓和开裂; (4) 符合设计要求	观察;手扳检查;保温材料厚度采用钢针或剖开尺量检查;拉伸黏结强度和锚固力核查试验报告;核查隐蔽工程验收记录	每个检验批抽查不少于3处
	8	预置保温板现场浇筑混凝土墙体	保温板安装位置正确、接缝严密;施工中不得位移、变形;与混凝土黏结牢固。	观察;尺量检查;核查隐蔽工程验收记录	全数检查
	9	保温浆料同条件养护试块的导热系数、干密度、抗压强度	符合设计要求和相关标准的规定	核查试验报告	同厂家、同品种产品,按照扣除门窗洞口后的保温墙面面积,在5 000 m² 以内的是应复验1次;面积每增加5 000 m²应增加1次复验;同工程项目、同施工单位且同期施工的多个单位工程,可合并计算抽检面积

分项	序号	项目	合格质量标准	检验方法	检验数量
主控项目	10	各类饰面层的基层及面层施工： （1）外墙外保温工程不宜采用粘贴饰面砖做饰面层，当采用时，其安全性与耐久性必须符合设计要求，饰面砖应做黏结强度拉拔试验； （2）外墙外保温工程的饰面层不得渗漏，当外墙外保温工程的饰面层采用开缝安装时，保温层表面应覆盖具有防水功能的抹面层或采用其他防水措施； （3）外墙外保温层及饰面层与其他部位交接的收口处，应采取防水措施	应符合《建筑装饰装修工程质量验收标准》（GB 50210—2018）的要求，并应符合下列规定： （1）饰面层施工的基层应无脱层、空鼓和裂缝，平整、洁净、含水率符合饰面层施工的规定； （2）无渗漏； （3）无渗漏	观察；核查试验报告和隐蔽工程验收记录	全数检查
	11	保温砌块砌筑的墙体，应采用配套砂浆砌筑；砌体灰缝饱满度不应低于80%	砌筑砂浆强度等级应符合设计要求	核查砂浆强度及导热系数试验报告；用百格网检查灰缝砂浆饱满度	每楼层的每个施工段至少抽查1次，每次抽查5处，每处不少于3个砌块

续表

分项	序号	项目	合格质量标准	检验方法	检验数量
主控项目	12	采用预制保温墙板安装墙体： （1）保温墙板与主体结构的连接必须牢固； （2）保温墙板的板缝处理、构造节点及嵌缝做法应符合设计要求； （3）保温墙板板缝不得渗漏	（1）保温墙板的结构性能、热工性能及与主体的连接方式应符合设计要求； （2）符合设计要求； （3）无渗漏	检查型式检验报告、出厂检验报告、对照设计观察和淋水试验检查；核查隐蔽工程验收记录	型式检验报告、出厂检验报告全数核查；板缝不得渗漏，可按照扣除门窗洞口后的保温墙面面积，在 5 000 m² 以内时应检查 1 处，面积每增加 5 000 m² 增加 1 处
	13	采用保温装饰板： （1）保温装饰板的安装构造与基层墙体的连接必须牢固； （2）保温装饰板的板缝处理、构造节点及嵌缝做法应符合设计要求； （3）保温墙板板缝不得渗漏； （4）保温装饰板的锚固件应将保温装饰板的装饰面板固定	（1）安装构造与连接方法应符合设计要求； （2）符合设计要求； （3）无渗漏； （4）固定牢固	检查型式检验报告、出厂检验报告、对照设计观察和淋水试验检查；核查隐蔽工程验收记录	型式检验报告、出厂检验报告全数核查；板缝不得渗漏，可按照扣除门窗洞口后的保温墙面面积，在 5000 m² 以内时应检查 1 处，面积每增加 5 000 m² 应增加 1 处

分项	序号	项目	合格质量标准	检验方法	检验数量
主控项目	14	采用防火隔离带构造的外墙保温工程	采用防火隔离带构造的外墙保温工程，施工前编制的专项施工方案应符合《建筑外墙外保温防火隔离带技术规程》（JGJ 289—2012），材料和工艺应与专项施工方案相符	检查专项施工方案，检查样板墙	全数检验
	15	防火隔离带组	防火隔离带预制件与基层墙体连接可靠；防火隔离的面层材料应与外墙外保温一致	对照设计观察检查	全数检验
	16	建筑外墙外保温防火隔离带保温材料的燃烧性能	建筑外墙外保温防火隔离带保温材料的燃烧性能等级应为A级	检查质量证明文件及检验报告	全数检验
	17	墙体内的隔气层	墙体内的隔气层应完整、严密，穿透隔气层处应采取密封措施，隔气层位置、使用的材料及构造做法应符合设计要求和相关标准的规定；隔气层冷凝水排水构造应符合设计要求	对照设计观察检查；核查质量证明文件和隐蔽工程验收记录	全数检验
	18	外墙或毗邻不采暖空间墙体上的门窗洞口四周的侧面，墙体上凸窗四周的侧面	应按设计要求采取节能保温措施	对照设计观察检查，采用红外热像仪检查或剖开检查；核查隐蔽工程验收记录	最小抽样数量不少于5处

续表

分项	序号	项目	合格质量标准	检验方法	检验数量
主控项目	19	严寒及寒冷地区外墙热桥部位	按设计要求采取隔断热桥措施	对照设计和施工方案观察检查；核查隐蔽工程验收记录；使用红外热像仪检查	隐蔽工程验收记录应全数检查，按热桥类型，每种抽查20%，并不少于5处
一般项目	1	进场节能保温材料与构件的外观和包装	进场节能保温材料与构件的外观和包装应完整无破损，并符合设计要求和产品标准的规定	观察检查	全数检查
	2	采用增强网作为防止开裂的措施时，增强网应铺贴平整、不得皱褶、外露	符合设计和施工方案的要求	观察检查；核查隐蔽验收记录	每个检验批抽查不少于5处，每处不少于2 m²
	3	外墙热桥部位	设置集中供暖和空调的房间，其外墙热桥部位应按设计要求采取隔断热桥的措施	对照专项施工方案观察检验；核查隐蔽工程验收记录	隐蔽工程验收记录应全数检查，按热桥种类，每种抽查10%，并不少于5处
	4	施工产生的墙体缺陷，如穿套管、脚手眼、孔洞、外门窗框或附框与洞口之间的间隙等，不得影响墙体热工性能	应按照施工方案采取隔断热桥的措施，不得影响墙体热工性能	对照施工方案观察检查施工记录	全数检查
	5	墙体保温板材接缝应平整、严密，接缝方法	应符合专项施工方案的要求	对照专项施工方案，剖开检查	每个检验批抽查不少于5块保温板材

续表

分项	序号	项目	合格质量标准	检验方法	检验数量
一般项目	6	外墙保温装饰板安装	表面平整，板缝均匀一致	观察检查	每个检验批抽查10%，并不少于10处
	7	墙体保温浆料施工	保温浆料厚度应均匀，接茬应平顺、密实	观察、尺量检查	每个检验批抽查10%，并不少于10处
	8	墙体上的阳角、门窗洞口及不同材料基体的交接处等部位的保温层	应采取防止开裂和破损的加强措施	观察检查；核查隐蔽工程验收记录	按不同部位，每类抽查10%，并不少于5处
	9	采用现场喷涂或模板浇注的有机类保温材料做外保温时	有机类保温材料达到陈化时间后方可进行下道工序施工	对照专项施工方案和产品说明书进行检查	全数检查

任务3　幕墙节能工程

本任务适用于建筑外围护结构的各类透光和非透光建筑幕墙及采光屋面节能工程施工质量验收。

一、一般规定

（1）幕墙节能工程的隔气层、保温层应在主体结构工程质量验收合格后进行施工。幕墙施工过程中应及时进行质量检查、隐蔽工程验收和检验批验收，施工完毕后应进行幕墙节能分项工程验收。

（2）当幕墙节能工程采用隔热型材时，应提供隔热型材所使用的隔断热桥材料的物理力学性能检测报告。

（3）幕墙节能工程施工中应对下列部位或项目进行隐蔽工程验收，并应有详细的文字记录和必要的图像资料：

① 保温材料厚度和保温材料的固定；

② 幕墙周边与墙体、屋面、地面的接缝处保温、密封构造；

③ 构造缝、结构缝出的构造；

④ 隔气层；

⑤ 热桥部位、断热节点；

⑥ 单元式幕墙板块间的接缝构造；

⑦ 凝结水收集和排放构造；

⑧ 幕墙的通风换气装置；

⑨ 遮阳构件的锚固和连接。

（4）幕墙节能工程使用的保温材料在运输、储存和施工过程中应采取防潮、防水、防火等保护措施。

（5）幕墙节能工程检验批可按下列规定划分：

① 采用相同设计、材料、工艺和施工做法的幕墙，按照幕墙面积每1 000 m²划分为一个检验批。

② 检验批的划分也可根据与施工流程一致且方便施工与验收的原则，由施工单位与监理单位双方协商确定。

③ 当按计数方法抽样检验时，其抽样数量应符合表10-4的规定。

表10-4　检验批最小抽样数量

检验批的容量	最小抽样数量	检验批的容量	最小抽样数量
2~15	2	151~280	13
16~25	3	281~500	20
26~90	5	501~1 200	32
91~150	8	1 201~3 200	50

二、质量检验与验收

幕墙节能工程检验批的检验标准如表10-5所示。

表10-5　幕墙节能工程的检验标准

分项	序号	项目	合格质量标准	检验方法	检验数量
主控项目	1	材料、构件等的品种、规格	质量证明文件与相关技术资料应齐全，并应符合设计要求和国家现行有关标准的规定	观察、尺量检查；核查质量证明文件	按进场批次，每批随机抽取3个试样；质量证明文件应按照其出厂检验批进行核查

分项	序号	项目	合格质量标准	检验方法	检验数量
主控项目	2	幕墙（含采光顶）节能工程使用的材料、构件进场时，应对其下列性能进行复验： （1）保温隔热材料的导热系数或热阻、密度、吸水率、燃烧性能（不燃材料除外）； （2）幕墙玻璃的传热系数、遮阳系数、可见光透射比、中空玻璃的密封性能； （3）隔热型材的抗拉强度、抗剪强度； （4）透光、半透光遮阳材料的太阳光透射比、太阳光反射比	符合设计要求	核查质量证明文件、计算书、复验报告。其中，导热系数或热阻密度、燃烧性能必须在同一个报告中；随机抽样检验，中空玻璃密封性能采用露点仪进行检验	同厂家、同品种产品，幕墙面积在3 000 m²以内应复验1次；面积每增加3 000 m²应增加1次；同工程项目、同施工单位且同期施工的多个单位工程，可合并计算抽检面积
	3	幕墙的气密性能符合设计规定的等级要求；密封条应镶嵌牢固，位置正确，对接严密；单元式幕墙板块之间的密封应符合设计要求；开启扇应关闭严密	气密性能检测结果符合设计规定，开启部分关闭应严密	观察检查，开启部分启闭检查；检查隐蔽工程验收记录；当幕墙面积大于3 000 m²或幕墙面积占建筑外墙总面积超过50%时，应检查幕墙气密性检测报告	质量证明文件、性能检测报告全数检查；现场观察及启闭检查数量按表10-4执行
	4	每幅建筑幕墙的传热系数、遮阳系数均应符合设计要求；幕墙工程热桥部位的隔断热桥措施应符合设计要求，隔断热桥节点的连接应牢固	符合设计要求	对照设计文件检查幕墙节点及安装	节点及开启窗每个检验批按照表10-4计算抽检数量，最小抽检数量不得少于10处

续表

分项	序号	项目	合格质量标准	检验方法	检验数量
主控项目	5	保温材料应安装牢固，不得松脱	保温材料厚度应符合设计要求	对保温板或保温层采取针插法或剖开法、尺量厚度、手扳检查。	每个检验批依据板块数量按照表3-2计算抽检数量，最小抽检数量不得少于10处
	6	遮阳设施的安装	遮阳设施安装位置、角度应符合设计要求	检查质量证明文件；检查隐蔽工程验收记录；观察；尺量；手扳检查；检查遮阳设施的抗风计算报告或产品检测报告	安装位置和角度每个检验批按照表3-2计算抽检数量，最小抽检数量不得少于10处；牢固程度全数检查，报告全数检查
	7	幕墙隔气层	幕墙隔气层应完整、严密、位置正确，穿透隔气层处的节点构造应采取密封措施	观察检查	每个检验批抽样数量不少于5处
	8	幕墙保温材料连接	幕墙保温材料应与幕墙面板或基层墙体可靠连接或锚固，有机保温材料应采用非金属不燃材料做防护层，防护层应将保温材料完全覆盖	观察检查	每个检验批按表3-2的规定抽检,最小抽样数量不得少于5处

分项	序号	项目	合格质量标准	检验方法	检验数量
主控项目	9	建筑幕墙周边空间	建筑幕墙与基层墙体、窗间墙、窗槛墙及裙房之间的空间，应在每层楼板处和防火分区隔离部位采用防火封堵材料封堵	观察检查	每个检验批按表3-2的规定抽检，最小抽检数量不得少于5处
	10	幕墙可开启部分开启后的通风面	幕墙可开启部分开启后的通风面积应满足设计要求。幕墙通风器的通道应通畅，尺寸满足设计要求，开启装置应能顺畅开启和关闭	尺量检查开启窗通风面积、观察检查、通风器启闭检查。	每个检验批依据可以开启部分或通风机数量按表3-2的规定抽检，最小抽样数量不得少于5个，开启窗通风面积全数检查
	11	冷凝水的收集和排放	冷凝水的收集和排放应通畅，并不得渗漏	通水试验、观察检查	每个检验批抽样数量不少于5处
	12	采光屋面的安装	采光屋面的安装应牢固，坡度正确，封闭严密，不得渗漏	检查质量证明文件，观察、尺量检查、淋水检查，检查隐蔽工程验收记录	200 m^2 以内全数检查，超过 200 m^2 则抽查30%，抽查面积不少于 200 m^2

续表

分项	序号	项目	合格质量标准	检验方法	检验数量
一般项目	1	幕墙镀（贴）膜玻璃的安装方向、位置	幕墙镀（贴）膜玻璃的安装方向、位置应符合设计要求；采用密封胶封闭的中空玻璃应采用双道密封；采用了均压管的中空玻璃，均压管应在安装前进行密封处理	观察；检查施工记录	每个检验批按照表3-2计算抽检数量，最小抽检数量不得少于5处
	2	单元式幕墙板块组装	（1）密封条：规格正确，长度无负偏差，接缝的搭接符合设计要求；（2）保温材料：固定牢固；（3）隔气层：密封完整、严密；（4）凝结水排水系统通畅，管路无渗漏	观察检查；手扳检查；尺量；通水试验	每个检验批的抽检数量按照表3-2计算，最小抽检数量不得少于5（件）处
	3	幕墙	幕墙与周边墙体、屋面间的接缝处应符合设计要求，采用保温措施，并应采用耐候密封胶等密封；建筑伸缩缝、沉降缝、抗震缝处的幕墙保温或密封做法应符合设计要求；严寒和寒冷地区采用非闭孔保温材料时，应有完整的隔气层	观察检查；对照设计文件观察检查	每个检验批抽检数量不少于5（件）处

续表

分项	序号	项目	合格质量标准	检验方法	检验数量
一般项目	4	幕墙活动遮阳设施	幕墙活动遮阳设施的调节机构应灵活，并应能调节到位	遮阳设施现场进行 10 次以上调节试验，观察检查	每个检验批抽查数量应按表3-2计算，最小抽检数量不少于10（件）处

任务4 门窗节能工程

本任务适用于金属门窗、塑料门窗、木门窗、各种复合门窗、特种门窗及天窗等建筑外门窗节能工程的施工质量验收。

一、一般规定

（1）门窗节能工程应优先选用具有国家建筑门窗节能性能标识的产品。当门窗采用隔热型材时，应提供隔热型材所使用的隔断热桥材料的物理力学性能检测报告。

（2）主体结构完成后进行施工的门窗节能工程，应在外墙质量验收合格后对门窗框与墙体接缝处的保温填充做法和门窗附框等进行施工。施工过程中应及时进行质量检查、隐蔽工程验收和检验批验收，隐蔽部位验收应在隐蔽前进行，并应有详细的文字记录和必要的图像资料，施工完成后应进行门窗节能分项工程的验收。

（3）门窗节能工程验收的检验批划分：

①同一厂家的同材质、类型、型号的门窗每200樘划分为1个检验批；

②同一厂家的同材质、类型、型号的特种门窗每50樘划分为1个检验批；

③异形或有特殊要求的门窗检验批的划分可根据其特点和数量，由施工单位与监理单位协商确定。

二、门窗节能工程检验标准

门窗节能工程检验标准如表10-6所示。

表10-6　门窗节能工程检验标准

分项	序号	项目	合格质量标准	检验方法	检验数量
主控项目	1	材料、构件等的品种、规格	符合设计要求和国家现行有关标准的规定	观察、尺量检查；核查质量证明文件	按进场批次，每批随机抽取3个试样；质量证明文件应按其出厂检验批进行检查
	2	建筑外窗的气密性、保温性能、中空玻璃露点、玻璃遮阳系数、可见光透射比	符合设计要求	核查质量证明文件和复验报告	全数检查
	3	门窗（包括天窗）节能工程使用的材料、构件进场时，应按工程所处的气候区，检查质量证明文件、节能性能标识证书、门窗节能性能计算书、复验报告，并应对下列性能进行复验： （1）严寒、寒冷地区：门窗的气密性能、传热系数； （2）夏热冬冷地区：门窗的气密性、传热系数、玻璃遮阳系数、可见光透射比； （3）夏热冬暖地区：门窗的气密性、玻璃遮阳系数、可见光透射比； （4）严寒、寒冷、夏热冬冷和夏热冬暖地区：透光、部分透光、遮阳材料的太阳光透射比、太阳光反射比、中空玻璃的密封性能	复验结果符合设计要求及国家现行有关标准的规定	具有国家建筑门窗节能性能标识的门窗产品，验收时应对照标识证书和计算报告，核对相关的材料、附件，复验玻璃的节能指标，即可见光透射比、太阳得热系数、传热系数、中空玻璃的密封性能，可不再进行产品的传热系数和气密性能复验；应核查标识证书与门窗的一致性，核查标识的传热系数和气密性能等指标，并按门窗节能性能标识模拟计算报告核对门窗节点构造；中空玻璃密封性能用露点仪进行检验	质量证明文件、复验报告和计算报告等全数核查，按同厂家、同材质、同开启方式、同型材系列的产品各抽查1次；对有节能性能标识的门窗产品，复验时可仅核查标识证书和玻璃的检测报告；同工程项目、同施工单位、同期施工的多个单位工程可合并计算抽检数量

续表

分项	序号	项目	合格质量标准	检验方法	检验数量
主控项目	4	金属外门窗框的隔断热桥	金属外门窗框的隔断热桥措施应符合设计要求和产品标准的规定；金属附框应按照设计要求采取保温措施	随机抽样，对照产品设计图纸，剖开或拆开检查	同厂家、同材质、同规格的产品各抽查不少于1樘；金属附框的保温措施每个检验批按照表3-2计算抽检数量
	5	外门窗框或附框	外门窗框或附框与洞口之间的间隙应采用弹性闭孔材料填充饱满，并进行防水密封；夏热冬暖地区、温和地区采用防水砂浆填充间隙时，窗框与砂浆间应用密封胶密封；外门窗框与副框之间的缝隙应用密封胶密封	观察检查；核查隐蔽工程验收记录	全数检查
	6	严寒、寒冷地区的外门安装	应按照设计要求采取保温、密封等节能措施	观察检查	全数检查
	7	(1) 外窗遮阳设施的性能、位置、尺寸； (2) 遮阳设施的安装位置	(1) 符合设计和产品标准要求； (2) 正确、牢固，符合安全和使用功能的要求	核查质量证明文件；观察、尺量、手扳检查；核查遮阳设施的抗风计算报告或性能检测报告	每一个检验批按表3-2计算抽检数量；安装牢固程度全数检查

续表

分项	序号	项目	合格质量标准	检验方法	检验数量
主控项目	8	（1）特种门性能；（2）特种门安装中的节能措施	（1）符合设计和产品标准的规定；（2）符合设计要求	核查质量证明文件；观察、尺量检查	全数检查
	9	天窗安装	天窗安装的位置、坡向、坡度应正确，封闭严密，不得渗漏	观察检查；用水平尺（坡度尺）检查；淋水检查	每个检验批按表3-2规定的最小抽样数量2倍抽检
	10	通风设施	通风器的尺寸、通风量等性能应符合设计要求；通风器的安装位置应正确，与门窗型材间的密封应严密；开启装置应能顺畅开启和关闭	检查质量证明文件；观察、尺量检查	每个检验批按表3-2规定的最小抽样数量2倍抽检
一般项目	1	（1）门窗密封条和玻璃镶嵌密封条的物理性能（2）密封条安装（3）门窗密性	（1）符合相关标准规定（2）密封条应接触严密，位置应正确，镶嵌应牢固，不得脱槽，接头处不得开裂	观察检查；核查质量证明文件	全数检查
	2	门窗镀（贴）膜玻璃的安装	门窗镀（贴）膜玻璃的安装方向应符合设计要求；用密封胶密封的中空玻璃应采用双道密封；采用了均压管的中空玻璃，均压管应进行密封处理	观察检查；核查质量证明文件	全数检查

分项	序号	项目	合格质量标准	检验方法	检验数量
一般项目	3	外门、窗遮阳设施	外门、窗遮阳设施调节应灵活，并能调节到位	现场调节试验检查	全数检查

任务5　屋面节能工程

本任务适用于采用板材、现浇、喷涂等保温隔热做法的建筑屋面节能工程施工质量的验收。

一、一般规定

（1）屋面节能工程应在基层质量验收合格后进行，施工过程中应及时进行质量检查、隐蔽工程验收和检验批验收，施工完成后应进行屋面节能分项工程验收。

（2）屋面节能工程应对下列部位进行隐蔽工程验收，并应有详细的文字记录和必要的图像资料：

①基层及其表面处理；

②保温材料的种类，保温层的敷设方式、厚度，板材缝隙填充质量；

③屋面热桥部位处理；

④隔气层。

（3）屋面保温隔热层施工完成后，应及时进行后续施工或加以覆盖。

（4）屋面节能工程施工质量验收的检验批划分，应符合下列规定：

①采用相同材料、工艺和施工做法的屋面，扣除天窗、采光顶后的屋面面积，每1 000 m² 划分为1个检验批。

②检验批的划分也可根据与施工流程一致且方便施工与验收的原则，由施工单位与监理单位协商确定。

二、质量检验与验收

屋面节能工程检验标准如表10-7所示。

表10-7　屋面节能工程检验标准

分项	序号	项目	合格质量标准	检验方法	检验数量
主控项目	1	保温隔热材料、构件应进行进场验收，且应形成相应的验收记录	符合设计要求和国家现行相关标准的规定；各种材料和构件的质量证明文件与相关技术资料应齐全	观察、尺量检查；核查质量证明文件	按进场批次，每批随机抽查3个试样；质量证明文件应按照其出厂检验批进行核查
	2	屋面节能工程使用的材料进场时，应对其下列性能进行复验： (1) 保温隔热材料的导热系数或热阻、密度、抗压强度或压缩强度、吸水率、燃烧性能（不燃材料除外） (2) 反射隔热材料的太阳光反射比、半球发射率	符合设计要求	核查质量证明文件；随机抽样检验；检查复验报告，其中，导热系数或热阻、密度、燃烧性能必须在同一个报告中	同厂家、同品种产，扣除天窗、采光顶后的屋面面积每1 000 m²应复验1次；面积每增加1 000 m²，应增加复验1次；同工程项目、同施工单位、同期施工的多个单位工程，可合并计算抽检面积
	3	屋面保温隔热层的敷设方式、厚度、缝隙填充质量及屋面热桥部位的保温隔热做法	符合设计要求和国家现行有关标准的规定	观察、尺量检查	每个检验批抽查3处，每处10 m²
	4	屋面的通风隔热架空层，其架空高度、安装方式、通风口位置及尺寸	符合设计要求及国家现行有关标准的规定，架空层内不得有杂物；架空层应完整，不得有断裂和露筋等缺陷	观察、尺量检查	每个检验批抽查3处，每处10 m²
	5	屋面隔气层的位置、材料及构造做法	符合设计要求，隔气层应完整、严密，穿透隔气层处应采取密封措施	观察检查；检查隐蔽工程验收记录	每个检验批抽查3处，每处10 m²

分项	序号	项目	合格质量标准	检验方法	检验数量
主控项目	6	坡屋面、架空屋面保温材料及做法	坡屋面、架空屋面内保温应采用不燃保温材料，保温层做法应符合设计要求	观察检查；核查复验报告和隐蔽工程验收记录	每个检验批抽查3处，每处10 m²
	7	当屋面采用带铝箔的空气隔层做隔热保温屋面	空气隔层厚度、铝箔位置应符合设计要求；空气隔层内不得有杂物，铝箔应铺设完整	观察、尺量检查	每个检验批抽查3处，每处10 m²
	8	种植植物的屋面构造	种植植物的屋面，其构造做法与植物的种类、密度、覆盖面积等应符合设计及相关标准要求；植物的种植与维护不得损害节能效果	对照设计检查	全数检查
	9	屋面采用有机保温隔热的材料	防火隔离措施应符合设计要求和国家现行标准《建筑设计防火规范》（GB 50016—2014）的规定	对照设计检查	全数检查
	10	金属板保温夹心屋面的铺装	应牢固、接口严密、表面洁净、坡向正确	观察、尺量检查；检查隐蔽工程验收记录	全数检查

续表

分项	序号	项目	合格质量标准	检验方法	检验数量
一般项目	1	屋面保温隔热层	屋面保温隔热层应按专项施工方案施工，并应符合下列规定：（1）现场采用喷、浇、抹等工艺施工的保温层，配合比应计量准确，分层连续施工，表面平整，坡向正确；（2）板材应粘贴牢固，缝隙严密、平整	观察、尺量检查，检查施工记录	每个检验批抽查3处，每处10 m²
	2	反射隔热屋面	反射隔热屋面的颜色应符合设计要求，色泽应均匀一致，无积水现象	观察检查	全数检查
	3	坡屋面、架空屋面	坡屋面、架空屋面采用内保温时，保温隔热层应有防潮措施，其表面应有保护层，保护层做法应符合设计要求	观察检查；核查隐蔽验收记录	每个检验批抽查3处，每处10 m²

技能训练10

一、单项选择题

1.设计变更不得降低建筑节能效果。当设计变更涉及建筑节能效果时，应经（   ）审查，在实施前应办理设计变更手续，并由设计、建设、监理、施工单位签署后方可实施。

A.建设单位　　　　　　　　　　　B.监理单位

C.原施工图设计审查机构　　　　　D.建设行政主管部门

2.施工单位对材料和设备的品种、规格、包装、外观和尺寸等"可视质量"进行检查验收，并应经（　　）确认，形成相应的验收记录。

A.建设行政主管部门　　　　　　　　B.质量监督局

C.施工单位技术负责人　　　　　　　D.监理工程师或建设单位代表

3.建筑节能工程应按照经（　　）设计文件和经审查批准的专项施工方案施工。

A.建设单位认可的　　　　　　　　　B.监理单位认可的

C.工程质量监督站认可的　　　　　　D.审查合格的

4.建筑节能工程为单位建筑工程的一个（　　），其分项工程和检验批的划分，应符合相关规定。

A.分项工程　　　　B.分部工程　　　　C.子分部工程　　　　D.子单位工程

5.保温砌块砌筑的墙体，应采用配套砂浆砌筑。砌体灰缝饱满度不应低于（　　）。

A.70%　　　　　　B.80%　　　　　　C.90%　　　　　　D.100%

6.严寒及寒冷地区外墙热桥部位，应按设计要求采取（　　）措施。

A.结构加强　　　　B.装饰加强　　　　C.防水　　　　　　D.隔断热桥

7.墙体上的阳角、门窗洞口及不同材料基体的交接处等部位的保温层，应采取（　　）的加强措施。

A.结构加强　　　　B.装饰加强　　　　C.防止开裂和破损　　　D.防水

8.采用现场喷涂或模板浇注的有机类保温材料做外保温时，有机类保温材料应达到（　　）后再进行下道工序施工。

A.凝结时间　　　　B.初凝时间　　　　C.终凝时间　　　　D.陈化时间

9.幕墙的气密性能符合设计规定的等级要求。当幕墙面积大于（　　）m²或建筑外墙面积50%时，应现场抽取材料或配件，在检测试验室安装制作试件进行气密性能检测。

A.1 500　　　　　B.2 000　　　　　C.3 000　　　　　D.4 000

10. 特种门窗节能工程验收的检验批划分：同一厂家的同材质、类型和型号的特种门窗每（　　）樘划分为1个检验批。

A.30　　　　　　　B.40　　　　　　　C.50　　　　　　　D.200

11.外门窗框或附框与洞口之间的间隙应采用（　　）填充饱满，并进行防水密封。外门窗与附框之间的缝隙应使用密封胶密封。

A.水泥砂浆　　　　B.水泥混合砂浆　　C.弹性闭孔材料　　　D.防水胶

12.严寒、寒冷、夏热冬冷地区的建筑门窗，应对其（　　）做现场实体检验。

A.水密性能　　　　B.气密性能　　　　C.抗压性能　　　　D.弯曲性能

13.屋面的通风隔热架空层，其架空高度、安装方式、通风口位置及尺寸，检查数量每个检验批抽查（　　）处，每处10 m²。

A.1　　　　　　　　B.2　　　　　　　　C.3　　　　　　　　D.4

二、多项选择题

1.建筑节能工程使用材料的（　　），应符合设计要求和国家标准《建筑设计防火规范》（GB 50016—2014）的规定。

      A.燃烧性能　　　　　B.防水性能　　　　　C.耐久性

      D.防火处理　　　　　E.燃点

2.保温隔热材料的（　　　）应符合设计要求。

      A.导热系数或热阻　　B.密度　　　　　　　C.抗压强度或压缩强度

      D.抗拉强度　　　　　E.吸水率

3.当墙体节能工程的保温层采用预埋或后置锚固件固定时，（　　　）应符合设计要求。

      A.锚固件数量　　　　B.位置　　　　　　　C.锚固深度

      D.锚固力　　　　　　E.抗压力

4.采用预制保温墙板安装墙体，应符合下列哪些规定？（　　　）

      A.保温墙板的结构性能、热工性能及与主体结构的连接方法应符合设计要求

      B.保温墙板与主体结构的连接必须牢固

      C.保温墙板的板缝处理、构造节点及嵌缝做法应符合设计要求

      D.保温墙板板缝不得渗漏

      E.型式检验报告、出厂检验报告进行抽查检查

5.主体结构完成后进行施工的墙体节能工程，应在基层质量验收合格后施工，施工过程中应及时进行（　　　），施工完成后应进行墙体节能分项工程验收。

      A.质量检查　　　　　B.下道工序的施工　　C.隐蔽工程验收

      D.检验批验收　　　　E.分项工程验收

6.墙体节能工程应对（　　　）部位或内容进行隐蔽工程验收，并应有详细的文字记录和必要的图像资料。

      A.保温层附着的基层及其表面处理

      B.保温板黏结或固定

      C.锚固件及锚固节点做法

      D.墙体热桥部位处理

      E.保温板的燃烧性能

7.墙体节能工程材料、构件等的品种、规格应符合设计要求和国家现行有关标准的规定，其检验方法是（　　　）。

      A.观察　　　　　　　B.尺量检查　　　　　C.计量检查

      D.核查质量证明文件　　　　　　　　　　　E.全数试验

8.墙体节能工程的施工，应符合的规定有（　　　）。

      A.保温隔热材料厚度不得低于设计要求

      B.保温隔热材料厚度达到设计要求的90%

      C.保温板材与基层之间及各构造层之间的黏结必须牢固

      D.保温浆料分层施工，与基层及各层间的黏结必须牢固

      E.预埋锚固件数量、位置、锚固深度、胶结材料性能和锚固力应符合设计和施工方案的要求;锚固力应做现场拉拔试验

9.幕墙节能工程施工中应对（　　　）部位或项目进行隐蔽工程验收，并应有详细的文字记录和必要的图像资料。

A.保温材料厚度和保温材料的固定

B.幕墙周边与墙体、屋面、地面的接缝处保温材料的填充、密封构造

C.构造缝、结构缝

D.热桥部位、断热节点

E.基层墙体

10.幕墙玻璃的（　　）应符合设计要求。

A.传热系数　　　　B.遮阳系数　　　　C.透光性

D.可见光透射比　　E.中空玻璃的密封性能

11.幕墙节能工程使用隔热型材时，应对其（　　）等性能进行复验，复验应为见证取样检验。

A.抗压强度　　　　B.抗拉强度　　　　C.抗剪强度

D.刚度　　　　　　E.硬度

12.建筑门窗进入施工现场时，严寒、寒冷地区对其（　　）等性能进行复验，复验应为见证取样检验。

A.气密性能　　　　B.传热系数　　　　C.玻璃遮阳系数

D.中空玻璃露点　　E.可见光透射比

13.建筑门窗进入施工现场时，夏热冬冷地区对其（　　）等性能进行复验，复验应为见证取样检验。

A.气密性　　　　　B.太阳光反射比　　C.玻璃遮阳系数

D.中空玻璃的密封性能　　　　E.平面变形能力

14.建筑外窗进入施工现场时，夏热冬暖地区对其（　　）等性能进行复验，复验应为见证取样检验。

A.气密性能　　　　B.传热系数　　　　C.玻璃遮阳系数

D.中空玻璃露点　　E.可见光透射比

15.屋面保温隔热工程应对（　　）部位进行隐蔽工程验收，并应有详细的文字记录和必要的图像资料。

A.基层及其表面处理

B.保温材料的种类、厚度、保温层的敷设方式，板材缝隙填充质量

C.屋面热桥部位处理

D.结构层

E.隔气层

16.屋面保温隔热层的（　　）及屋面热桥部位的保温隔热做法，应符合设计要求和国家现行有关标准的规定。

A.敷设方式　　　　B.厚度　　　　　　C.缝隙填充质量

D.中空玻璃露点　　E.平面变形能力

三、判断题（正确的打"√"，错误的打"×"）

1.设计变更不得降低建筑节能效果。当设计变更涉及建筑节能效果时，在实施前可不

办理设计变更手续，获得监理单位或建设单位的确认即可。（　　）

2.建筑节能工程使用的材料应符合国家现行有关标准对材料有害物质限量的规定，不得对室内外环境造成污染。（　　）

3.节能保温材料在施工使用时的含水率应符合设计、施工工艺及施工技术方案要求。节能保温材料在施工使用时的含水率大于正常施工环境湿度下的自然含水率时，可不采取降低含水率的措施。（　　）

4.保温砌块砌筑的墙体，应采用配套砂浆砌筑，砂浆的强度等级及导热系数应符合设计要求。砌体灰缝饱满度不应低于70%。（　　）

5.检验批的划分可根据与施工流程一致且方便施工与验收的原则，由施工单位自己确定。（　　）

6.外墙外保温工程宜采用粘贴饰面砖做饰面层。（　　）

7.外墙外保温工程的饰面层不得渗漏，若采用饰面板开缝安装时，保温层表面应覆盖具有防水功能的抹面层或采取其他防水措施。（　　）

8.当幕墙节能工程采用隔热型材时，隔热型材生产厂家应提供型材所使用的隔热材料的物理力学性能和冷变形性能试验报告。（　　）

9.幕墙隔气层应完整、严密，位置应正确，穿透隔气层处的节点构造应采取密封措施。（　　）

10.幕墙镀（贴）膜玻璃的安装方向、位置应正确，采用密封胶密封的中空玻璃应采用单道密封，中空玻璃的均压管应进行密封处理。（　　）

11.幕墙与周边墙体、屋面间的接缝处应采用弹性开孔材料填充饱满，并应采用耐候密封胶密封。（　　）

12.屋面保温隔热层现场采用喷涂、浇筑、抹灰等工艺施工，配合比准确计量，分层连续施工，表面平整，坡向正确。（　　）

项目11
建筑工程质量问题与事故处理

任务1　建筑工程质量问题概述

一、工程质量问题的分类

工程质量问题一般可分为工程质量缺陷、工程质量通病、工程质量事故。

1.工程质量缺陷

工程质量缺陷是指工程达不到技术标准要求的技术指标的现象。

2.工程质量通病

工程质量通病是指各类影响工程结构、使用功能和外形观感的常见性质量损伤，犹如"多发病"一样，故称为质量通病。

3.工程质量事故

工程质量事故是指在工程建设过程中或交付使用后，对工程结构安全、使用功能和外形观感影响较大、损失较大的质量损伤，如住宅阳台、雨篷倾覆，桥梁结构坍塌，大体积混凝土强度不足，管道、容器爆裂使气体或液体严重泄漏等。

二、工程质量问题成因

由于建设工程施工周期较长、所用材料品种繁杂，在施工过程中，受社会环境和自然条件等因素影响而产生工程的质量问题表现形式千差万别、类型多种多样，因此引起工程质量问题的成因也错综复杂，往往一项质量问题是由多种原因引起的。长期以来，通过对大量质量问题的调查与分析发现，质量问题发生的原因有不少相同或相似之处，归纳起来主要有以下几方面。

1.违背基本建设程序

基本建设程序是工程项目建设过程及其客观规律的反映，不按建设程序办事是导致工程质量问题的重要原因。常见的违背基本建设程序的事件有：未搞清地质情况就仓促开工；边设计、边施工；无图施工；不经竣工验收就交付使用等。

2.违反法律法规

建筑工程中的无证设计，无证施工，越级设计，越级施工，转包、挂靠，工程招投标中的不公平竞争，超常的低价中标，非法分包，擅自修改设计等均属于违反法律法规的行为，均可导致工程质量问题。

3.地质勘查数据失真

地质勘查数据失真，如未认真进行地质勘查或勘探时的钻孔深度、间距、范围不符合要求；地质勘查报告不详细、不准确，不能全面反映实际的地基情况，从而使得对地下情况不清，或对地基岩起伏、土层分布误判，或未查清地下软土层、墓穴、孔洞等，这些情况均会导致采用不恰当或错误的基础方案，造成地基不均匀沉降、失稳，使上部结构或墙体开裂，引发建筑物倾斜、倒塌等。

4.设计差错

设计差错，如盲目套用图纸，采用不正确的结构方案，计算简图与实际受力情况不符，荷载取值过小，内力分析有误，沉降缝或变形缝设置不当，悬挑结构未进行抗倾覆验收，以及计算错误等。

5.施工与管理不到位

施工与管理不到位是指不按图施工或未经设计单位同意擅自修改设计，例如将铰接做成刚接，将简支梁做成连续梁，导致结构破坏；挡土墙不按图设滤水层、排水孔，导致压力增大，墙体被破坏或倾覆；不按有关的施工规范和操作规程施工，浇筑混凝土时振捣不良，造成薄弱部位；砖砌体砌筑上下通缝，灰浆不饱满等均能导致砖墙破坏；施工组织管理混乱，不熟悉图纸，盲目施工；施工方案考虑不周，施工顺序颠倒；图纸未经会审，仓促施工；技术交底不清，违章作业；疏于检查、验收等。

6.施工人员素质较低

近年来，施工人员的整体素质不断下降，过去"师傅带徒弟"的技术传承方式过于落后，熟练工人的总体数量无法满足全国大量开工的基本建设需求；工人流动性大，缺乏培训，操作技能较差，质量意识和安全意识较差。

7.使用不合格的原材料、构配件和设备

不合格的建筑原材料、构配件和设备被用于工程，将导致质量隐患，造成质量缺陷和

质量事故。例如，钢筋物理力学性能不良导致钢筋混凝土结构破坏；骨料中碱活性物质导致碱骨料反应，使混凝土被破坏；水泥安定性不合格，造成混凝土爆裂；水泥受潮、过期、结块，砂石含泥量及有害物质含量超标，外加剂掺量等不符合要求，影响混凝土强度、和易性、密实性、抗渗性，从而导致混凝土结构强度不足、裂缝、渗漏等质量缺陷；预制构件截面尺寸不足，支承锚固长度不足，未可靠地建立预应力值，漏放或少放钢筋，板面开裂等均可能引发建筑结构断裂、坍塌；变配电设置质量缺陷可能导致自燃或火灾；等等。

8. 自然环境因素

自然环境因素，如空气温度、空气湿度、暴雨、大风、洪水、雷电、日晒和浪潮等均可能成为工程质量问题的诱因。

9. 盲目抢工

盲目抢工，如盲目压缩工期，不尊重质量、进度、造价的内在规律等，是造成工程质量问题的又一因素。

10. 使用不当

对建筑物或设施使用不当，如装修中未经校核验算就任意对建筑物加层；任意拆除承重结构部件；任意在结构部件上开槽、打洞、削弱承重结构截面等均可造成工程质量问题。

三、质量问题成因分析方法

要分析工程质量问题究竟是哪种原因所引起的，就必须对质量问题的特征表现及其在施工中和使用中所处的实际情况和条件进行具体分析。分析的基本步骤和要领如下。

1. 基本步骤

（1）进行细致的现场调查研究，观察并记录全部实况，充分了解与掌握质量问题的现象和特征。

（2）收集调查与质量问题有关的全部设计和施工资料，分析摸清工程在施工或使用过程中所处的环境及面临的各种条件和情况。

（3）找出可能造成质量问题的所有因素。

（4）分析、比较和判断，找出最可能造成质量问题的原因。

（5）进行必要的计算分析或模拟试验予以论证确认。

2. 分析要领

（1）确定质量问题的初始点，即原点，它是一系列独立原因集合起来形成质量问题的爆发点。因其反映出质量问题的直接原因，所以在分析过程中具有关键性作用。

（2）围绕原点对现场各种现象和特征进行分析，区别导致同类质量问题的不同原因，逐步揭示质量问题萌生、发展和最终形成的过程。

（3）综合考虑原因的复杂性，确定诱发质量问题的原点，即真正原因。

工程质量问题原因分析是对一堆模糊不清的事物和现象的客观属性及内在联系的反映，它的准确性和管理人员的能力、学识、经验和态度有极大关系，其结果不是简单的信息描述，而是逻辑推理的产物，其推理可用于工程质量的事前控制。

任务 2　建筑工程质量事故处理

一、建筑工程施工质量事故的特点

依据《关于做好房屋建筑和市政基础设施工程质量事故报告和调查处理工作的通知》（建质〔2010〕111号），工程质量事故是指由于建设、勘察、设计、施工、监理等单位违反工程质量有关法律法规和工程建设标准，使工程产生结构安全、重要使用功能等方面的质量缺陷，造成人身伤亡或重大经济损失的事故。工程质量事故具有复杂性、严重性、可变性和多发性的特点。

1. 复杂性

建筑生产与一般工业生产相比，具有产品固定，生产流动；产品多样，结构类型不一；露天作业多，自然条件复杂多变；材料品种、规格多，材料性能各异；多工种、多专业交叉施工，相互干扰大；工艺要求不同、施工方法各异、技术标准不一等特点。因此，影响工程质量的因素繁多，造成工程质量事故的原因错综复杂，即使是同一类质量事故，其原因却可能截然不同。例如，就墙体开裂而言，其产生的原因就可能是设计计算有误，地基不均匀沉降，或受温度应力、地震力、冻胀力作用；也可能是施工质量低劣、偷工减料或材料不良；等等。所以对质量事故进行分析，判断其性质、原因及发展，确定处理方案与措施等都非常复杂。

2. 严重性

工程项目一旦出现质量事故，轻者影响工程的顺利进行、拖延工期、增加工程费用；重者则会留下隐患成为危险的建筑，影响使用功能或不能使用；更严重者还会引起建筑物的失稳、倒塌，造成人民生命、财产的巨大损失。所以对于建筑工程质量事故问题绝不能掉以轻心，必须高度重视，加强对建筑工程质量的监督管理，防患于未然，力争将事故消灭在萌芽之中，以确保建筑物的安全。

3. 可变性

许多建筑工程质量事故出现后，其质量状态并非稳定于发现时的初始状态，而是有可能随时间、环境、施工情况等不断地发展、变化着。例如，地基基础或桥墩的超量沉降可能随上部荷载的不断增大而继续发展；混凝土结构出现的裂缝可能随环境温度的变化而变化，或随荷载的变化及持荷时间的变化而变化等。因此，有些在初始阶段并不严重的质量问题，如不及时处理和纠正，就有可能发展成严重的质量事故，例如，开始时微细的裂缝可能发展为结构断裂或建筑物倒塌事故。所以在分析、处理工程质量事故时，一定要注意质量事故的可变性，及时采取可靠的措施，防止事故进一步恶化；或加强观测与试验，取得可靠数据，预测未来发展的趋向。

4. 多发性

一些同类工程质量事故，往往一再重复发生。例如，地基沉降不均匀事故，全国各地均发生过。因此，吸取多发性事故教训，认真总结经验，是避免同类工程质量事故重演的有效措施。

二、建筑工程质量事故的分类

根据建筑工程质量事故造成的人员伤亡或者直接经济损失，工程质量事故分为四个等级：

（1）特别重大事故，是指造成30人以上死亡，或者100人以上重伤，或者1亿元以上的直接经济损失的事故。

（2）重大事故，是指造成10人以上30人以下死亡，或者50人以上100人以下重伤，或者5 000万元以上1亿元以下直接经济损失的事故；

（3）较大事故，是指造成3人以上10人以下死亡，或者10人以上50人以下重伤，或者1 000万元以上5 000万元以下直接经济损失的事故；

（4）一般事故，是指造成3人以下死亡，或者10人以下重伤，或者100万元以上1 000万元以下直接经济损失事故。

注意：本等级划分所称的"以上"包括本数，所称的"以下"不包括本数。

三、工程事故处理的依据

工程质量事故发生后，事故处理的主要程序是：查明原因，落实措施，妥善处理，消除隐患，界定责任。其中核心及关键是查明原因。

工程质量事故发生的原因是多方面的，引发事故的原因不同，事故责任的界定与承担也就不同，事故处理的措施也不同。总之，对于所发生的质量事故，无论是分析原因、界定责任，以及做出处理决定，都需要以切实可靠的客观依据为基础。概括起来进行工程质量事故处理的主要依据有以下四个方面。

（一）质量事故的实况资料

要查明质量事故的原因和确定处理对策，首先要掌握质量事故的实际情况。有关质量事故实况资料的来源主要有以下几个。

1.施工单位的质量事故调查报告

质量事故发生后，施工单位有责任就所发生的质量事故进行周密的调查、研究掌握情况，并在此基础上写出调查报告，提交监理工程师和业主。在调查报告中首先应就与质量事故有关的实际情况做详尽的说明，其内容应包括：

（1）质量事故发生的时间、地点。

（2）质量事故状况的描述，例如，发生事故的类型（如混凝土裂缝、砖砌体裂缝等）、发生的部位（如楼层、梁、柱等）、分布状态及范围、缺陷程度（如裂缝长度、宽度、深度等）。

（3）事故发展变化的情况。如是否扩大其范围、程度，是否已经稳定等。

（4）有关质量事故的观测记录。

2.监理单位调查研究所获得的第一手资料

监理单位调查研究所获得的第一手资料内容与施工单位调查报告中的有关内容大致相

似，可用来与施工单位所提供的情况进行对照、核实。

（二）有关合同及合同文件

1.所涉及的文件

所涉及的文件可以是设计委托合同；工程承包合同；监理委托合同；设备与器材购销合同等。

2.有关合同和合同文件在处理质量事故中的作用

有关合同和合同文件是判断有关各方在施工过程中是否按照合同有关条款实施其活动的依据。例如，施工单位是否按规定时间通知监理单位进行隐蔽工程检验，监理人员是否按规定时间实施检查和验收；施工单位在材料进场时，是否按规定进行检验等，借以探寻产生质量事故的原因。此外，有关合同和合同文件还是界定质量责任的重要依据。

（三）有关技术文件和档案

1.有关的设计文件

设计文件是施工的重要依据。在处理质量事故时，其所起的作用一方面是可以对照设计文件，核查施工质量是否完全符合设计的规定和要求；另一方面是可以根据所发生的质量事故情况，核查设计中是否存在成为质量事故发生原因的问题和缺陷。

2.与施工有关的技术文件和档案、资料

（1）施工组织设计或施工方案、施工计划。

（2）施工记录、施工日志等。借助这些资料可以追溯和探寻事故发生的可能原因。

（3）有关建筑材料的质量证明资料。例如，材料的批次、出厂日期、出厂合格证或检测报告、施工单位抽检报告或试验报告等。

（4）现场制备材料的质量证明资料。例如，混凝土搅拌料的配合比、水灰比、坍落度记录，混凝土试块强度试验报告；沥青拌合料配合比、出机温度和摊铺温度记录等。

（5）对事故状况的观测记录、试验记录或试验报告等。例如，对地基沉降的观测记录；对建筑物倾斜和变形的观测记录；对混凝土结构物钻取试样的记录与试验报告等。

（6）其他有关资料。

上述各类技术资料对分析质量事故原因，判断其发展变化趋势，推断事故影响及严重程度，决定处理措施等都是不可缺少的。

（四）有关的建设法规

1.设计单位、施工单位资质管理方面的法规

这类法规文件主要涉及勘察设计单位、施工企业和监理单位的等级划分；明确各级企业或单位应具备的条件；确定各级企业或单位所能承担的任务范围等。

2.建筑市场方面的法规

这类法规主要涉及工程发包、承包活动，以及国家对建筑市场的管理活动。

3.建筑施工方面的法规

这类法规主要涉及有关施工技术管理、建设工程质量监督管理、建筑安全生产管理和施工机械设备管理、工程监理等方面的法律规定，它们都与现场施工密切相关，因而与工程质量有密切关系和直接关系。

4.有关标准化法规

这类法规主要涉及技术标准（勘察、设计、施工、安装、验收等）、经济标准和管理标准（如建设程序、设计文件编制深度、企业生产组织和生产能力标准、质量管理与质量保证标准等）。

四、工程质量事故处理程序

工程质量事故发生后，事故现场有关人员应当立即向工程建设单位负责人报告；工程建设单位负责人接到报告后，应于 1 h 内向事故发生地县级以上人民政府住房和城乡建设主管部门及有关部门报告。情况紧急时，事故现场有关人员可直接向事故发生地县级以上人民政府住房和城乡建设主管部门报告。对重大质量事故，事故发生地建设行政主管部门和其他有关部门应当按照事故类别和等级向当地人民政府和上级建设行政主管部门和其他有关部门报告。特别重大质量事故的调查程序按照国务院有关规定办理。

工程质量事故一般可以按以下程序进行处理，如图 11-1 所示。

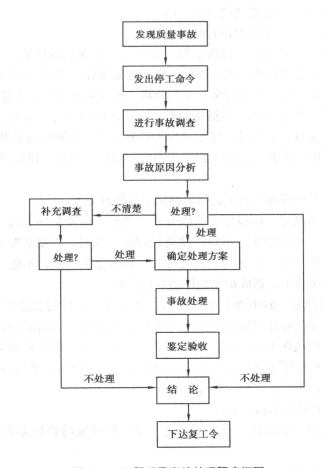

图11-1　工程质量事故处理程序框图

（1）当发现工程出现质量事故后，总监理工程师首先应以"停工令"的形式通知施工单位，并要求停止质量事故部位和与其关联部位及下道工序的施工，需要时，还应要求施工单位采取防护措施，同时，要及时向业主和主管部门报告。

（2）施工单位接到"停工令"后，在监理工程师组织与参与下，尽快进行质量事故的调查，写出调查报告。

调查的主要目的是要查明事故的范围、缺陷程度、性质、影响和原因，为事故的分析、处理提供依据。调查应力求全面、准确、客观。

调查报告的内容主要包括：

① 与事故有关的工程的情况。

② 质量事故的详细情况，如质量事故发生的时间、地点、部位、性质、现状及发展变化情况等。

③ 事故调查中有关的数据、资料。

④ 质量事故原因分析与判断。

⑤ 是否需要采取临时防护措施。

⑥ 事故处理及缺陷补救的建议方案与措施。

⑦ 事故涉及的有关人员和责任者的情况。

事故情况调查是事故原因分析的基础，有些质量事故原因复杂，常涉及勘察、设计、施工、材料、工程环境条件等方面，因此，调查必须全面、详细、客观、准确。

（3）在事故调查的基础上进行事故原因分析，正确判断事故发生原因。

事故原因分析是确定事故处理措施的基础。正确的处理源于对事故原因的正确判断。只有对提供的调查资料、数据进行详细、深入的分析后，才能由表及里、去伪存真，找出造成事故的真正原因。为此，监理工程师应当组织设计、施工、建设单位等各方参与事故原因分析。

（4）在事故原因分析的基础上，研究制定事故处理方案。

事故处理方案的制定，应以事故原因分析为基础，如果某些事故一时认识不清原因，而且一时不致产生严重的恶化，可以继续进行调查、观测，以便掌握更充分的资料数据，做进一步分析，找出原因，以利制定处理方案；切忌急于求成，不能"对症下药"，采取的措施不能达到预期效果，造成重复处理的不良后果。

质量事故处理方案一般由施工单位提出，经原设计单位同意签认，并报建设单位批准。对于涉及结构安全和加固处理等的重大技术处理方案，一般由原设计单位提出。必要时，应要求相关单位组织专家论证。制定的事故处理方案，应体现安全可靠，不留隐患，满足建筑物的功能和使用要求，技术可行、经济合理等原则。如果各方一致认为质量缺陷不需专门的处理，必须经过充分的分析和论证。

（5）实施对工程质量事故的处理。

确定处理方案后，由监理工程师指令施工单位按既定的处理方案实施对质量缺陷的处理。

发生的工程质量事故，不论是不是施工承包单位方面的原因造成的，质量事故的处理通常都是由施工承包单位负责实施。

（6）工程质量事故处理的鉴定验收。

质量事故的技术处理是否达到预期目的，是否消除了工程质量不合格和工程质量缺陷，是否仍留有隐患，项目监理机构应通过组织检查和必要的鉴定进行验收并予以最终确认。

① 检查验收。工程质量事故处理完成后，项目监理机构在施工单位自检合格的基础上，应严格按施工验收标准及有关规定进行检查，依据质量事故技术处理方案设计要求，通过实际量测，检查各种资料数据，并应办理验收手续，组织各有关单位会签。

② 必要的鉴定。为确保工程质量事故的处理效果，凡涉及结构承载力等使用安全和其他重要性能的处理工作，常需做必要的试验和鉴定工作。如果质量事故处理施工过程中的建筑材料及构配件保证资料严重缺乏，或对各参与单位检查验收结果有争议时，常见的检验工作有：混凝土钻芯取样，用于检查密实性和裂缝修补效果，或检测实际强度；结构载荷试验，确定其实际承载力；超声波检测焊接或结构内部质量；池、罐、箱柜工程的渗漏检验等。检测鉴定必须委托具有资质的法定检测单位进行。

③ 验收结论。对所有质量事故处理无论是经过技术处理的，通过检查鉴定验收的还是不需专门处理的，均应有明确的书面结论。若对后续工程施工有特定要求，或对建筑物使用有一定限制条件，应在结论中提出。验收结论通常有以下几种：

a.事故已排除，可继续施工。

b.隐患已消除，结构安全有保证。

c.经修补、处理后，完全能满足使用要求。

d.基本上满足使用要求，但使用时应有附加的限制条件，例如限制荷载等。

e.对耐久性的结论。

f.对建筑物外观影响的结论。

g.对短期难以做出验收结论者，可提出进一步观测检验的意见。

（7）下达复工令。

对工程质量事故处理结果进行鉴定验收后，若符合处理方案的要求，总监理工程师即可下达"复工指令"，工程可重新开工。

五、工程质量事故处理的方法

对施工中出现的工程质量事故，一般有以下三种处理方法。

1.修补处理

这是最常用的一类处理方案。这种方法适用于通过修补或更换构配件、设备后还可达到要求的标准，又不影响工程的外观和正常使用功能，在此情况下，可以进行修补处理。

2.返工

对于严重未达到规范或标准、影响到了工程正常使用安全的质量事故，而且又无法通过修补的方法予以纠正时，必须采取返工措施。

3.不做处理

某些工程质量问题，虽然不符合有关规定和标准，已具有工程质量事故的性质，但针对具体情况经有关各方分析、讨论认可，对工程或结构使用及安全影响不大，可不做专门处理。通常不用做专门处理的情况有以下几种：

（1）不影响结构的安全、生产工艺和使用要求。

例如，有的建筑物在施工中发生错位事故，若进行彻底纠正，不仅难度很大，也将造成重大的经济损失，经过分析论证后，只要不影响生产工艺和使用功能，可不作处理。

（2）较轻微的质量缺陷。

这类质量缺陷通过后续工程是可以弥补的，可不作处理。例如，混凝土墙板面出现了轻微的蜂窝、麻面，该质量缺陷可通过后续工程抹灰、喷涂等进行弥补，所以不需要对墙板缺陷进行专门的处理。

（3）经法定检测单位鉴定合格。

例如，某检验批混凝土试块强度不满足规范的要求，强度不足，在法定检测单位对混凝土实体采用非破损检测方法，测定其实际强度已达规范要求和设计要求时，可不做处理。

（4）对某些经复核验算后仍能满足设计要求的质量事故可不做处理。

例如，结构断面尺寸比设计要求稍小，经认真验算后，仍能满足设计要求，故可不做处理。但必须特别注意，这种方法实际上是挖掘设计的潜力，对此需要格外慎重。

六、工程质量事故处理方案的辅助决策方法

选择工程质量事故处理方案，是复杂而重要的工作。它直接关系到工程的质量、费用和工期。处理方案选择不合理，不仅劳民伤财，严重的还会留下隐患，危及人身安全，特别是对返工或不做处理的方案，更应慎重对待。下面给出一些的选择工程质量事故处理方案时可采取的辅助决策方法。

1.试验验证

对某些有严重质量缺陷的项目，可采取合同规定的常规试验方法进一步进行验证，以便确定缺陷的严重程度。例如，混凝土构件的试件强度低于要求的标准不大（如10%以内）时，可进行加载试验，以证明其是否满足使用要求；又如，市政道路工程的沥青面层厚度误差超过了规范允许的范围，可采用弯沉试验、检查路面的整体强度等。根据对试验验证检查的分析、论证，再制定处理决策。

2.定期观测

某些工程，在发现其质量缺陷时其状态可能尚未达到稳定仍会继续发展，在这种情况下不宜过早做出决定，可以对其进行一段时间的观测，然后再根据情况做出决定。属于这类质量缺陷的如建筑物沉降超过预计和规定的标准，建筑物墙体产生裂缝并处于发展状态等。某些有缺陷的工程，短期内其影响可能不十分明显，需要较长时间的观察检测或沉降观测才能得出结论。

3.专家论证

对于某些工程缺陷，可能涉及的技术领域比较广泛，则可采取专家论证。采用这种办法时，应事先做好充分的准备，尽早为专家提供尽可能详尽的情况和资料，以便专家能够进行较充分、全面和细致的分析、研究，提出切实的意见与建议。实践证明，采取这种方法，对重大事故的恰当处理十分有益。

4.方案比较

这是比较常用的一种方法。同一类型和同一性质的事故可先设计多种处理方案，然后结合当地的资源情况、施工条件等逐项给出权重，做出对比，从而选择具有较高处理效果又便于施工的处理方案。例如，结构构件承载力达不到设计要求，可采用改变结构构造来减少结构内力、结构卸荷或结构补强等不同处理方案，然后将每一方案按经济、工期、效果等指标列项并配相应权重值，进行对比，辅助决策。

技能训练11

一、单项选择题

1.（　　）是指工程达不到技术标准要求的技术指标的现象。

　　A.质量不合格　　　　　B.质量事故　　　　　C.质量缺陷　　　　　D.质量通病

2.某质量事故造成直接经济损失1 200万元，但没造成人员伤亡，该事故应定为（　　）。

　　A.特别重大事故　　　　B.重大事故　　　　　C.较大事故　　　　　D.一般事故

3.根据工程质量事故造成的人员伤亡或者直接经济损失，工程质量事故分为（　　）个等级。

　　A.2　　　　　　　　　B.3　　　　　　　　　C.4　　　　　　　　　D.5

4.一次造成人员死亡30人以上，直接经济损失1亿元以上的属于（　　）。

　　A.特别重大事故　　　　　　　　　　　B.重大事故

　　C.较大事故　　　　　　　　　　　　　D.一般事故

5.质量事故发现后，应由（　　）以"停工令"的形式通知施工单位。

　　A.建设单位　　　　　　　　　　　　　B.监理单位

　　C.设计单位　　　　　　　　　　　　　D.建设行政主管部门

6.造成墙体开裂的质量事故的原因可能是多方面的，这体现了质量事故（　　）的特点。

　　A.严重　　　　　　　　B.可变　　　　　　　C.多发性　　　　　　D.复杂性

7.工程质量事故中微细的裂缝可能发展为结构断裂或建筑物倒塌，这体现了质量事故（　　）特点。

　　A.复杂性　　　　　　　B.严重性　　　　　　C.可变性　　　　　　D.多发性

8.质量事故及质量缺陷的处理实施单位一般是（　　）。

　　A.建设单位　　　　　　B.监理单位　　　　　C.设计单位　　　　　D.施工单位

9.最常用的工程事故处理的方法是（　　）。

　　A.返工　　　　　　　　B.修补　　　　　　　C.定期观测　　　　　D.不做处理

10.在质量事故处理完毕后，（　　）应组织有关人员，对处理的结果进行严格的检查与验收。

　　A.建设单位　　　　　　B.监理单位　　　　　C.施工单位　　　　　D.设计单位

二、多项选择题

1. 工程质量问题的成因有（　　　）。

    A. 地质勘查数据失真　　　　　　　　　B. 设计差错

    C. 施工与管理不到位　　　　　　　　　D. 监理单位没有旁站监督

    E. 使用不合格的原材料、构配件和设备

2. 工程质量事故具有（　　　）特点。

    A. 复杂性　　　　　　B. 严重性　　　　　　C. 不变性

    D. 可变性　　　　　　E. 多发性

3. 下列属于工程质量重大事故的有（　　　）。

    A. 10人以上30人以下死亡

    B. 50人以上100人以下重伤

    C. 3人以上10人以下死亡

    D. 直接经济损失5 000万元以上1亿元以下

    E. 直接经济损失1 000万元以上5 000万元以下

4. 工程质量事故处理的主要依据有（　　　）。

    A. 质量事故的实况资料　　　　　　　　B. 有关合同及合同文件

    C. 有关技术文件和档案　　　　　　　　D. 有关的建设法规

    E. 事故处理验收结论

5. 工程质量事故处理的方法有（　　　）。

    A. 返工　　　　　　　B. 修补　　　　　　　C. 试验验证

    D. 不做处理　　　　　E. 专家论证

6. 工程质量事故处理决策的辅助方法有（　　　）。

    A. 试验验证　　　　　B. 专家论证　　　　　C. 定期观测

    D. 不做处理　　　　　E. 方案比较

三、判断题（正确的打"√"，错误的打"×"）

1. 工程质量事故是指在工程建设过程中或交付使用后，对工程结构安全、使用功能和外形观感影响较大、损失较大的质量损伤。（　　　）

2. 工程质量事故具有复杂性、严重性、不变性和多发性的特点。（　　　）

3. 特别重大事故，是指造成20人以上死亡，或者100人以上重伤，或者1亿元以上的直接经济损失的事故。（　　　）

4. 一般事故，是指造成3人以下死亡，或者10人以下重伤，或者100万元以上1 000万元以下直接经济损失的事故。（　　　）

5. 工程质量事故发生后，事故处理的主要程序是：查明原因、落实措施、妥善处理、消除隐患、界定责任。其中核心及关键是界定责任。（　　　）

6. 工程质量事故发生后，应按规定由有关单位在48 h内向当地的建设行政主管部门和其他有关部门报告。（　　　）

7.当发现工程出现质量事故后，建设单位代表首先应以"工程暂停令"的形式通知施工单位，并要求停止质量事故部位和与其关联部位及下道工序的施工。 （ ）

8.质量事故处理方案一般由监理单位提出，经原设计单位同意签认，并报建设单位批准。 （ ）

9.某检验批混凝土试块强度值不符合规范要求，强度不足，在法定检测单位对混凝土实体采用非破损检测方法，测定其实际强度已达规范要求和设计要求值时，可不做处理。 （ ）

10.对质量事故处理结果鉴定验收后，若符合处理方案中的标准要求，监理工程师即可下达"复工指令"，工程可重新开工。 （ ）

四、案例分析

1.某办公楼采用现浇钢筋混凝土结构，地面采用细石混凝土，在地面质量验收过程中，发现有部分房间地坪起砂。

问：（1）试分析可能造成该质量问题的原因。

（2）对工程质量问题一般有哪三种处理方法？本工程质量问题应按哪种方法进行处理？

2.某三层砖混结构教学楼，建筑面积800 m²，层高3.6 m，钢筋混凝土楼盖和通长钢筋混凝土挑阳台，挑出1.8 m，屋面为平屋面，钢筋混凝土板式雨篷。该楼设计存在明显缺陷，雨篷和雨篷梁设计不符合规范要求，未按规范要求组织施工，该工程没有报建、审批，也没有办理施工许可证和质量监督手续。在拆除2层楼盖和雨篷模板时，造成3人死亡，2人重伤，直接经济损失5.5万元。

问：（1）该工程质量事故属于几级质量事故，依据是什么？

（2）造成该质量事故的原因是什么？

3.某工程楼面采用预制装配式结构，地面采用细石混凝土，顶棚为直接抹灰顶棚，在质量验收过程中，发现有部分房间顶棚抹灰和地面沿板缝产生裂缝。

问：（1）试分析造成该质量问题的可能原因。

（2）该质量问题应如何进行处理？

4.某现浇钢筋混凝土框架柱，拆模后发现部分柱面有麻面现象。

问：（1）试分析造成该质量问题的原因。

（2）该质量问题应如何进行处理？

5.某现浇钢筋混凝土框架柱，拆模后发现部分柱面有麻面现象，个别柱下部与楼面接触部有蜂窝现象。

问：（1）试分析造成该质量问题的原因。

（2）在施工中采取什么措施可防止该质量问题？

主要参考文献

[1] 中国建设监理协会.建设工程质量控制：2019[M].北京：中国建筑工业出版社，2019.

[2] 游浩.建筑质量员专业与实操[M].北京：中国建材工业出版社，2015.

[3] 筑龙网.建设工程质量计划编制实践与范例精选[M].北京：中国电力出版社，2010.

[4] 全国一级建造师执业资格考试用书编写委员会.建设工程项目管理[M].北京：中国建筑工业出版社，2019.

[5] 《质量员一本通》编委会.质量员一本通[M].北京：中国建材工业出版社，2006.

[6] 建筑与市政工程施工现场专业人员职业标准培训教材编审委员会、中国建设教育协会.质量员岗位知识与专业技能（土建方向）[M].2版.北京：中国建筑工业出版社，2017.

[7] 中华人民共和国住房和城乡建设部.GB 50300—2013建筑工程施工质量验收统一标准[S].北京：中国建筑工业出版社，2013.

[8] 中华人民共和国住房和城乡建设部.GB 50202—2018建筑地基基础施工质量验收标准[S].北京：中国建筑工业出版社，2018.

[9] 中华人民共和国住房和城乡建设部.GB 50203—2011砌体结构工程施工质量验收规范[S].北京：中国建筑工业出版社，2011.

[10] 中华人民共和国住房和城乡建设部.GB 50204—2015混凝土结构工程施工质量验收规范[S].北京：中国建筑工业出版社，2015.

[11] 中华人民共和国住房和城乡建设部.GB 50205—2020钢结构工程施工质量验收标准[S].北京：中国计划出版社，2020.

[12] 中华人民共和国住房和城乡建设部.GB 50207—2012屋面工程质量验收规范[S].北京：中国建筑工业出版社，2012.

[13] 中华人民共和国住房和城乡建设部.GB 50210—2018建筑装饰装修工程质量验收标准[S].北京：中国建筑工业出版社，2018.

[14] 中华人民共和国住房和城乡建设部.GB 50411—2019建筑节能工程施工质量验收标准[S].北京：中国建筑工业出版社，2019.